새로운 배움, 더 큰 즐거움

미래엔이 응원합니다!

# 과학 5·2

## WRITERS

**미래엔콘텐츠연구회**
No.1 Content를 개발하는 교육 콘텐츠 연구회

## COPYRIGHT

**인쇄일** 2024년 10월 10일(1판4쇄)
**발행일** 2023년 5월 23일

**펴낸이** 신광수
**펴낸곳** (주)미래엔
**등록번호** 제16–67호

**융합콘텐츠개발실장** 황은주
**개발책임** 박진영 **개발** 서규석, 권태정, 정지영, 정도윤, 박수아

**디자인실장** 손현지
**디자인책임** 김기욱 **디자인** 장병진

**CS본부장** 강윤구
**제작책임** 강승훈

ISBN 979-11-6841-436-5

초코가 추천하는
# 과학 학습 계획표

1 매일매일 꾸준히 학습하고 싶다면 초코 학습 계획표를 사용하여
  스스로 공부하는 습관을 길러 보세요!

2 매일 학습을 하고, 학습이 끝나면 ☐ 에 ✓ 표시를 하세요.

## 1 재미있는 나의 탐구

### 1일차
8~9 쪽

월 일
학습 완료 ☐

### 2일차
10~12 쪽

월 일
학습 완료 ☐

### 3일차
13~15 쪽

월 일
학습 완료 ☐

## 2 생물과 환경

### 1일차
17~19 쪽

월 일
학습 완료 ☐

### 2일차
20~21 쪽

월 일
학습 완료 ☐

### 3일차
22~25 쪽

월 일
학습 완료 ☐

### 4일차
26~27 쪽

월 일
학습 완료 ☐

### 5일차
28~29 쪽

월 일
학습 완료 ☐

### 6일차
30~33 쪽

월 일
학습 완료 ☐

### 7일차
34~41 쪽

월 일
학습 완료 ☐

### 8일차
42~45 쪽

월 일
학습 완료 ☐

### 9일차
46~49 쪽

월 일
학습 완료 ☐

## 3 날씨와 우리 생활

### 1일차
51~53 쪽

월 일
학습 완료 ☐

### 2일차
54~55 쪽

월 일
학습 완료 ☐

### 3일차
56~59 쪽

월 일
학습 완료 ☐

### 4일차
60~61 쪽

월 일
학습 완료 ☐

### 5일차
62~65 쪽

월 일
학습 완료 ☐

### 6일차
66~73 쪽

월 일
학습 완료 ☐

### 7일차
74~77 쪽

월 일
학습 완료 ☐

### 8일차
78~81 쪽

월 일
학습 완료 ☐

## 4 물체의 운동

### 1일차
83~85 쪽

월 일
학습 완료 ☐

### 2일차
86~89 쪽

월 일
학습 완료 ☐

### 3일차
90~91 쪽

월 일
학습 완료 ☐

### 4일차
92~95 쪽

월 일
학습 완료 ☐

### 5일차
96~103 쪽

월 일
학습 완료 ☐

### 6일차
104~107 쪽

월 일
학습 완료 ☐

### 7일차
108~111 쪽

월 일
학습 완료 ☐

## 5 산과 염기

### 1일차
113~115 쪽

월 일
학습 완료 ☐

### 2일차
116~119 쪽

월 일
학습 완료 ☐

### 3일차
120~121 쪽

월 일
학습 완료 ☐

### 4일차
122~125 쪽

월 일
학습 완료 ☐

### 5일차
126~133 쪽

월 일
학습 완료 ☐

### 6일차
134~137 쪽

월 일
학습 완료 ☐

### 7일차
138~141 쪽

월 일
학습 완료 ☐

# 과학 한눈에 보기

초등학교 3학년부터 6학년까지 과학에서는 무엇을 배우는지 한눈에 알아보아요!

## 3학년 1학기에는

**탐구** 과학 탐구를 수행하는 데 필요한 기초 탐구 기능을 배워요.

**1단원** 물체와 물질이 무엇인지 알아보고, 우리 주변의 물체를 이루는 물질의 성질을 비교해요.

**2단원** 동물의 암수에 따른 특징을 비교하고, 다양한 동물의 한살이를 알아봐요.

**3단원** 자석의 성질을 알아보고, 자석이 일상생활에서 이용되는 모습을 찾아봐요.

**4단원** 지구의 모양과 표면, 육지와 바다의 특징, 공기의 역할을 이해하고, 지구와 달을 비교해요.

## 3학년 2학기에는

**1단원** 동물을 분류하고 동물의 생김새와 생활 방식을 알아봐요.

**2단원** 흙의 특징과 생성 과정을 알아보고, 흐르는 물이 지형을 어떻게 변화시키는지 알아봐요.

**3단원** 물질의 세 가지 상태를 알고, 물질의 상태에 따라 우리 주변의 물질을 분류해요.

**4단원** 소리의 세기와 높낮이를 비교하고, 소리가 전달되거나 반사되는 것을 관찰해요.

## 4학년 1학기에는

**탐구** 기초 탐구 기능을 활용하여 실제 과학 탐구를 실행해요.

**1단원** 지층과 퇴적암을 관찰하고, 화석의 생성 과정, 화석과 과거 지구 환경의 관계를 알아봐요.

**2단원** 식물의 한살이를 관찰하고, 여러 가지 식물의 한살이를 비교해요.

**3단원** 저울로 무게를 측정하는 까닭을 알고, 양팔저울, 용수철저울로 물체의 무게를 비교하고 측정해요.

**4단원** 혼합물을 분리하여 이용하는 까닭을 알고, 물질의 성질을 이용해서 혼합물을 분리해요.

## 4학년 2학기에는

**1단원** 식물을 분류하고 식물의 생김새와 생활 방식을 알아봐요.

**2단원** 물의 세 가지 상태를 알고 물과 얼음, 물과 수증기 사이의 상태 변화를 관찰해요.

**3단원** 물체의 그림자를 관찰하며 빛의 직진을 이해하고, 빛의 반사와 거울의 성질을 알아봐요.

**4단원** 화산 분출물, 화강암, 현무암의 특징을 알고, 화산 활동과 지진이 우리 생활에 미치는 영향을 알아봐요.

**5단원** 지구에 있는 물이 순환하는 과정을 알고, 물 부족 현상을 해결하는 방법을 찾아봐요.

## 5학년 1학기에는

**1단원** 과학자가 자연 현상을 탐구하는 과정을 알아봐요.

**2단원** 온도를 측정하고 온도 변화를 관찰하며, 열이 어떻게 이동하는지 알아봐요.

**3단원** 태양계를 구성하는 행성과 태양에 대해 알고, 북쪽 하늘의 별자리를 관찰해요.

**4단원** 용해와 용액이 무엇인지 이해하고, 용해에 영향을 주는 요인을 찾으며, 용액의 진하기를 비교해요.

**5단원** 다양한 생물을 관찰하고, 그 생물이 우리 생활에 미치는 영향을 알아봐요.

## 5학년 2학기에는

**1단원** 탐구 문제를 정하고, 계획을 세우며, 탐구를 실행하고, 결과를 발표해요.

**2단원** 생태계와 환경에 대해 이해하고, 생태계 보전을 위해 할 수 있는 일을 알아봐요.

**3단원** 여러 가지 날씨 요소를 이해하고, 우리나라 계절별 날씨의 특징을 알아봐요.

**4단원** 물체의 운동과 속력을 이해하고, 속력과 관련된 일상생활 속 안전에 대해 알아봐요.

**5단원** 산성 용액과 염기성 용액의 특징을 알고, 산성 용액과 염기성 용액을 섞을 때 일어나는 변화를 관찰해요.

## 6학년 1학기에는

**1단원** 일상생활에서 생긴 의문을 탐구 과정을 통해 해결하면서 통합 탐구 기능을 익혀요.

**2단원** 태양과 달이 뜨고 지는 까닭, 계절에 따라 별자리가 변하는 까닭, 여러 날 동안 달의 모양과 위치의 변화를 알아봐요.

**3단원** 산소와 이산화 탄소의 성질을 확인하고, 온도, 압력과 기체 부피의 관계를 알아봐요.

**4단원** 식물과 동물의 세포를 관찰하고, 식물의 구조와 기능을 알아봐요.

**5단원** 빛의 굴절 현상을 관찰하고, 볼록 렌즈의 특징과 쓰임새를 알아봐요.

## 6학년 2학기에는

**1단원** 전기 회로에 대해 알고, 전기를 안전하게 사용하고 절약하는 방법을 조사하며, 전자석에 대해 알아봐요.

**2단원** 계절에 따라 기온이 변하는 현상을 이해하고, 계절이 변하는 까닭을 알아봐요.

**3단원** 물질이 연소하는 조건과 연소할 때 생성되는 물질을 알고, 불을 끄는 방법과 화재 안전 대책을 알아봐요.

**4단원** 우리 몸의 뼈와 근육, 소화·순환·호흡·배설·감각 기관의 구조와 기능을 알아봐요.

**5단원** 우리 주변 에너지의 형태를 알고, 에너지 전환을 이해하며, 에너지를 효율적으로 사용하는 방법을 알아봐요.

과학은
자연 현상을 이해하고 탐구하는 과목이에요.

하지만
갑자기 쏟아지는 새로운 개념과
익숙하지 않은 용어들 때문에
과학을 어렵게 느끼는 친구들이 많이 있어요.

그런 친구들을 위해
**초코** 가 왔어요!

**초코** 는~
중요하고 꼭 알아야 하는 내용을 쉽게 정리했어요.
공부한 내용은 여러 문제를 풀면서 확인할 수 있어요.
알쏭달쏭한 개념은 그림으로 한눈에 이해할 수 있어요.

공부가 재밌어지는 **초코** 와 함께라면
과학이 쉬워진답니다.

초등 과학의 즐거운 길잡이!
초코! 맛보러 떠나요~

# 구성과 특징

"책"으로
공부해요

## 1 개념이 탄탄

- 교과서의 탐구 활동과 핵심 개념을 간결하게 정리하여 내용을 한눈에 파악하고 쉽게 이해할 수 있어요.
- 간단한 문제를 통해 개념을 잘 이해하고 있는지 확인할 수 있어요.

## 2 실력이 쑥쑥

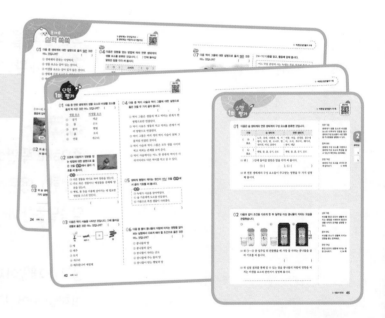

- 객관식, 단답형, 서술형 등 다양한 형식의 문제를 풀어 보면서 실력을 쌓을 수 있어요.
- 단원 평가, 수행 평가를 통해 실제 평가에 대비할 수 있어요.

"온라인
서비스"도
활용해요

## 생생한 실험 동영상

어렵고 복잡한 실험은 실험 동영상으로 실감 나게 학습해요.

# 3 핵심만 쏙쏙

- 핵심 개념만 쏙쏙 뽑아낸 그림으로 어려운 개념도 쉽고 재미있게 학습할 수 있어요.
- 비어 있는 내용을 채우면서 학습한 개념을 다시 정리할 수 있어요.

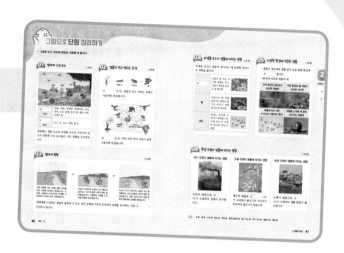

# 4 교과서도 완벽

- 교과서의 단원 도입 활동, 마무리 활동을 자세하게 풀이하여 교과서 내용을 놓치지 않고 정리할 수 있어요.
- 교과서와 실험 관찰에 수록된 문제를 확인할 수 있어요.

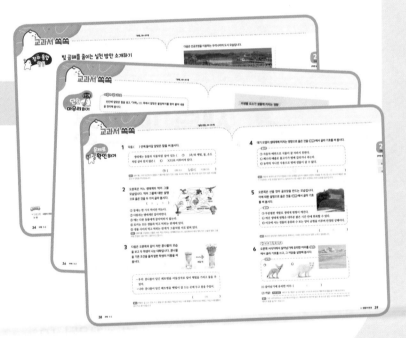

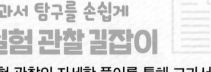

교과서 탐구를 손쉽게
## 실험 관찰 길잡이

실험 관찰의 자세한 풀이를 통해 교과서의 탐구 활동을 쉽게 이해해요.

스스로 확인하는
## 정답과 풀이

문제를 풀고 정답과 풀이를 바로 확인하면서 스스로 학습해요.

# 차례

## 1 재미있는 나의 탐구

1 탐구 문제를 정해 볼까요 …………………………… 8

2 탐구 계획을 세워 볼까요 …………………………… 9

3 탐구를 실행해 볼까요 ……………………………… 10

4 탐구 결과를 발표해 볼까요 ………………………… 12

## 2 생물과 환경

1 생태계는 무엇일까요 ……………………………… 18

2 생태계를 구성하는 생물의 먹고 먹히는 관계는 어떠할까요 20

3 생태계는 어떻게 유지될까요 ……………………… 22

4 비생물 요소는 생물에 어떤 영향을 미칠까요 ……… 26

5 생물은 환경에 어떻게 적응될까요 ………………… 28

6~7 환경 오염은 생물에 어떤 영향을 미칠까요 /
생태계 보전을 위해 우리는 무엇을 할 수 있을까요 … 30

# 3 날씨와 우리 생활

**1~2** 습도는 어떻게 측정할까요 /
습도는 우리 생활에 어떤 영향을 줄까요 ········· 52

**3** 이슬, 안개, 구름은 어떻게 만들어질까요 54

**4** 비와 눈은 어떻게 만들어질까요 56

**5** 바람이 부는 까닭은 무엇일까요 ········· 60

**6** 우리나라의 계절별 날씨는 어떤 특징이 있을까요 62

# 4 물체의 운동

**1~2** 물체의 운동은 어떻게 나타낼까요 /
여러 가지 물체의 운동은 어떻게 다를까요 ········· 84

**3** 물체의 빠르기는 어떻게 비교할까요 ········· 86

**4** 물체의 속력은 어떻게 나타낼까요 ········· 90

**5** 속력과 관련된 안전 수칙과 안전장치에는 무엇이 있을까요 92

# 5 산과 염기

**1** 여러 가지 용액을 어떻게 분류할까요 ········· 114

**2** 지시약을 이용해 용액을 어떻게 분류할까요 116

**3** 산성 용액과 염기성 용액은 어떤 성질이 있을까요 120

**4~5** 산성 용액과 염기성 용액을 섞으면 어떻게 될까요 /
우리 생활에서 산성 용액과 염기성 용액을 어떻게 이용할까요 ········· 122

# 1

# 재미있는
# 나의 탐구

 **이 단원에서 무엇을 공부할지 알아보아요.**

| 공부할 내용 | 쪽수 | 교과서 쪽수 |
| --- | --- | --- |
| **1** 탐구 문제를 정해 볼까요 | 8쪽 | 『과학』　　　8~9쪽<br>『실험 관찰』 8쪽 |
| **2** 탐구 계획을 세워 볼까요 | 9쪽 | 『과학』　　　10~11쪽<br>『실험 관찰』 9~10쪽 |
| **3** 탐구를 실행해 볼까요 | 10~11쪽 | 『과학』　　　12~13쪽<br>『실험 관찰』 11쪽 |
| **4** 탐구 결과를 발표해 볼까요 | 12쪽 | 『과학』　　　14~15쪽<br>『실험 관찰』 12~13쪽 |

# 탐구 문제를 정해 볼까요

## ❶ 탐구 문제 정하기 탐구

**탐구 문제를 정할 때 생각할 점**

- 우리 스스로 해결할 수 있는 탐구 문제여야 합니다.
- 필요한 준비물은 주변에서 쉽게 구할 수 있어야 합니다.
- 간단한 조사를 통해 해결할 수 있는 탐구 문제는 피해야 합니다.
- 탐구 문제는 '왜 그럴까?', '이것은 무엇일까?', '~하면 어떻게 될까?'와 같은 질문 형식으로 탐구 내용이 분명하게 드러나도록 씁니다.

**용어 사전**

★ **청진기** 환자의 몸속에서 나는 소리를 듣는 데 쓰는 의료 기구

❶ 청진기를 관찰하고 어떤 원리로 소리를 듣는지 조사합니다.
- 청진기로 소리를 듣는 원리: 청진기의 다이어프램에는 플라스틱으로 된 평평한 진동판이 있어 피부의 진동이 진동판에 전달되고, 다시 진동판의 떨림이 연결관 속의 공기를 진동하여 귀 꽂이를 통해 우리 귀에 전달됩니다.

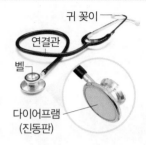

⬆ 청진기의 구조

❷ 청진기로 소리를 들어 보면서 생긴 궁금한 것을 정리하고, 그중 탐구를 하여 알아보고 싶은 것을 탐구 문제로 정합니다.

| 청진기로 소리를 들어 보면서 생긴 궁금한 것 | • 연결관의 길이가 소리의 세기에 영향을 줄까?<br>• 연결관은 어떤 재료로 만들어야 소리가 더 크게 들릴까?<br>• 진동판은 어떤 재료로 만들어야 소리가 더 크게 들릴까? |
|---|---|
| 탐구 문제 정하기 | 청진기의 진동판에 어떤 재료를 사용해야 소리가 더 크게 들릴까? |

## ❷ 탐구 문제를 정하는 법

**궁금한 것 떠올리기**
우리 주변에서 관찰했던 현상이나 도구를 관찰한 내용 중에서 궁금했던 것을 떠올립니다.

➡

**탐구 문제 정하기**
- 궁금한 것 중에서 탐구를 하여 알아보고 싶은 것을 선택해 탐구 문제로 정합니다.
- 탐구 내용이 잘 드러나게 탐구 문제를 정했는지, 우리 스스로 탐구할 수 있는 문제인지, 탐구하는 데 필요한 준비물을 쉽게 구할 수 있는지 등을 확인합니다.

➡ **바른답·알찬풀이 2 쪽**

정답 확인

**1** 다음 ( ) 안에 들어갈 알맞은 말을 써 봅시다.

> 청진기로 소리를 들어 보면서 생긴 궁금한 것 중에서 탐구를 하여 알아보고 싶은 것 한 가지를 ( )(으)로 정했다.

( )

**2** 탐구 문제를 정할 때 생각할 점으로 옳은 것에 ○표, 옳지 <u>않은</u> 것에 ×표 해 봅시다.
(1) 우리 스스로 해결할 수 있는 탐구 문제여야 한다. ( )
(2) 필요한 준비물은 주변에서 구하기 어려워야 한다. ( )

# 탐구 계획을 세워 볼까요

## ① 탐구 계획 세우기 탐구

❶ 탐구 문제를 해결할 수 있는 방법을 찾아봅니다.

[탐구 문제] 청진기의 진동판에 어떤 재료를 사용해야 소리가 더 크게 들릴까?

• 다르게 해야 할 것: 진동판의 재료

• 같게 해야 할 것: 진동판을 제외한 간이 청진기의 재료, 연결관의 길이, 진동판의 크기, 스피커를 넣을 통, 스피커에서 나는 소리의 종류와 세기 등

• 관찰하거나 측정해야 할 것: 청진기의 귀 꽂이를 통해 들리는 소리의 세기

❷ 준비물, 탐구 순서, 예상 결과, 역할 분담 등을 고려하여 탐구 계획을 세웁니다.

| 준비물 | 플라스틱 깔때기 네 개, 비닐관(50 cm) 네 개, 귀 꽂이 네 개, 고무풍선, 종이, 비닐 랩, 알루미늄박, 가위, 셀로판테이프, 절연 테이프, 뚜껑이 있는 통, 스펀지, 스피커, 스마트 기기, 면장갑 |
|---|---|
| 탐구 순서 | ① 진동판의 재료(고무풍선, 종이, 비닐 랩, 알루미늄박)를 다르게 하여 간이 청진기를 만든다. <br> ② 스마트 기기를 이용하여 진동판의 재료에 따른 소리의 세기를 측정한다. |
| 예상 결과 | 진동판에 고무풍선을 사용하면 크게 떨려서 소리가 가장 크게 들릴 것이다. |
| 역할 분담 ★ | 간이 청진기 만들기, 뚜껑이 있는 통 안에 스피커 넣기, 스피커의 소리 켜기, 스마트 기기로 소리의 세기 측정하기, 탐구 과정 기록하기 등 |

❸ 탐구 계획을 발표하고, 보완할 점이 있다면 수정합니다.

실험 관찰

탐구 계획을 세울 때 안전에 관한 내용을 포함한 주의할 점도 고려해요.
예 • 가위로 고무풍선 등을 자를 때 다치지 않게 주의한다.
• 간이 청진기를 귀에 꽂은 상태로 진동판에 대고 큰 소리로 말하거나 음악을 크게 틀지 않는다.

탐구 계획이 적절한지 확인할 내용의 예

• 우리 스스로 실행 가능한 탐구 계획인가요?
• 탐구에 필요한 준비물을 모두 썼나요?
• 탐구 순서를 구체적으로 썼나요?
• 모둠원의 역할 분담을 적절하게 했나요?
• 탐구할 때 주의할 점을 생각했나요?

용어 사전

★ 분담 어떤 일을 나누어서 맡음.

## ② 탐구 계획을 세우는 법

탐구 방법을 그림으로 그려 보면 탐구 계획을 구체적으로 세우는 데 도움이 돼요.

**탐구 문제 해결 방법 찾기**
• 탐구 문제를 해결할 수 있는 탐구 방법을 생각합니다.
• 다르게 해야 할 것, 같게 해야 할 것, 관찰하거나 측정해야 할 것을 정합니다.

➡

**탐구 계획 세우기**
• 준비물, 탐구 순서, 예상 결과, 역할 분담, 주의할 점 등을 고려하여 탐구 계획을 자세히 세웁니다.
• 안전에 유의하며 탐구를 계획합니다.

➡

**탐구 계획 발표·수정하기**
• 탐구 계획을 발표하고 친구들과 의견을 나눕니다.
• 보완할 점이 있다면 그에 맞게 탐구 계획을 수정합니다.

➡ 바른답·알찬풀이 2 쪽

문제로
개념 탄탄

정답 확인

**1** 다음 중 '청진기의 진동판에 어떤 재료를 사용해야 소리가 더 크게 들릴까?'라는 탐구 문제를 해결하려고 할 때 다르게 해야 할 것에 ○표 해 봅시다.

| 진동판의 재료 | 진동판의 크기 | 연결관의 길이 | 연결관의 재료 |
|---|---|---|---|

**2** 다음 중 탐구 계획을 세울 때 고려할 점에 모두 ○표 해 봅시다.

| 준비물 | 탐구 순서 | 역할 분담 | 탐구 결과 |
|---|---|---|---|

# 탐구를 실행해 볼까요

진동판의 재료에 따른 간이 청진기

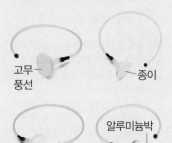

고무 풍선

종이

비닐 랩

알루미늄박

## 1 진동판의 재료에 따른 소리의 세기 측정하기 탐구

실험 동영상

### 탐구 과정

❶ 고무풍선, 종이, 비닐 랩, 알루미늄박을 진동판의 재료로 사용해 간이 청진기를 만듭니다.

[간이 청진기를 만드는 과정]

진동판의 재료
(고무풍선)

깔때기

절연 테이프

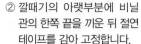

귀 꽂이

① 진동판의 재료를 잘라 깔때기의 윗부분에 씌웁니다.

② 깔때기의 아랫부분에 비닐관의 한쪽 끝을 끼운 뒤 절연 테이프를 감아 고정합니다.

③ 비닐관의 반대쪽에 귀 꽂이를 끼워 간이 청진기를 만듭니다.

❷ 스마트 기기를 이용하여 진동판의 재료에 따른 소리의 세기를 측정합니다.

① 뚜껑이 있는 통의 안쪽을 스펀지로 감싼 뒤 스피커를 넣고 뚜껑을 닫습니다.

② 스마트 기기로 스피커에서 소리가 나게 하고, 소리의 세기를 측정하는 애플리케이션을 실행합니다.

③ 과정 ❶에서 만든 간이 청진기의 진동판은 뚜껑이 있는 통의 뚜껑에 대고, 귀 꽂이는 스마트 기기의 마이크 부분에 닿게 합니다.

④ 진동판의 재료에 따른 소리의 세기를 측정하고 기록합니다.

뚜껑이 있는 통

스피커

스펀지

스마트 기기

간이 청진기

문제로
개념 탄탄

정답 확인

**1** 위 탐구 에서 오른쪽 간이 청진기의 진동판 재료에 따른 소리의 세기를 측정하려고 할 때 진동판과 귀 꽂이를 대야 할 위치를 선으로 이어 봅시다.

귀 꽂이

진동판

간이 청진기

(1) 진동판 •

• ㉠ 스마트 기기의 마이크 부분

(2) 귀 꽂이 •

• ㉡ 뚜껑이 있는 통의 뚜껑

## 탐구 결과

**❶ 진동판의 재료에 따른 소리의 세기 측정 결과** 소리의 세기가 가장 컸을 때의 값을 기록하고, 여러 번 측정하면 더 정확한 값을 얻을 수 있어요.

| 조건 | 측정 | 소리의 세기 | | |
|---|---|---|---|---|
| | | 1 회 | 2 회 | 3 회 |
| 진동판의 재료 | 고무풍선 | 32.3 | 32.8 | 32.4 |
| | 종이 | 28.7 | 28.6 | 27.9 |
| | 비닐 랩 | 34.9 | 33.7 | 34.2 |
| | 알루미늄박 | 30.2 | 32.4 | 31.9 |

**❷ 예상 결과와 탐구 결과 비교**

| 예상 결과 | 탐구 결과 |
|---|---|
| 진동판에 고무풍선을 사용하면 크게 떨려서 소리가 가장 크게 들릴 것이다. | 진동판에 비닐 랩을 사용했을 때 소리의 세기가 가장 크다. |

**❸ 탐구를 하면서 알게 된 점:** 진동판에 얇고 크게 떨리면서 원래 모습을 잘 유지하는 재료를 사용하면 소리가 더 크게 들린다.

소리의 세기를 측정하는 애플리케이션에서 나타나는 숫자가 클수록 큰 소리를 뜻해요.

**탐구 결과가 예상 결과나 다른 모둠의 결과와 다를 때**

• 탐구 결과가 예상한 대로 나오지 않더라도 있는 그대로 기록해야 합니다.
• 탐구 결과가 예상 결과나 다른 모둠의 결과와 다른 까닭을 생각하고 토의합니다.

## ❷ 탐구를 실행하는 법

**탐구 실행하기**
• 탐구 계획에 따라 탐구를 실행합니다.
• 탐구 결과를 사실대로 빠짐없이 기록합니다.

➡

**탐구 결과 정리하기**
• 탐구를 하여 얻은 자료를 표와 그래프로 나타낼 수 있습니다.
• 예상한 결과와 실제 탐구 결과를 비교합니다.
• 탐구를 하면서 알게 된 점을 정리합니다.

사진이나 동영상을 찍어 탐구 활동 내용을 기록할 수 있어요.

**용어 사전**

★ **예상** 앞으로 일어날 수 있는 일을 미리 생각하는 것

➡ 바른답·알찬풀이 2 쪽

**2** 다음 (　　　) 안에 들어갈 알맞은 말에 ○표 해 봅시다.

> 탐구 문제를 해결하기 위해 ( 탐구 계획, 예상 결과 )에 따라 탐구를 실행한다.

**3** 탐구를 실행하는 법으로 옳은 것에 ○표, 옳지 않은 것에 ×표 해 봅시다.

(1) 탐구 결과가 예상 결과와 다르면 기록하지 않는다. (　　　)
(2) 사진이나 동영상을 찍어 탐구 활동 내용을 기록할 수 있다. (　　　)

# 4 탐구 결과를 발표해 볼까요

실험 관찰

## 1 탐구 결과 발표하기 탐구

❶ 탐구한 내용을 정리하고, 탐구 과정을 잘 전달할 수 있는 방법을 정합니다.
❷ 탐구 결과를 정리하여 발표 자료를 만듭니다.
  • 발표 자료에 들어갈 내용

| 탐구 문제 | 준비물 | 탐구 순서 | 예상 결과 | 탐구 결과 | 탐구를 통해 알게 된 것 | 더 탐구하고 싶은 것 |

❸ 탐구 결과를 발표하고, 친구들의 질문에 답합니다.
❹ 다른 모둠의 발표를 듣고 궁금한 점을 질문합니다.

## 2 탐구 결과를 발표하는 법

탐구 문제, 준비물, 탐구 결과, 예상 결과, 탐구를 통해 알게 된 것, 더 탐구하고 싶은 것 등을 포함해요.

**발표 방법 정하기**
발표 방법에는 시청각 설명, 포스터 전시, 시연, 동영상 발표 등이 있습니다.

→

**발표 자료 만들기**
• 탐구 내용을 정리하여 발표 자료를 만듭니다.
• 탐구 내용을 요약하여 제시하고 사진, 그림, 표, 그래프 등을 활용합니다.

→

**탐구 결과 발표하기**
• 탐구 내용이 잘 드러나게 발표합니다.
• 발표한 뒤 잘한 점, 보완할 점, 궁금한 점 등에 대해 의견을 나눕니다.

## 3 새로운 탐구 문제 정하기

탐구를 하면서 생긴 더 궁금한 것을 정리하여 새로운 탐구 문제를 정할 수 있습니다.
[탐구 문제] 청진기의 연결관에 어떤 재료를 사용해야 소리가 더 크게 들릴까?

---

### 창의적으로 생각해요 『과학』 16쪽

청진기에 어떤 기능을 추가하여 더 발전할 수 있을지 생각해 봅시다.

**예시 답안** • 블루투스 스피커와 연결하여 소리를 들을 수 있는 기능을 추가한다.
• 소리를 들을 수 있을 뿐만 아니라 심장 박동 수를 검사해 모니터로 보여 주는 기능을 추가한다.

### 용어 사전

★ **포스터** 일정한 내용을 큰 종이에 그림과 간단한 글로 나타낸 것

---

문제로 **개념 탄탄**

정답 확인

➜ 바른답·알찬풀이 2쪽

**1** 다음 (가)~(다)를 탐구 결과를 발표하는 순서대로 기호를 써 봅시다.

> (가) 발표 방법을 정한다.
> (나) 탐구 내용이 잘 드러나게 발표한다.
> (다) 탐구 결과를 정리하여 발표 자료를 만든다.

(    ) → (    ) → (    )

**2** 다음 ( ) 안에 들어갈 알맞은 말을 써 봅시다.

> 탐구를 하면서 생긴 더 궁금한 것을 정리하여 새로운 ( )을/를 정할 수 있다.

(    )

정답 확인

**01** 다음 중 탐구 문제를 정하는 법에 대한 설명으로 옳은 것은 어느 것입니까? (        )

① 탐구 내용을 알 수 없는 탐구 문제를 정한다.
② 우리 스스로 탐구할 수 있는 탐구 문제를 정한다.
③ 간단한 조사를 통해 해결할 수 있는 탐구 문제를 정한다.
④ 주변에서 구하기 어려운 준비물이 필요한 탐구 문제를 정한다.
⑤ 우리 주변의 도구를 관찰하면서 궁금했던 것은 탐구 문제로 정할 수 없다.

**02** 다음은 학생 (가)~(다)가 청진기를 관찰한 뒤 정한 탐구 문제입니다. 가장 적절한 탐구 문제를 정한 학생은 누구인지 써 봅시다.

> • (가): 청진기의 연결관이 소리에 영향을 줄까?
> • (나): 우주 공간에서 청진기의 소리가 들릴까?
> • (다): 청진기 진동판에 어떤 재료를 사용해야 소리가 더 크게 들릴까?

(                    )

**03** 다음 중 탐구 계획을 세우는 법에 대한 설명으로 옳지 <u>않은</u> 것은 어느 것입니까? (        )

① 안전에 유의하며 탐구를 계획한다.
② 한번 세운 탐구 계획을 수정하지 않는다.
③ 탐구 계획을 구체적이고 자세하게 세운다.
④ 탐구 계획을 발표하고 친구들과 의견을 나눈다.
⑤ 다르게 해야 할 것, 같게 해야 할 것, 관찰하거나 측정해야 할 것을 정한다.

**04** 다음과 같이 탐구 문제를 해결하는 방법을 정했습니다. (    ) 안에 들어갈 알맞은 말을 보기에서 골라 써 봅시다.

| 탐구 문제 | 청진기의 진동판에 어떤 재료를 사용해야 소리가 더 크게 들릴까? |
|---|---|
| 다르게 해야 할 것 | (        ㉠        ) |
| 같게 해야 할 것 | 진동판을 제외한 간이 청진기의 재료, (        ㉡        ), 진동판의 크기, 스피커를 넣을 통, 스피커에서 나는 소리의 종류와 세기 등 |
| 관찰하거나 측정해야 할 것 | 청진기의 귀 꽂이를 통해 들리는 (        ㉢        ) |

**보기**

연결관의 길이   진동판의 재료   소리의 세기

㉠: (                    )
㉡: (                    )
㉢: (                    )

**05** 다음 중 우리 모둠의 탐구 계획이 적절한지 확인할 내용으로 옳지 <u>않은</u> 것은 어느 것입니까? (        )

① 우리 스스로 실행 가능한가요?
② 탐구 순서를 구체적으로 썼나요?
③ 탐구할 때 주의할 점을 생각했나요?
④ 모둠원의 역할 분담을 적절하게 했나요?
⑤ 탐구에 필요한 준비물 중에서 중요한 것만 썼나요?

[06~07] 다음은 청진기의 진동판 재료에 따른 소리의 세기에 대해 탐구를 실행한 내용입니다. 물음에 답해 봅시다.

| 탐구 문제 | 청진기의 진동판에 어떤 재료를 사용해야 소리가 더 크게 들릴까? |
|---|---|
| 탐구 순서 | ① 진동판의 재료를 다르게 하여 다음과 같은 간이 청진기를 만든다.<br><br>고무 풍선 　종이 　비닐 랩 　알루미늄박<br>② 스마트 기기를 이용하여 진동판의 재료에 따른 소리의 세기를 측정한다. |
| 예상 결과 | 진동판에 고무풍선을 사용하면 크게 떨려서 소리가 가장 크게 들릴 것이다. |

| 탐구 결과 | 진동판의 재료 | 고무 풍선 | 종이 | 비닐 랩 | 알루미 늄박 |
|---|---|---|---|---|---|
| | 소리의 세기 | 32.3 | 28.7 | 34.9 | 30.2 |

진동판에 (　　　)을/를 사용했을 때 소리의 세기가 가장 크다.

06 위 탐구 결과에서 (　　) 안에 들어갈 알맞은 말을 써 봅시다.

(　　　　　　　)

07 위 탐구에 대한 설명으로 옳은 것을 보기 에서 골라 기호를 써 봅시다.

보기
㉠ 같게 한 것은 진동판의 재료이다.
㉡ 예상 결과와 탐구 결과가 같도록 탐구 결과를 고쳐야 한다.
㉢ 소리의 세기를 여러 번 측정하면 더 정확한 값을 얻을 수 있다.

(　　　　　　　)

08 다음 중 탐구 결과 발표 자료에 들어갈 내용으로 적절하지 않은 것은 어느 것입니까? (　　　)
① 탐구 문제　　　② 탐구 순서
③ 예상 결과　　　④ 더 탐구하고 싶은 것
⑤ 준비물을 구입한 장소

09 다음은 탐구 결과를 발표하는 법에 대한 학생 (가)~(다)의 대화입니다. 잘못 말한 학생은 누구인지 써 봅시다.

• (가): 탐구 결과를 발표하는 방법에는 시청각 설명만 있어.
• (나): 탐구 결과를 발표한 뒤에 친구들과 의견을 나누어 볼 수 있어.
• (다): 사진, 그림, 표 등을 활용하면 발표 내용을 한눈에 알아보기 쉬워.

(　　　　　　　)

10 다음은 과학 탐구 과정을 나타낸 것입니다. (　　) 안에 들어갈 말을 옳게 짝 지은 것은 어느 것입니까?

(　　　)

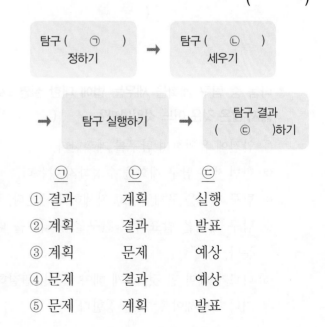

탐구 ( ㉠ ) 정하기 → 탐구 ( ㉡ ) 세우기

→ 탐구 실행하기 → 탐구 결과 ( ㉢ )하기

| | ㉠ | ㉡ | ㉢ |
|---|---|---|---|
| ① | 결과 | 계획 | 실행 |
| ② | 계획 | 결과 | 발표 |
| ③ | 계획 | 문제 | 예상 |
| ④ | 문제 | 결과 | 예상 |
| ⑤ | 문제 | 계획 | 발표 |

➡ 바른답·알찬풀이 2 쪽

**서술형 문제** ··················

**11** 청진기로 주변의 여러 가지 소리를 들어 본 뒤 다음과 같은 궁금한 점이 생겼습니다. 이를 바탕으로 하여 탐구 문제를 한 가지 정해 봅시다.

연결관의 길이가 소리의 세기에 영향을 줄까?

··································
··································

**12** 다음은 청진기의 진동판 재료에 따른 소리의 세기를 알아보기 위한 탐구 계획의 일부입니다. 탐구 계획에 추가해야 할 항목을 두 가지만 설명해 봅시다.

| 탐구 문제 | 청진기의 진동판에 어떤 재료를 사용해야 소리가 더 크게 들릴까? |
|---|---|
| 탐구 순서 | ① 진동판의 재료(고무풍선, 종이, 비닐 랩, 알루미늄박)를 다르게 하여 간이 청진기를 만든다.<br>② 스마트 기기를 이용하여 진동판의 재료에 따른 소리의 세기를 측정한다. |
| 예상 결과 | 진동판에 고무풍선을 사용하면 크게 떨려서 소리가 가장 크게 들릴 것이다. |

··································
··································
··································

**[13~15]** 다음은 고무풍선, 종이, 비닐 랩, 알루미늄박을 각각 진동판의 재료로 사용한 네 가지 청진기에서 들리는 소리의 세기를 각각 측정한 결과입니다. 물음에 답해 봅시다.

| 조건 | 측정 | 소리의 세기 | | |
|---|---|---|---|---|
| | | 1 회 | 2 회 | 3 회 |
| 진동판의<br>재료 | 고무풍선 | 32.3 | 32.8 | 32.4 |
| | 종이 | 28.7 | 28.6 | 27.9 |
| | 비닐 랩 | 34.9 | 33.7 | 34.2 |
| | 알루미늄박 | 30.2 | 32.4 | 31.9 |

**13** 위 탐구에서 사용한 진동판의 재료 중 청진기에서 들리는 소리의 세기가 가장 큰 재료와 가장 작은 재료를 각각 설명해 봅시다.

··································
··································

**14** 다음은 위 탐구를 통해 알게 된 점입니다. 밑줄 친 내용에서 잘못된 점을 옳게 고쳐 설명해 봅시다.

> 진동판에 <u>두껍고 작게 떨리면서 원래 모습을 잘 유지하는</u> 재료를 사용하면 소리가 더 크게 들린다.

··································
··································

**15** 위 탐구처럼 결과를 여러 번 측정했을 때 좋은 점을 설명해 봅시다.

··································
··································

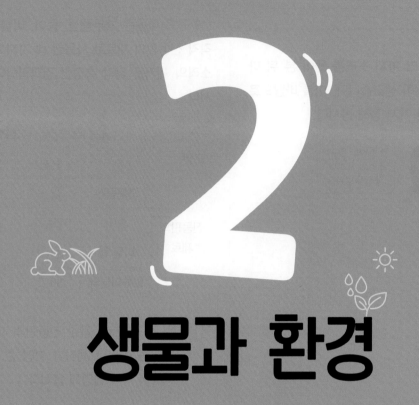

# 2 생물과 환경

이 단원에서 무엇을 공부할지 알아보아요.

| 공부할 내용 | 쪽수 | 교과서 쪽수 |
|---|---|---|
| **1** 생태계는 무엇일까요 | 18~19 쪽 | 『과학』 20~23 쪽<br>『실험 관찰』 14 쪽 |
| **2** 생태계를 구성하는 생물의 먹고 먹히는 관계는 어떠할까요 | 20~21 쪽 | 『과학』 24~25 쪽<br>『실험 관찰』 15 쪽 |
| **3** 생태계는 어떻게 유지될까요 | 22~23 쪽 | 『과학』 26~27 쪽<br>『실험 관찰』 16 쪽 |
| **4** 비생물 요소는 생물에 어떤 영향을 미칠까요 | 26~27 쪽 | 『과학』 28~29 쪽<br>『실험 관찰』 17~18 쪽 |
| **5** 생물은 환경에 어떻게 적응될까요 | 28~29 쪽 | 『과학』 30~31 쪽<br>『실험 관찰』 19 쪽 |
| **6** 환경 오염은 생물에 어떤 영향을 미칠까요<br>**7** 생태계 보전을 위해 우리는 무엇을 할 수 있을까요 | 30~31 쪽 | 『과학』 32~35 쪽<br>『실험 관찰』 20~23 쪽 |

『과학』 18~19 쪽

# 공원의 다양한 구성원

공원에는 동물과 식물처럼 살아 있는 것과 햇빛, 물, 흙처럼 살아 있지 않은 것이 있습니다. 다양한 구성원이 있는 공원의 모습을 그려 봅시다.

### 공원의 모습 그리기

❶ 내가 다녀온 공원의 모습과 그곳에서 본 생물을 떠올리고, 모둠원과 이야기해 봅시다.

❷ 모둠원과 도화지에 다양한 구성원이 있는 공원의 모습을 그려 봅시다.

❸ 공원의 모습을 그린 도화지를 모둠원의 수만큼 조각으로 나누어 각자 색칠해 봅시다.

❹ 모둠원이 나누어 색칠한 그림 조각을 모아 친구들에게 소개해 봅시다.

⬆ 공원을 그리는 모습

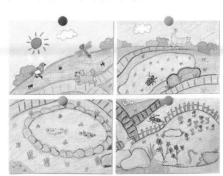

⬆ 완성된 공원의 모습

• 다른 모둠의 발표를 듣고 새로 알게 된 공원의 구성원을 이야기해 봅시다.

 예시 답안  공원 풀숲에 잠자리가 사는 것을 알았다. 공원 흙 속에 지렁이가 사는 것을 알았다. 공원 연못을 햇빛이 비춘 다는 것을 알았다. 공원 연못 둘레에 돌이 쌓여 있다는 것을 알았다. 등

# 생태계는 무엇일까요

**다양한 생태계의 종류**
학교 화단, 연못처럼 작은 규모부터 숲, 하천, 갯벌, 바다처럼 큰 규모에 이르기까지 생태계의 종류는 다양합니다.

**① 생태계**

**1 생물 요소와 비생물 요소**
　① 생물 요소: 동물과 식물처럼 살아 있는 것
　② 비생물 요소: 햇빛, 물, 온도처럼 살아 있지 않은 것

**2 생태계:** 어떤 공간에서 영향을 주고받는 모든 생물 요소와 비생물 요소

**② 생태계 구성 요소들 사이의 관계 알아보기** 탐구

**1 숲 생태계와 연못 생태계의 구성 요소 분류하기**

🔹 숲 생태계

🔹 연못 생태계

**생태계 구성 요소들이 주고받는 영향**
・소나무가 햇빛을 받아 자랍니다.
・흙 속 배설물에 곰팡이가 생깁니다.
・오리가 물에 사는 생물을 먹습니다.
・부들이 흙 속에 뿌리를 내리고 삽니다.

| 구분 | 숲 생태계 | 연못 생태계 |
|---|---|---|
| 생물 요소 | 소나무, 벌개미취, 매, 노루, 다람쥐, 참새, 지렁이, 토끼, 뱀, 버섯, 곰팡이 | 연꽃, 부들, 검정말, 물수세미, 오리, 개구리, 왜가리, 붕어, 세균 |
| 비생물 요소 | 햇빛, 물, 흙, 공기, 온도 | 햇빛, 물, 흙, 공기, 온도 |

**2 생태계 구성 요소들 사이의 관계:** 생태계 구성 요소들은 서로 영향을 주고받습니다.

**용어 사전**

★ **규모** 사물이나 현상의 크기나 범위
★ **양분** 영양이 되는 성분

바른답·알찬풀이 4쪽

**스스로 확인해요**
『과학』 23쪽

**1** 어떤 공간에서 영향을 주고받는 모든 생물 요소와 비생물 요소를 (　　　)(이)라고 합니다.

**2** 탐구 능력 숲이나 연못 이외의 생태계를 찾고, 그 생태계의 구성 요소를 이야기해 봅시다.

**③ 생물 요소의 분류** 생물이 살아가기 위해서는 햇빛, 물, 흙, 양분 등이 필요하고, 생물은 양분을 얻는 방법에 따라 생산자, 소비자, 분해자로 구분해요.

**1 생산자:** 햇빛, 물 등을 이용해 필요한 양분을 스스로 만드는 생물 🔞 소나무, 연꽃 등

**2 소비자:** 다른 생물을 먹이로 하여 양분을 얻는 생물 🔞 다람쥐, 오리 등

**3 분해자:** 주로 죽은 생물이나 배설물을 분해해 양분을 얻는 생물 🔞 버섯, 곰팡이, 세균 등

**1** 다음은 생태계 구성 요소에 대한 설명입니다. 옳은 것에 ◯표, 옳지 <u>않은</u> 것에 ✕표 해 봅시다.

(1) 동물과 식물은 생물 요소이다. ( )

(2) 햇빛, 물, 온도는 비생물 요소이다. ( )

(3) 생태계 구성 요소는 모두 살아 있다. ( )

**2** 다음 숲 생태계의 구성 요소를 생물 요소와 비생물 요소로 분류하여 선으로 이어 봅시다.

(1) 공기 •

(2) 토끼 •

(3) 소나무 •

(4) 흙 •

• ㉠ 생물 요소

• ㉡ 비생물 요소

**3** 다음은 생태계 구성 요소들 사이의 관계에 대한 설명입니다. ( ) 안에 들어갈 알맞은 말에 ◯표 해 봅시다.

생태계 구성 요소들은 영향을 ( 주고받는다, 주고받지 않는다 ).

**4** 다음 중 소비자에 해당하는 생물을 골라 기호를 써 봅시다.

㉠
버섯

㉡
연꽃

㉢
다람쥐

( )

**공부한 내용을**

 자신 있게 설명할 수 있어요.

 설명하기 조금 힘들어요.

 어려워서 설명할 수 없어요.

# 생태계를 구성하는 생물의 먹고 먹히는 관계는 어떠할까요

## ① 생태계를 구성하는 생물의 먹고 먹히는 관계

**1 먹이 사슬**: 생태계에서 생물의 먹고 먹히는 관계가 사슬처럼 연결된 것

예

메뚜기는 벼를 먹고, 개구리는 메뚜기를 먹고, 뱀은 개구리를 먹어요.

벼 → 메뚜기 → 개구리 → 뱀

**2 먹이 그물**: 생태계에서 여러 개의 먹이 사슬이 얽혀 그물처럼 연결된 것

예

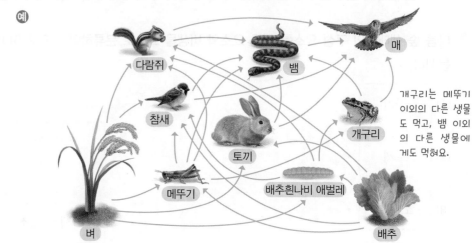

다람쥐 / 뱀 / 매 / 참새 / 토끼 / 개구리 / 메뚜기 / 배추흰나비 애벌레 / 벼 / 배추

개구리는 메뚜기 이외의 다른 생물도 먹고, 뱀 이외의 다른 생물에게도 먹혀요.

**먹이 사슬과 먹이 그물의 공통점과 차이점**

- 공통점: 생물 사이의 먹고 먹히는 관계를 보여 줍니다.
- 차이점: 생물의 먹고 먹히는 관계가 먹이 사슬은 한 방향으로만 연결되지만, 먹이 그물은 여러 방향으로 연결됩니다.

**먹이 그물이 먹이 사슬보다 생물이 살아가기에 더 유리한 까닭**

먹이 그물에서는 어느 한 종류의 먹이가 사라지더라도 다른 먹이를 먹고 살 수 있기 때문입니다.

## ② 생물의 먹고 먹히는 관계 놀이 하기 탐구

### 탐구 과정

❶ 생물 카드로 먹이 사슬 놀이를 합니다.

**놀이 방법**

① 짝과 생물 카드를 모아서 책상 위에 뒤집어 펼쳐 놓습니다.
② 생물 카드를 한 장씩 가져가 생물이 보이게 놓습니다.
③ 짝과 번갈아 가며 생물 카드 한 장을 뒤집습니다. 이때 뒤집은 생물 카드와 자신이 가진 생물 카드의 생물이 먹고 먹히는 관계이면 가져가고 아니면 제자리에 뒤집어 놓습니다.
④ 각자 생물 카드 서너 장으로 먹이 사슬 하나를 완성하고, ②~③을 반복하면서 다른 먹이 사슬을 완성합니다.

❷ 생물 사이의 먹고 먹히는 관계를 화살표로 연결해 먹이 그물을 만듭니다.
└ 먹히는 생물에서 먹는 생물로 화살표를 연결해요.

### 탐구 결과

❶ 생물 카드로 완성한 먹이 사슬

- 벼 → 다람쥐 → 뱀 → 매
- 메뚜기 → 개구리 → 뱀 → 매
- 배추 → 배추흰나비 애벌레 → 참새 → 매

❷ 생물 카드로 완성한 먹이 그물

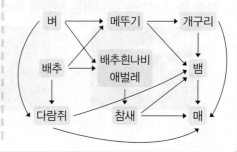

벼 / 메뚜기 / 개구리 / 배추 / 배추흰나비 애벌레 / 뱀 / 다람쥐 / 참새 / 매

바른답·알찬풀이 4 쪽

**스스로 확인해요**

『과학』 25 쪽

**1** 생태계에서 생물의 먹고 먹히는 관계가 사슬처럼 연결된 것을 ( )(이)라고 하고, 여러 개의 먹이 사슬이 얽혀 그물처럼 연결된 것을 ( )(이)라고 합니다.

**2** (사고력) 『과학』 24 쪽에 있는 먹이 사슬과 먹이 그물 중에서 개구리가 사라졌을 때 생물이 양분을 얻어 살아가기에 더 유리한 것을 고르고, 그 까닭을 설명해 봅시다.

**1** 다음 생물을 먹이 사슬로 나타낼 때 ( ) 안에 들어갈 알맞은 말을 써넣어 봅시다.

| 뱀 메뚜기 |

벼 → ( ) → 개구리 → ( )

.

[2~3] 다음은 생물의 먹고 먹히는 관계를 나타낸 것입니다. 물음에 답해 봅시다.

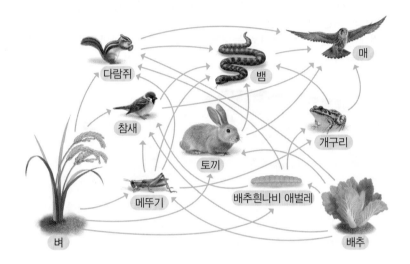

**2** 위와 같이 여러 개의 먹이 사슬이 얽혀 그물처럼 연결되어 있는 것을 무엇이라고
하는지 써 봅시다.

( )

**3** 위 생물의 먹고 먹히는 관계에서 벼와 배추를 먹고, 뱀과 매에게 먹히는 생물을
보기 에서 골라 기호를 써 봅시다.

┌─ 보기 ──────────────────────────────────┐
│ ㉠ 토끼          ㉡ 개구리          ㉢ 배추흰나비 애벌레 │
└──────────────────────────────────────┘

( )

**4** 다음은 먹이 사슬과 먹이 그물에 대한 설명입니다. 옳은 것에 ○표, 옳지 않은 것에
×표 해 봅시다.

(1) 먹이 사슬이 먹이 그물보다 생물이 살아가기에 더 유리하다.  ( )
(2) 먹이 사슬과 먹이 그물은 생물 사이의 먹고 먹히는 관계를 보여 준다.
( )
(3) 먹이 사슬은 한 방향으로 연결되고, 먹이 그물은 여러 방향으로 연결된다.
( )

공부한 내용을

😊 자신 있게 설명할 수 있어요.

😐 설명하기 조금 힘들어요.

😞 어려워서 설명할 수 없어요.

# 3 생태계는 어떻게 유지될까요

실험 관찰

생물의 먹고 먹히는 관계에 의해서 생태계를 구성하는 생물의 종류와 수 또는 양이 조절돼요.

**생태계 평형이 유지되는 원리**
생태계는 평형이 깨지더라도 먹이 관계에 의해 다시 생물의 수나 양이 안정된 상태로 돌아가 생태계 평형이 유지됩니다.

## 용어 사전

★ **평형** 사물이 한쪽으로 기울지 않고 안정해 있음.

★ **요인** 사물이나 사건이 성립되는 까닭

★ **인위적** 자연의 힘이 아닌 사람의 힘으로 이루어지는 것

바른답·알찬풀이 4쪽

## 스스로 확인해요
『과학』27쪽

1 생태계를 구성하는 생물의 종류와 수 또는 양이 균형을 이루며 안정적인 상태를 유지하는 것을 ( )(이)라고 합니다.

2 (사고력) 벼, 메뚜기, 다람쥐가 사는 생태계에서 다람쥐가 사라진다면 생태계는 일시적으로 어떻게 변할지 설명해 봅시다.

---

## 1 국립 공원 생태계의 변화 알아보기 탐구

**①** 어느 국립 공원에 사는 늑대는 주로 강가에 풀과 나무를 먹으러 오는 사슴을 잡아먹고 살았습니다. 그런데 사람들이 마구잡이로 늑대를 사냥하기 시작했습니다.

**②** 1926년 무렵에는 국립 공원에 늑대가 모두 사라졌습니다. 늑대가 사라진 뒤 사슴이 더 이상 늑대에게 잡아먹히지 않아 사슴의 수는 빠르게 늘어났습니다.

**③** 사슴의 수가 빠르게 늘어나면서 많은 수의 사슴이 강가의 풀과 나무를 먹어 강가의 풀과 나무의 양은 줄어들었습니다.

**④** 1995년 사람들은 늑대를 다시 국립 공원에 살게 했습니다.

**⑤** 늑대가 다시 나타난 뒤 늑대가 사슴을 잡아먹어 사슴의 수는 줄어들었습니다. 사슴의 수가 줄어들면서 사슴의 먹이인 강가의 풀과 나무의 양은 다시 늘어났습니다.

**⑥** 오랜 시간이 지나 국립 공원의 생태계는 다시 안정을 찾았습니다. 늑대와 사슴의 수는 적절하게 유지되었고, 강가의 풀과 나무도 잘 자랐습니다.

## 2 생태계 평형

1 **생태계 평형**: 생태계를 구성하는 생물의 종류와 수 또는 양이 균형을 이루며 안정적인 상태를 유지하는 것

2 **생태계 평형이 깨지는 원인**: 가뭄, 도로 건설 등에 의해 특정 생물의 수나 양이 갑자기 늘어나거나 줄어들면서 생태계 평형이 깨지기도 합니다. → 깨진 생태계 평형을 다시 회복하려면 오랜 시간과 많은 노력이 필요하고, 원래 상태로 돌아가지 못하기도 합니다.

| 자연적인 요인 | 인위적인 요인 |
|---|---|
| 가뭄, 홍수, 태풍, 지진, 산불 등 | 댐·도로·건물 건설, 사냥 등 |

**[1~2]** 다음은 어느 국립 공원의 생태계에서 나타난 변화입니다. 물음에 답해 봅시다.

국립 공원에 사는 늑대는 풀과 나무를 먹는 사슴을 잡아먹고 살았다. 그런데 사람들이 마구잡이로 늑대를 사냥하면서 늑대가 모두 사라졌다.

_____

사람들은 늑대를 다시 국립 공원에 살게 했다.

늑대가 다시 나타난 뒤 사슴의 수는 줄어들었고, 강가의 풀과 나무의 양은 늘어났다. 오랜 시간이 지나 국립 공원은 안정을 찾았다.

**2**
단원

공부한 날

월

일

**1** 다음은 위 빈칸에 들어갈 내용입니다. ( ) 안에 들어갈 알맞은 말에 각각 ○표 해 봅시다.

> 늑대가 사라진 뒤 사슴의 수는 ㉠ ( 늘어났고, 줄어들었고 ), 강가의 풀과 나무의 양은 ㉡ ( 늘어났다, 줄어들었다 ).

**2** 다음 ( ) 안에 공통으로 들어갈 알맞은 말을 써 봅시다.

> 늑대가 사라진 뒤 국립 공원의 생태계 ( )이/가 깨졌고, 늑대가 다시 나타난 뒤 오랜 시간이 지나 생태계 ( )이/가 유지되었다.

( )

**3** 다음은 생태계 평형에 대한 설명입니다. 옳은 것에 ○표, 옳지 <u>않은</u> 것에 ×표 해 봅시다.
⑴ 특정 생물의 수가 갑자기 늘어나면 생태계 평형은 깨질 수 있다. ( )
⑵ 생태계는 평형이 깨지더라도 먹이 관계에 의해 다시 안정된 상태로 돌아갈 수 있다. ( )
⑶ 깨진 생태계 평형을 다시 회복하려면 오랜 시간과 많은 노력이 필요하지 않다. ( )

**4** 생태계 평형이 깨지는 원인 중 인위적인 요인으로 옳은 것을 보기 에서 골라 기호를 써 봅시다.

> **보기**
> ㉠ 가뭄          ㉡ 지진          ㉢ 댐 건설

( )

공부한 내용을

🙂 자신 있게 설명할 수 있어요.

😐 설명하기 조금 힘들어요.

😣 어려워서 설명할 수 없어요.

**01** 다음 중 생태계에 대한 설명으로 옳지 <u>않은</u> 것은 어느 것입니까? (　　　)

① 생태계의 종류는 다양하다.
② 생물 요소는 살아 있는 것이다.
③ 비생물 요소는 살아 있지 않은 것이다.
④ 생태계 구성 요소들은 영향을 주고받는다.
⑤ 생태계에는 숲, 바다처럼 규모가 큰 것만 있다.

**[02~03]** 다음은 숲 생태계의 일부를 나타낸 것입니다. 물음에 답해 봅시다.

**02** 위 숲 생태계의 구성 요소 중 비생물 요소를 모두 써 봅시다.

(　　　　　　　　　)

서술형
**03** 위 숲 생태계의 구성 요소들이 주고받는 영향을 두 가지 설명해 봅시다.

_____

_____

중요
**04** 다음은 양분을 얻는 방법에 따라 연못 생태계의 생물 요소를 분류한 것입니다. (　　) 안에 들어갈 알맞은 말을 각각 써 봅시다.

| ( ㉠ ) | 소비자 | ( ㉡ ) |
|---|---|---|
| 연꽃 | 오리 | 세균 |

㉠: (　　　　　　), ㉡: (　　　　　　)

**[05~06]** 다음은 어느 생태계를 구성하는 생물의 먹고 먹히는 관계를 나타낸 것입니다. 물음에 답해 봅시다.

벼　　메뚜기　　개구리　　뱀

**05** 위와 같이 생물의 먹고 먹히는 관계가 사슬처럼 연결된 것을 무엇이라고 하는지 써 봅시다.

(　　　　　　　　　)

중요
**06** 위 생물의 먹고 먹히는 관계에 대한 설명으로 옳은 것을 보기 에서 골라 기호를 써 봅시다.

보기
㉠ 개구리는 뱀을 먹는다.
㉡ 생물의 먹고 먹히는 관계가 한 방향으로만 연결된다.
㉢ 뱀은 개구리가 사라지더라도 다른 먹이를 먹고 살 수 있다.

(　　　　　　　　　)

**07** 다음 먹이 그물에 대한 설명으로 옳지 <u>않은</u> 것은 어느 것입니까? ( )

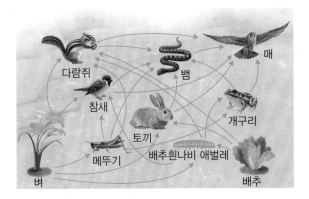

① 뱀은 매에게 먹힌다.

② 다람쥐는 뱀과 매에게 먹힌다.

③ 배추흰나비 애벌레는 벼와 배추를 먹는다.

④ 개구리는 메뚜기와 배추흰나비 애벌레를 먹는다.

⑤ 개구리가 사라지면 매는 다른 먹이가 없어 사라질 수 있다.

**08** 먹이 사슬과 먹이 그물의 차이점을 생물의 먹고 먹히는 관계의 방향과 관련지어 설명해 봅시다.

..................................................................

..................................................................

..................................................................

**09** 다음 ( ) 안에 들어갈 알맞은 말을 보기 에서 골라 기호를 써 봅시다.

생태계 평형은 생태계를 구성하는 생물의 종류와 ( )이/가 균형을 이루며 안정적인 상태를 유지하는 것이다.

보기

㉠ 생물의 나이

㉡ 생물의 크기

㉢ 생물의 수 또는 양

( )

[10~11] 다음을 읽고, 물음에 답해 봅시다.

어느 국립 공원에 사는 늑대는 주로 강가에 풀과 나무를 먹으러 오는 사슴을 잡아먹고 살았다. 그런데 사람들이 마구잡이로 늑대를 사냥하면서 1926 년 무렵에는 국립 공원에 늑대가 모두 사라졌다.

**10** 늑대가 사라진 뒤 국립 공원 생태계에 나타난 변화로 옳은 것을 두 가지 골라 봅시다.

( , )

① 사슴의 수가 늘어났다.

② 사슴의 수가 줄어들었다.

③ 강가의 풀과 나무의 양이 늘어났다.

④ 강가의 풀과 나무의 양이 줄어들었다.

⑤ 사슴의 수, 강가의 풀과 나무의 양이 모두 일정하게 유지됐다.

**11** 위 **10**번과 같이 답한 까닭을 설명해 봅시다.

..................................................................

..................................................................

..................................................................

**12** 다음은 생태계 평형에 대한 학생 (가)~(다)의 대화입니다. 잘못 말한 학생은 누구인지 써 봅시다.

• (가): 생태계 평형이 깨지면 원래 상태로 돌아가지 못하기도 해.

• (나): 깨진 생태계 평형을 다시 회복하려면 오랜 시간과 많은 노력이 필요해.

• (다): 특정 생물의 수나 양이 갑자기 줄어들어도 생태계 평형은 깨지지 않아.

( )

# 비생물 요소는 생물에 어떤 영향을 미칠까요

바른답·알찬풀이 6쪽

## 1 환경 요인이 생물에 미치는 영향 조사하기 탐구

### 탐구 과정 및 결과

❶ 햇빛과 물이 콩나물의 자람에 미치는 영향을 알아보기 위해 다음과 같이 조건을 다르게 하여 콩나물이 자라는 모습을 일주일 이상 관찰했습니다.

| 햇빛이 잘 드는 곳에 둔 콩나물 | | 어둠상자로 덮어 놓은 콩나물 | |
|---|---|---|---|
| 물을 준 것 | 물을 주지 않은 것 | 물을 준 것 | 물을 주지 않은 것 |
| 햇빛 ○ 물 ○ | 콩나물 햇빛 ○ 물 × | 햇빛 × 물 ○ | 어둠 상자 햇빛 × 물 × |
| • 떡잎과 떡잎 아래 몸통이 초록색으로 변함.<br>• 떡잎 아래 몸통이 길어지고 굵어짐. | • 떡잎이 연두색으로 변함.<br>• 떡잎 아래 몸통이 가늘어지고 시듦. | • 떡잎이 그대로 노란색임.<br>• 떡잎 아래 몸통이 길게 자람. | • 떡잎이 그대로 노란색임.<br>• 떡잎 아래 몸통이 매우 가늘어지고 시듦. |

→ 알게 된 점: 콩나물이 자라는 데 햇빛과 물이 필요합니다.

❷ 온도가 콩나물의 자람에 미치는 영향을 알아보기 위해 다음과 같이 조건을 다르게 하여 콩나물이 자라는 모습을 일주일 이상 관찰했습니다.

| 실온에 둔 콩나물 | | 냉장고에 둔 콩나물 | |
|---|---|---|---|
| 햇빛 × 물 ○ 실온 | • 떡잎이 그대로 노란색임.<br>• 떡잎 아래 몸통이 길게 자람. | 햇빛 × 물 ○ 냉장고 | • 떡잎의 대부분이 노란색이지만 작은 검은색 반점이 생김.<br>• 떡잎 아래 몸통이 거의 자라지 않음. |

→ 알게 된 점: 콩나물이 자라는 데 알맞은 온도가 필요합니다.

## 2 비생물 요소가 생물에 미치는 영향
비생물 요소는 생물이 살아가는 데 다양한 방식으로 영향을 줘요.

| 햇빛 | • 동물의 번식 시기와 식물의 꽃 피는 시기에 영향을 줌.<br>• 동물이 물체를 볼 때와 식물이 양분을 만드는 데 필요함. |
|---|---|
| 물 | • 생물이 살아가는 데 반드시 필요함.<br>• 지렁이는 땅 위에 있다가도 피부의 물기가 마르기 전에 흙 속으로 들어감.<br>• 선인장은 가시 모양의 잎으로 물의 손실을 최소화함. |
| 온도 | • 생물의 생활에 영향을 줌.<br>• 철새는 먹이를 구하거나 새끼를 기르기에 온도가 적절한 장소를 찾아 이동함.<br>• 온도가 낮아지면 식물은 단풍이 들거나 낙엽이 짐. |

[1~2] 다음과 같이 조건을 다르게 한 뒤 일주일 이상 콩나물이 자라는 모습을 관찰했습니다. 물음에 답해 봅시다.

(가)      (나)      (다)      (라)

**1** 위 실험에서 알아보려는 콩나물의 자람에 영향을 미치는 비생물 요소가 <u>아닌</u> 것을 보기 에서 골라 기호를 써 봅시다.

> **보기**
> ㉠ 물          ㉡ 온도          ㉢ 햇빛

(            )

**2** 위 (가)~(라) 중 일주일 뒤 관찰했을 때 다음과 같은 결과가 나타나는 콩나물을 골라 기호를 써 봅시다.

> • 떡잎이 그대로 노란색이다.
> • 떡잎 아래 몸통이 매우 가늘어지고 시들었다.

(            )

**3** 오른쪽과 같이 조건을 다르게 한 뒤 일주일 이상 콩나물이 자라는 모습을 관찰했습니다. ㉠과 ㉡ 중 콩나물이 더 잘 자란 것을 골라 기호를 써 봅시다.

㉠        ㉡

(            )

**4** 다음은 비생물 요소가 생물에 미치는 영향에 대한 설명입니다. 옳은 것에 ○표, 옳지 <u>않은</u> 것에 ×표 해 봅시다.

(1) 햇빛은 식물의 꽃 피는 시기에 영향을 준다. (     )

(2) 온도는 생물이 살아가는 데 영향을 주지 않는다. (     )

(3) 물이 부족한 곳에 사는 선인장은 가시 모양의 잎으로 물의 손실을 최소화하며 산다. (     )

**공부한 내용을**

😊 자신 있게 설명할 수 있어요.

😐 설명하기 조금 힘들어요.

😣 어려워서 설명할 수 없어요.

# 5 생물은 환경에 어떻게 적응될까요

서식지 환경과 털 색깔이 비슷하면 적에게서 몸을 숨기거나 먹잇감에 접근하기 유리해요.

### 환경에 적응된 또 다른 생물

- 선인장은 굵은 줄기와 뾰족한 가시가 있어 건조한 환경에서 살아남기에 유리합니다.
- 밤송이의 가시는 밤을 먹으려고 하는 적에게서 밤을 보호하기에 유리합니다.
- 다람쥐가 겨울잠을 자는 것은 몸에 저장된 양분을 천천히 사용하여 추운 겨울을 지내기에 유리합니다.

★ **서식지** 생물이 살아가는 장소

바른답·알찬풀이 7 쪽

『과학』 31 쪽

1 생물이 특정한 서식지에서 오랜 기간에 걸쳐 살아남기에 유리한 생김새와 생활 방식을 가지는 것을 ( )(이)라고 합니다.

2 (사고력) 서식지에서 살아남기에 유리한 고슴도치의 특징을 설명해 봅시다.

## ① 서식지에서 살아남기에 유리한 여우의 특징 알아보기 탐구

**탐구 과정** 각 서식지에서 살아남기에 유리한 여우의 특징을 이야기합니다.

↑ 티베트모래여우
황토색의 마른풀과 회색 돌로 덮인 곳에 살아요.

↑ 북극여우
흰 눈으로 덮인 매우 추운 북극에 살아요.

↑ 사막여우
모래로 덮인 매우 덥고 건조한 사막에 살아요.

**탐구 결과**

| | |
|---|---|
| 티베트모래여우 | • 배 부분에는 회색 털이 있고, 등 부분에는 황토색 털이 있음. ➡ 회색과 황토색 털이 황토색의 마른풀과 회색 돌로 덮인 서식지 환경과 비슷해 몸을 숨기기 쉬움.<br>• 귀가 몸통과 머리에 비해 비교적 작음.<br>• 몸집이 큼. |
| 북극여우 | • 몸 전체가 하얀색 털로 덮여 있음. ➡ 하얀색 털이 흰 눈으로 덮인 서식지 환경과 비슷해 몸을 숨기기 쉬움.<br>• 귀가 몸통과 머리에 비해 작음. ➡ 몸속의 열이 덜 배출되어 추운 환경에서 살아남기에 유리함.<br>• 몸집이 큼. |
| 사막여우 | • 모래색 털로 덮여 있고, 꼬리 끝부분에 검은색 털이 있음. ➡ 모래색 털이 모래가 많은 서식지 환경과 비슷해 몸을 숨기기 쉬움.<br>• 귀가 몸통과 머리에 비해 큼. ➡ 몸속의 열이 잘 배출되어 더운 환경에서 살아남기에 유리함.<br>• 몸집이 작음. |

## ② 적응

**1 적응:** 생물이 특정한 서식지에서 오랜 기간에 걸쳐 살아남기에 유리한 생김새와 생활 방식을 가지는 것

**2 환경에 적응된 생물**

① 대벌레는 주변 환경과 생김새가 비슷해 몸을 숨기기에 유리합니다.
② 사마귀는 주변 환경과 몸 색깔이 비슷해 몸을 숨기기에 유리합니다.
③ 철새는 계절에 따라 온도가 적절한 서식지를 찾아 다른 곳으로 이동합니다.
④ 공벌레가 몸을 오므리는 행동은 적의 공격으로부터 몸을 보호하기에 유리합니다.

↑ 생김새가 가늘고 길쭉한 대벌레

↑ 몸 색깔이 풀 색깔과 비슷한 사마귀

↑ 계절에 따라 다른 곳으로 이동하는 철새

↑ 위협을 느꼈을 때 몸을 오므리는 공벌레

→ 바른답·알찬풀이 7 쪽

**문제로**
# 개념 탄탄

**1** 다음 각 서식지와 그 서식지에서 살아남기에 유리한 여우를 선으로 이어 봅시다.

(1)
흰 눈으로 덮인 매우 추운 북극

· ㉠
티베트모래여우

(2)
황토색의 마른풀과 회색 돌로 덮인 곳

· ㉡
북극여우

(3)
모래로 덮인 매우 덥고 건조한 사막

· ㉢
사막여우

**2** 다음은 적응에 대한 설명입니다. (    ) 안에 들어갈 알맞은 말을 써 봅시다.

생물이 특정한 서식지에서 오랜 기간에 걸쳐 살아남기에 유리한 (        ) 과/와 생활 방식을 가지는 것을 적응이라고 한다.

(                    )

**3** 다음은 환경에 적응된 생물에 대한 설명입니다. 옳은 것에 ○표, 옳지 않은 것에 ×표 해 봅시다.

(1) 대벌레는 주변 환경과 생김새가 비슷하다.                     (        )
(2) 공벌레는 위협을 느꼈을 때 몸을 오므린다.                    (        )
(3) 다람쥐는 계절에 따라 다른 곳으로 이동하면서 추운 겨울을 지낸다.
(        )

**4** 다음 (    ) 안에 들어갈 알맞은 말에 ○표 해 봅시다.

선인장의 굵은 줄기와 뾰족한 가시는 ( 건조한, 축축한 ) 환경에 적응된 결과 이다.

**공부한 내용을**

 자신 있게 설명할 수 있어요.

 설명하기 조금 힘들어요.

 어려워서 설명할 수 없어요.

**2**
단원

공부한 날

월

일

# 환경 오염은 생물에 어떤 영향을 미칠까요
# 생태계 보전을 위해 우리는 무엇을 할 수 있을까요

실험 관찰

환경이 오염되면 그곳에 사는 생물의 종류나 수가 줄어들어 생태계 평형이 깨지기도 해요.

**① 환경 오염이 생물에 미치는 영향**

**1** 환경 오염: 사람들의 활동으로 자연환경이나 생활 환경이 훼손되는 것

**2** 환경 오염의 원인과 환경 오염이 생물에 미치는 영향

| 구분 | 대기 오염 | 수질 오염 | 토양 오염 |
|------|-----------|-----------|-----------|
| 원인 | 공장이나 자동차의 매연 등으로 공기가 오염됨. | 폐수의 배출이나 기름 유출 등으로 물이 오염됨. | 쓰레기 매립이나 농약의 지나친 사용 등으로 땅이 오염됨. |
| 생물에 미치는 영향 | 황사나 미세 먼지 등이 동물의 호흡 기관에 질병을 일으킴.<br>↑ 공기의 오염으로 증가하는 질병 | 폐수의 배출로 물고기의 서식지가 파괴되어 물고기가 죽음.<br>↑ 폐수의 배출로 죽은 물고기 | 쓰레기 매립으로 악취가 심해 생활 환경이 나빠지고, 식물이 잘 자랄 수 없음.<br>↑ 쓰레기 매립으로 훼손되는 생활 환경 |

**② 생태계 복원**

**1** 생태계 복원: 사람들이 훼손된 자연환경을 회복하고 생물이 살아가기에 적합한 환경으로 만들려는 노력

**2** 생태계 복원 계획 세우기 `탐구`

| 생태계 파괴 사례 | 유조선의 기름 유출로 물고기가 죽음. → 수질 오염 |
|------|------|
| 생태계를 복원하기 위한 방법 | 바다의 기름을 제거함. |
| 생태계를 복원하기 위해 우리가 할 수 있는 일 | 바다에 유출된 기름을 제거하는 활동에 참여하도록 홍보 영상을 만듦. |

**③ 생태계 보전**

**1** 생태계 보전: 원래 생태의 생태계를 온전하게 보호하고 유지하는 것

**2** 생태계 보전을 위한 실천 방안 토의하기 `탐구`

| 국가와 사회의 실천 방안 | • 생태계 보전을 위한 법을 만듦.<br>• 하천 생태계를 보전하기 위해 관리함.<br>• 동물의 서식지를 보전하며 개발함. |
|------|------|
| 개인의 실천 방안 | • 일회용품 사용을 줄임.<br>• 쓰레기를 분리배출함.<br>• 대중교통을 이용함.<br>• 친환경 제품을 사용함. |

---

생태계 보전과 개발을 균형 있게 하는 것이 중요한 까닭

훼손된 생태계가 원래 상태로 회복하는 데에는 오랜 시간과 많은 노력이 필요하기 때문입니다.

**용어 사전**

★ **훼손** 헐거나 깨뜨려 못 쓰게 만드는 것

★ **매립** 낮은 땅이나 하천, 바다 등을 돌이나 흙 따위로 채우는 것

바른답·알찬풀이 7 쪽

**스스로 확인해요**

『과학』 35 쪽

1 우리는 일상생활에서 생태계를 ( 훼손하기, 보전하기 ) 위해 일회용품 사용을 줄이고, 쓰레기를 분리배출하여 자원 재활용에 참여합니다.

2 (의사소통 능력) 상품의 정보를 알리는 비닐을 붙이지 않은 플라스틱 물병이 있습니다. 이 플라스틱 물병이 생태계를 보전하는 데 어떤 도움을 주는지 이야기해 봅시다.

**1** 사람들의 활동으로 자연환경이나 생활 환경이 훼손되는 것을 무엇이라고 하는지 써 봅시다.

(          )

**2** 다음 환경 오염의 종류와 그 원인을 선으로 이어 봅시다.

(1) 대기 오염  •       •㉠ 폐수의 배출

(2) 수질 오염  •       •㉡ 쓰레기 매립

(3) 토양 오염  •       •㉢ 공장의 매연

**3** 다음은 환경 오염이 생물에 미치는 영향에 대한 설명입니다. 옳은 것에 ○표, 옳지 않은 것에 ×표 해 봅시다.

(1) 폐수의 배출로 물고기가 죽는다. (    )

(2) 쓰레기 매립으로 땅이 오염되어 식물이 잘 자란다. (    )

(3) 황사나 미세 먼지 등이 동물의 호흡 기관에 질병을 일으킨다. (    )

**4** 다음 ( ) 안에 들어갈 알맞은 말을 각각 써 봅시다.

- (  ㉠  )은/는 사람들이 훼손된 자연환경을 회복하고 생물이 살아가기에 적합한 환경으로 만들려는 노력이다.
- (  ㉡  )은/는 원래 상태의 생태계를 온전하게 보호하고 유지하는 것이다.

㉠: (       ), ㉡: (       )

**5** 다음 중 생태계 보전을 위한 실천 방안이 <u>아닌</u> 것을 골라 기호를 써 봅시다.

㉠
일회용품 사용하기

㉡
쓰레기 분리배출하기

㉢
대중교통 이용하기

(       )

창의적으로 생각해요 『과학』 37 쪽

다음과 같은 생태 통로가 잘못된 까닭을 찾고, 동물이 안전하게 이용할 수 있는 생태 통로를 그려 봅시다.

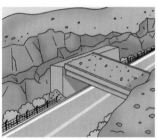

예시 답안 맞은편이 절벽으로 되어 있고 통로가 훤히 드러나 있어 동물이 생태 통로를 이용하기 어려울 것이다. 동물이 안전하게 이동할 수 있는 위치에 생태 통로를 만들고, 생태 통로에 식물을 심어서 동물이 이용하기 쉽게 해 준다.

**공부한 내용을**

 자신 있게 설명할 수 있어요.

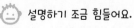 설명하기 조금 힘들어요.

어려워서 설명할 수 없어요.

[01~02] 다음과 같이 조건을 다르게 한 뒤 일주일 이상 콩나물이 자라는 모습을 관찰했습니다. 물음에 답해 봅시다.

(가) 햇빛○ 물○    (나) 햇빛○ 물×

**01** 위 실험에서 일주일이 지난 뒤에 각 콩나물을 관찰한 결과로 옳은 것은 어느 것입니까? (          )

① (가)는 떡잎이 그대로 노란색이다.

② (가)는 떡잎 아래 몸통이 시들었다.

③ (나)는 떡잎이 연두색으로 변했다.

④ (나)는 떡잎 아래 몸통이 길어지고 굵어졌다.

⑤ (가)와 (나)는 모두 떡잎 아래 몸통이 가늘어졌다.

중요
**02** 위 실험 결과를 통해 알 수 있는 콩나물의 자람에 영향을 미치는 비생물 요소를 보기에서 골라 기호를 써 봅시다.

보기
㉠ 물          ㉡ 공기          ㉢ 온도

(          )

서술형
**03** 비생물 요소 중 햇빛이 생물에 미치는 영향을 두 가지 설명해 봅시다.

........................................................

........................................................

**04** 오른쪽은 철새가 먹이를 구하거나 추위를 피해 이동하는 모습입니다. 이러한 철새의 이동에 영향을 미치는 비생물 요소를 써 봅시다.

(          )

**05** 오른쪽 북극여우가 살아남기에 유리한 서식지 환경으로 옳은 것을 보기에서 골라 기호를 써 봅시다.

보기
㉠ 모래가 많고 더운 환경
㉡ 흰 눈으로 덮여 있고 추운 환경
㉢ 황토색의 마른풀과 회색 돌로 덮인 환경

(          )

중요
**06** 다음 중 사막에서 살아남기에 유리한 사막여우의 특징으로 옳은 것은 어느 것입니까? (          )

① 귀가 작다.

② 몸집이 크다.

③ 모래색 털로 덮여 있다.

④ 몸 전체가 하얀색 털로 덮여 있다.

⑤ 배 부분에는 회색 털이 있고 등 부분에는 황토색 털이 있다.

**07** 사마귀가 환경에 적응된 모습에 대한 설명으로 옳은 것을 보기 에서 골라 기호를 써 봅시다.

> **보기**
> ㉠ 추운 겨울이 되면 겨울잠을 잔다.
> ㉡ 위협을 느꼈을 때 몸을 오므린다.
> ㉢ 주변 환경과 몸 색깔이 비슷하다.

( )

**중요**
**08** 다음 중 환경 오염의 종류와 원인을 <u>잘못</u> 짝 지은 것은 어느 것입니까? ( )

① 수질 오염 – 공장의 매연
② 수질 오염 – 폐수의 배출
③ 토양 오염 – 쓰레기 매립
④ 대기 오염 – 자동차의 매연
⑤ 토양 오염 – 농약의 지나친 사용

**서술형**
**09** 다음 황사와 미세 먼지는 어떤 종류의 환경 오염인지 쓰고, 이 환경 오염이 생물에 미치는 영향을 설명해 봅시다.

황사          미세 먼지

...........................................................

...........................................................

**[10~11]** 다음은 어떤 지역에서 생태계 파괴 사례를 조사하여 세운 생태계 복원 계획입니다. 물음에 답해 봅시다.

| 생태계 파괴 사례 | 바다에 사는 물고기가 죽음. |
| --- | --- |
| 환경 오염의 종류 | ㉠ |
| 환경 오염의 원인 | 유조선의 기름 유출로 바다가 오염됨. |
| 생태계를 복원하기 위한 방법 | ㉡ |

**10** 위 ㉠에 들어갈 알맞은 말을 써 봅시다.

( )

**11** 위 ㉡에 들어갈 내용으로 옳은 것을 보기 에서 골라 기호를 써 봅시다.

> **보기**
> ㉠ 폐수를 배출한다.
> ㉡ 쓰레기를 매립한다.
> ㉢ 바다의 기름을 제거한다.

( )

**12** 다음은 생태계 보전을 위한 실천 방안에 대한 학생 (가)~(다)의 대화입니다. <u>잘못</u> 말한 학생은 누구인지 써 봅시다.

대중교통을 이용해야 해.   일회용품 사용을 줄여야 해.   쓰레기를 아무 곳에나 버려야 해.

(가)          (나)          (다)

( )

2. 생물과 환경 **33**

# 빛 공해를 줄이는 실천 방안 소개하기

빛은 생물이 살아가는 데 꼭 필요합니다. 빛이 없다면 식물은 양분을 만들지 못하고, 사람은 질병에 걸리기도 합니다. 하지만 사람들이 밤에 지나치게 많이 이용하는 인공조명★은 생물의 종류와 수를 감소시키는 등 생태계에 부정적인 영향을 미칩니다. 또, 사람의 기억력을 떨어뜨리기도 합니다. 이렇게 지나치게 많이 인공조명을 이용함으로써 생태계에 주는 피해를 빛 공해라고 합니다. 생태계를 보전하기 위해 빛 공해를 줄일 수 있는 방안을 생각해 보고, 카드 뉴스를 만들어 소개해 봅시다.

**빛 공해로 받는 피해**

올빼미는 주로 캄캄한 밤에 사냥하는 야행성 동물입니다. 하지만 인공조명 때문에 먹이 사냥에 어려움을 겪습니다.

가로수로 심은 단풍나무는 인공조명 때문에 단풍 드는 시기가 늦어집니다.

새끼 바다거북은 달빛을 보고 바다로 갑니다. 하지만 인공조명을 달빛으로 착각해 육지로 올라와 길을 잃습니다.

매미는 빛에 반응해 우는데, 인공조명 때문에 밤에도 계속 웁니다.

### 생태계 보전의 중요성

생태계 보전은 원래 상태의 생태계를 온전하게 보호하고 유지하는 것입니다. 생태계 보전으로 생태계 훼손을 막고 생태계 평형을 유지할 수 있습니다. 사람들이 지나치게 많이 이용하는 인공조명이 생태계에 피해를 주는 것처럼 사람들이 자연환경을 이용하고 개발하면서 생태계가 훼손될 수 있습니다. 훼손된 생태계가 원래 상태로 회복하는 데에는 오랜 시간과 많은 노력이 필요합니다. 그러므로 우리는 생태계를 보전할 수 있는 방안을 찾아 실천해야 합니다.

**용어 사전**

★ 인공조명 사람이 만든 물체가 내는 빛

다음은 인공조명을 이용하는 우리나라의 도시 모습입니다.

❶ 빛 공해를 줄일 수 있는 방안을 생각해 봅시다.

> ✏️ 예시 답안  밤에 조명을 이용할 때에는 커튼을 친다. 여행을 갈 때 조명을 모두 끈다. 등

**활동꿀팁**

생활 속에서 인공조명을 많이 이용하는 경우를 떠올려 보고, 빛 공해를 줄일 수 있는 실천 방안에 무엇이 있을지 생각해 보아요.

❷ 빛 공해를 줄일 수 있는 실천 방안을 소개하는 카드 뉴스를 만들어 봅시다.

**활동꿀팁** 카드 뉴스는 소개하려는 내용을 그림과 짧은 글로 나타내는 것이에요. 소개하려는 내용을 정하고 그림과 글로 표현해요.

예시 답안

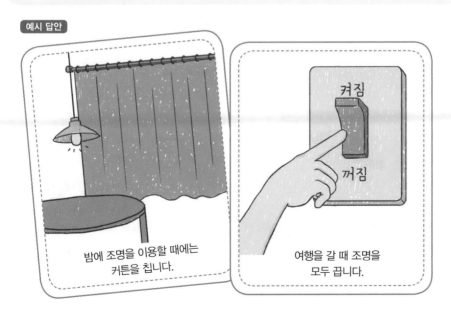

밤에 조명을 이용할 때에는 커튼을 칩니다.

여행을 갈 때 조명을 모두 끕니다.

❸ 카드 뉴스를 모아 빛 공해 줄이기 전시회를 열어 봅시다.

## 생태계 구성 요소

- **①** 생태계 : 어떤 공간에서 영향을 주고받는 모든 생물 요소와 비생물 요소

  **풀이** 어떤 공간에서 영향을 주고받는 모든 생물 요소와 비생물 요소를 생태계라고 합니다.

- **생물 요소**: 동물과 식물처럼 살아 있는 것

| 생산자 | 소비자 | 분해자 |
|---|---|---|
| **②** 햇빛 , 물 등을 이용해 살아가는 데 필요한 양분을 스스로 만드는 생물 예 식물 등 | 다른 생물을 먹이로 하여 **③** 양분 을/를 얻는 생물 예 동물 | 주로 죽은 생물이나 배설물을 분해해 양분을 얻는 생물 예 곰팡이, 세균 등 |

- **비생물 요소**: 햇빛, 물, 온도처럼 살아 있지 않은 것

  **풀이** 생물은 양분을 얻는 방법에 따라 햇빛, 물 등을 이용해 필요한 양분을 스스로 만드는 생산자, 다른 생물을 먹이로 하여 양분을 얻는 소비자, 주로 죽은 생물이나 배설물을 분해해 양분을 얻는 분해자로 구분합니다.

## 생태계를 구성하는 생물의 먹고 먹히는 관계

| 먹이 사슬 | 먹이 그물 |
|---|---|
|  |  |
| 생태계에서 생물 사이의 먹고 먹히는 관계가 사슬처럼 연결된 것 | 생태계에서 여러 개의 먹이 사슬이 얽혀 그물처럼 연결된 것 |

- **④** 생태계 평형 : 생태계를 구성하는 생물의 종류와 수 또는 양이 균형을 이루며 안정적으로 유지되는 상태

  **풀이** 생태계를 구성하는 생물의 종류와 수 또는 양이 균형을 이루며 안정적인 상태를 유지하는 것을 생태계 평형이라고 합니다.

## 비생물 요소가 생물에 미치는 영향

| 햇빛 | 물 | 온도 |
|---|---|---|
| • 동물의 번식 시기와 식물의 꽃 피는 시기에 영향을 줌.<br>• 동물이 물체를 볼 때와 식물이 양분을 만드는 데 필요함. | • 지렁이는 땅 위에 있다가도 피부의 물기가 마르기 전에 흙 속으로 들어감.<br>• 물이 부족한 곳에서 선인장은 가시 모양의 잎으로 물의 손실을 최소화하며 살아감. | • 철새는 먹이를 구하거나 추위를 피해 이동함.<br>• ❺ [ 온도 ] 이/가 낮아지면 식물은 단풍이 들거나 낙엽이 짐. |

코스모스

지렁이

철새

**풀이** 온도는 생물의 생활에 영향을 미칩니다.

## 생물과 환경

### 생태계 보전과 복원

● 환경 오염이 생물에 미치는 영향: 환경이 오염되면 그곳에 사는 생물의 종류와 수가 줄어들거나 생물이 사라져 생태계 평형이 ❻( 유지됨, 깨짐 ).

● 생태계 보전을 위해 우리가 할 수 있는 일: 쓰레기를 분리배출하여 자원 재활용에 참여하고, 대중교통을 이용함.

**풀이** 환경이 오염되면 그곳에 사는 생물의 서식지가 훼손되어 생물의 종류와 수가 줄어들거나 생물이 사라져 생태계 평형이 깨지기도 합니다. 한번 깨진 생태계를 다시 회복하려면 오랜 시간과 많은 노력이 필요합니다.

### 직업 탐험하기

**생물의 특징을 연구하는 생명 과학자**

『과학』 42쪽

생명 과학자는 생물이 사는 환경과 그곳에 사는 생물의 특징, 생활 방식 등을 관찰하고 연구합니다. 또, 생물과 생물 사이의 관계도 연구합니다. 연구 결과는 의학, 농업 등의 분야에 이용하거나 활용할 수 있는 방법을 찾는 데 도움을 줍니다.

**창의적으로 생각해요**

내가 생명 과학자가 된다면 어떤 생태계나 생물을 알아보고 싶은지 이야기해 봅시다.

**예시 답안** 사막 생태계가 궁금하다. 사막은 밤낮의 기온 차가 크고 비가 적게 내리기 때문에 우리나라 생태계와는 차이점이 있을 것 같기 때문이다.

**1** 다음 (   ) 안에 들어갈 알맞은 말을 써 봅시다.

> 생태계는 동물과 식물처럼 살아 있는 (   ㉠   )과/와 햇빛, 물, 온도
> 처럼 살아 있지 않은 (   ㉡   )(으)로 이루어져 있다.

㉠: (   생물 요소   ), ㉡: (   비생물 요소   )

**풀이** 생태계는 어떤 공간에서 동물과 식물처럼 살아 있는 생물 요소와 햇빛, 물, 온도처럼 살아 있지 않은 비생물 요소가 영향을 주고받습니다.

**2** 오른쪽은 어느 생태계의 먹이 그물
모습입니다. 먹이 그물에 대한 설명
으로 옳은 것을 두 가지 골라 봅시다.

( ③ , ⑤ )

① 참새는 한 가지 먹이만 먹는다.
② 다람쥐는 뱀에게만 잡아먹힌다.
③ 매는 다른 동물에게 잡아먹히지 않는다.
④ 토끼는 모든 생물과 먹고 먹히는 관계에 있다.
⑤ 생물 사이의 먹고 먹히는 관계가 그물처럼 서로 얽혀 있다.

**풀이** 생태계를 구성하는 생물은 서로 먹고 먹히는 관계에 있습니다. 생태계에서 여러 개의 먹이 사슬이 얽혀 그물처럼 연결된 것을 먹이 그물이라고 합니다.

**3** 다음은 오른쪽과 같이 자란 콩나물의 모습
을 보고 두 학생이 나눈 대화입니다. 콩나물
을 기른 조건을 옳게 말한 학생의 이름을 써
봅시다.

며칠 뒤

> • 우리: 콩나물이 담긴 페트병을 어둠상자로 덮어 햇빛을 가리고 물을 주
> 었어.
> • 나라: 콩나물이 담긴 페트병을 햇빛이 잘 드는 곳에 두고 물을 주었어.

(   나라   )

**풀이** 햇빛이 잘 드는 곳에 두고 물을 준 콩나물은 떡잎과 떡잎 아래 몸통이 초록색으로 변했고, 떡잎 아래 몸통이 길어지고 굵어졌습니다.

**4** 대기 오염이 생태계에 미치는 영향으로 옳은 것을 보기에서 골라 기호를 써 봅시다.

> **보기**
>
> ㉠ 자동차 매연으로 식물이 잘 자라지 못한다.
> ㉡ 폐수의 배출로 물고기가 병에 걸리거나 죽는다.
> ㉢ 농약의 지나친 사용으로 땅에 생물이 살 수 없다.

( ㉠ )

**풀이** 자동차 매연은 공기가 오염되는 대기 오염을 일으켜 생물의 성장에 피해를 주기도 합니다. 폐수의 배출은 물이 오염되는 수질 오염을 일으키고, 농약의 지나친 사용은 땅이 오염되는 토양 오염을 일으킵니다.

**5** 오른쪽은 산을 깎아 골프장을 만드는 모습입니다. 이에 대한 설명으로 옳은 것을 보기에서 골라 기호를 써 봅시다.

> **보기**
>
> ㉠ 무분별한 개발로 생태계 평형이 깨진다.
> ㉡ 깨진 생태계 평형은 대부분 짧은 시간 안에 회복할 수 있다.
> ㉢ 이곳에 사는 생물의 종류와 수 또는 양이 균형을 이루며 안정된 상태이다.

( ㉠ )

**풀이** 훼손된 생태계가 원래 상태로 회복하는 데에는 오랜 시간과 많은 노력이 필요합니다.

( 💡 사고력 | 🔍 탐구 능력 )

**6** 오른쪽 서식지에서 살아남기에 유리한 여우를 보기에서 골라 기호를 쓰고, 그 까닭을 설명해 봅시다.

> **보기**
>
>
>
> ㉠                    ㉡

(1) 살아남기에 유리한 여우: ( ㉡ )

(2) **까닭:** 예시 답안 여우의 털 색깔이 눈으로 덮인 서식지와 비슷해 적에게서 몸을 숨기기에 유리하다.

**풀이** ㉠은 사막여우이고, ㉡은 북극여우입니다. 북극여우의 하얀색 털은 흰 눈으로 덮인 서식지 환경과 비슷해 적에게서 몸을 숨기기 쉽습니다.

# 그림으로 단원 정리하기

그림을 보고, 빈칸에 알맞은 내용을 써 봅시다.

## 01 생태계 구성 요소

G 18 쪽

| ❶ ___ 요소 | 연꽃, 부들, 검정말, 벌개미취, 오리, 붕어, 노루, 참새, 토끼, 뱀, 세균, 버섯, 곰팡이 등 |
| --- | --- |
| ❷ ___ 요소 | 공기, 물, 온도, 햇빛, 흙 등 |

생태계는 생물 요소와 비생물 요소로 이루어져 있으며 생태계 구성 요소들은 서로 영향을 주고받습니다.

## 02 생물의 먹고 먹히는 관계

G 20 쪽

❸ ___ 은/는 생물의 먹고 먹히는 관계가 사슬처럼 연결됩니다.

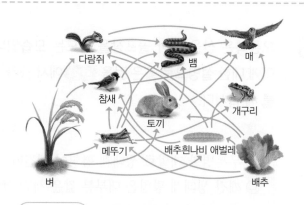

❹ ___ 은/는 여러 개의 먹이 사슬이 얽혀 그물처럼 연결됩니다.

## 03 생태계 평형

G 22 쪽

국립 공원에 사는 늑대는 풀과 나무를 먹는 사슴을 잡아먹고 살았습니다. 그런데 사람들이 마구잡이로 늑대를 사냥하면서 늑대가 모두 사라졌습니다.

늑대가 사라지자 사슴의 수는 빠르게 늘어났고, 강가의 풀과 나무의 양은 줄어들었습니다. 사람들은 늑대를 다시 국립 공원에 살게 했습니다.

늑대가 다시 나타나자 사슴의 수는 줄어들었고, 강가의 풀과 나무의 양은 늘어났습니다. 오랜 시간이 지나 국립 공원의 생태계는 안정을 찾았습니다.

생태계를 구성하는 생물의 종류와 수 또는 양이 균형을 이루며 안정적인 상태를 유지하는 것을 ❺ ___ (이)라고 합니다.

## 04 비생물 요소가 생물에 미치는 영향 G 26 쪽

비생물 요소는 생물이 살아가는 데 다양한 방식으로 영향을 줍니다.

| | | |
|---|---|---|
| ⑥ | 식물의 꽃 피는 시기에 영향을 주고, 식물이 양분을 만드는 데 필요함. | 코스모스 |
| 물 | 지렁이는 땅 위에 있다가도 피부의 물기가 마르기 전에 흙 속으로 들어감. | 지렁이 |
| 온도 | 철새는 먹이를 구하거나 새끼를 기르기에 온도가 적절한 장소를 찾아 이동함. | 철새 |

## 05 다양한 환경에 적응된 생물 G 28 쪽

- 생물은 생김새와 생활 방식 등을 통해 환경에 ⑦ 됩니다.
- 환경에 적응된 생물의 예

| 주변 환경과 생김새가 비슷한 대벌레 | 주변 환경과 몸 색깔이 비슷한 사마귀 |
|---|---|
|  |  |
| 계절에 따라 다른 서식지로 이동하는 철새 | 위협을 느꼈을 때 몸을 오므리는 공벌레 |

## 06 환경 오염이 생물에 미치는 영향 G 30 쪽

| 대기 오염이 생물에 미치는 영향 | 수질 오염이 생물에 미치는 영향 | 토양 오염이 생물에 미치는 영향 |
|---|---|---|
|  |  |  |
| 공장의 매연으로 ⑧ 이/가 오염되어 질병이 증가합니다. | 폐수의 배출로 ⑨ 이/가 오염되어 물고기의 서식지가 파괴되어 물고기가 죽습니다. | 쓰레기 매립으로 ⑩ 이/가 오염되어 생활 환경이 훼손됩니다. |

**01** 다음 중 연못 생태계의 생물 요소와 비생물 요소를 옳게 짝 지은 것은 어느 것입니까? ( )

| | 생물 요소 | 비생물 요소 |
|---|---|---|
| ① | 공기 | 세균 |
| ② | 물 | 온도 |
| ③ | 붕어 | 햇빛 |
| ④ | 흙 | 오리 |
| ⑤ | 연꽃 | 개구리 |

**02** 오른쪽 다람쥐가 양분을 얻는 방법에 대한 설명으로 옳은 것을 **보기** 에서 골라 기호를 써 봅시다.

**보기**

㉠ 다른 생물을 먹이로 하여 양분을 얻는다.
㉡ 주로 죽은 생물이나 배설물을 분해해 양분을 얻는다.
㉢ 햇빛, 물 등을 이용해 살아가는 데 필요한 양분을 스스로 만든다.

( )

**03** 다음은 먹이 사슬을 나타낸 것입니다. ㉠에 들어갈 생물로 옳은 것은 어느 것입니까? ( )

벼 → 메뚜기 → ㉠ → 뱀

① 매
② 배추
③ 토끼
④ 개구리
⑤ 배추흰나비 애벌레

**04** 다음 중 먹이 사슬과 먹이 그물에 대한 설명으로 옳은 것을 두 가지 골라 봅시다.

( , )

① 먹이 그물은 생물의 먹고 먹히는 관계가 한 방향으로만 연결된다.
② 먹이 사슬은 생물의 먹고 먹히는 관계가 여러 방향으로 연결된다.
③ 먹이 그물은 여러 개의 먹이 사슬이 얽혀 그물처럼 연결된 것이다.
④ 먹이 사슬과 먹이 그물은 모두 생물 사이의 먹고 먹히는 관계를 보여 준다.
⑤ 먹이 사슬에서는 어느 한 종류의 먹이가 사라지더라도 다른 먹이를 먹고 살 수 있다.

**05** 생태계 평형이 깨지는 원인이 아닌 것을 **보기** 에서 골라 기호를 써 봅시다.

**보기**

㉠ 늑대가 사슴을 잡아먹었다.
㉡ 숲 가운데에 도로를 만들었다.
㉢ 가뭄으로 특정 생물이 사라졌다.

( )

**06** 다음 중 물이 콩나물의 자람에 미치는 영향을 알아보는 실험에서 다르게 해야 할 조건으로 옳은 것은 어느 것입니까? ( )

① 콩나물의 양
② 콩나물의 길이
③ 콩나물이 자라는 온도
④ 콩나물에 주는 물의 양
⑤ 콩나물이 받는 햇빛의 양

**07** 생물에 다음과 같은 영향을 미치는 비생물 요소는 무엇인지 써 봅시다.

> • 동물의 번식 시기와 식물의 꽃 피는 시기에 영향을 준다.
> • 동물이 물체를 볼 때와 식물이 양분을 만드는 데 필요하다.

(          )

**08** 다음과 같은 티베트모래여우가 살아남기에 유리한 서식지 환경에 대한 설명으로 옳은 것을 보기 에서 골라 기호를 써 봅시다.

> 보기
> ㉠ 초록색 풀이 많다.
> ㉡ 흰 눈으로 덮여 있다.
> ㉢ 황토색의 마른풀과 회색 돌로 덮여 있다.

(          )

**09** 다음 중 적의 공격으로부터 몸을 보호하기에 유리한 행동을 하도록 적응된 생물을 골라 기호를 써 봅시다.

| ㉠ | ㉡ | ㉢ |
|---|---|---|
|  |  |  |
| 대벌레 | 공벌레 | 다람쥐 |

(          )

**10** 다음은 환경이 오염되면 일어날 수 있는 일에 대한 학생 (가)~(다)의 대화입니다. 옳게 말한 학생은 누구인지 써 봅시다.

> (가) 생태계 평형은 깨지지 않을 거야.
> (나) 생물의 종류가 줄어들 수 있어.
> (다) 생물의 수는 변하지 않을 거야.

(          )

**11** 다음은 쓰레기 매립지의 생태계를 복원하기 위한 방법입니다. (   ) 안에 들어갈 내용으로 옳은 것은 어느 것입니까? (      )

> • 식물을 다시 심는다.
> • 쓰레기 매립지에 오염되지 않은 흙을 다시 덮는다.
> • (             )

① 자동차를 탄다.
② 농약을 많이 사용한다.
③ 쓰레기 배출량을 줄인다.
④ 폐수를 강으로 흘려보낸다.
⑤ 쓰레기를 아무 곳에나 버린다.

**12** 우리가 실천할 수 있는 생태계 보전 방안으로 옳은 것을 보기 에서 골라 기호를 써 봅시다.

> 보기
> ㉠ 대중교통을 이용한다.
> ㉡ 일회용품을 자주 사용한다.
> ㉢ 쓰레기 분리배출을 하지 않는다.

(          )

## 서술형 문제

**13** 다음 곰팡이와 세균은 생산자, 소비자, 분해자 중 어느 것에 속하는지 쓰고, 그 생물 요소가 양분을 얻는 방법을 설명해 봅시다.

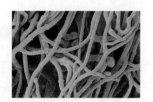
곰팡이

세균

..................................................

..................................................

**14** 다음은 어느 생태계의 먹이 그물을 나타낸 것입니다. 먹이 그물이 먹이 사슬보다 생물이 살아가기에 더 유리한 까닭을 설명해 봅시다.

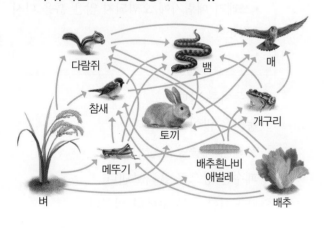

..................................................

..................................................

**15** 생태계 평형이 무엇인지 설명해 봅시다.

..................................................

..................................................

**16** 다음은 굵기와 길이, 양이 비슷한 콩나물이 서로 다른 조건에서 자란 모습입니다. 이를 통해 알 수 있는 점을 콩나물의 자람에 영향을 미치는 비생물 요소와 관련지어 설명해 봅시다.

햇빛 ✕
물 ○
실온

떡잎 아래 몸통이
길게 자람.

햇빛 ✕
물 ○
냉장고

떡잎 아래 몸통이
거의 자라지 않음.

..................................................

..................................................

**17** 오른쪽과 같은 사막여우가 사막에서 살아남기에 유리한 특징을 두 가지 설명해 봅시다.

..................................................

..................................................

**18** 다음과 같은 원인으로 발생하는 환경 오염의 종류를 쓰고, 이 환경 오염이 생물에 미치는 영향을 설명해 봅시다.

폐수의 배출

..................................................

..................................................

## 01 다음은 숲 생태계와 연못 생태계의 구성 요소를 분류한 것입니다.

| 구분 | 숲 생태계 | 연못 생태계 |
|---|---|---|
| ( ㉠ ) 요소 | 노루, 참새, 다람쥐, 매, 지렁이, 토끼, 뱀, 소나무, 벌개미취, 버섯, 곰팡이 | 연꽃, 부들, 검정말, 물수세미, 오리, 개구리, 왜가리, 붕어, 세균 |
| ( ㉡ ) 요소 | 햇빛, 물, 흙, 공기, 온도 | 햇빛, 물, 흙, 공기, 온도 |

(1) 위 ( ) 안에 들어갈 알맞은 말을 각각 써 봅시다.

㉠: ( ), ㉡: ( )

(2) 위 연못 생태계의 구성 요소들이 주고받는 영향을 두 가지 설명해 봅시다.

_____

**성취 기준**

생태계가 생물 요소와 비생물 요소로 이루어져 있음을 알고 생태계 구성 요소들이 서로 영향을 주고받음을 설명할 수 있다.

**출제 의도**

생태계 구성 요소를 구분하고 생태계 구성 요소의 특징을 알고 있는지 확인하는 문제예요.

**관련 개념**

생태계 구성 요소들 사이의 관계 알아보기    ᴳ 18 쪽

## 02 다음과 같이 조건을 다르게 한 뒤 일주일 이상 콩나물이 자라는 모습을 관찰했습니다.

㉠    ㉡    ㉢    ㉣

(1) 위 ㉠~㉣ 중 일주일 뒤 관찰했을 때 가장 잘 자라는 콩나물을 골라 기호를 써 봅시다.

( )

(2) 위 실험 결과를 통해 알 수 있는 점을 콩나물의 자람에 영향을 미치는 비생물 요소와 관련지어 설명해 봅시다.

_____

**성취 기준**

비생물 환경 요인이 생물에 미치는 영향을 이해하여 환경과 생물 사이의 관계를 설명할 수 있다.

**출제 의도**

비생물 요소가 생물에 미치는 영향을 묻는 문제예요.

**관련 개념**

환경 요인이 생물에 미치는 영향 조사하기    ᴳ 26 쪽

**01** 다음은 생태계 구성 요소에 대한 설명입니다. ( ) 안에 들어갈 알맞은 말을 각각 써 봅시다.

> • ( ㉠ )은/는 동물과 식물처럼 살아 있는 것이다.
> • ( ㉡ )은/는 햇빛, 물, 온도처럼 살아 있지 않은 것이다.

㉠: (        ), ㉡: (        )

**02** 다음 중 생산자에 해당하는 생물로 옳은 것은 어느 것입니까? ( )

①
버섯

②
연꽃

③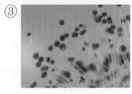
곰팡이

④
다람쥐

**03** 생물의 먹고 먹히는 관계가 옳게 연결된 것을 보기에서 골라 기호를 써 봅시다.

> 보기
> ㉠ 벼 → 개구리 → 메뚜기
> ㉡ 벼 → 메뚜기 → 개구리
> ㉢ 메뚜기 → 벼 → 개구리

(        )

**04** 먹이 사슬과 먹이 그물의 공통점으로 옳은 것을 보기에서 골라 기호를 써 봅시다.

> 보기
> ㉠ 생물 사이의 먹고 먹히는 관계를 보여 준다.
> ㉡ 생물의 먹고 먹히는 관계가 한 방향으로만 연결된다.
> ㉢ 생물의 먹고 먹히는 관계가 여러 방향으로 연결된다.

(        )

**05** 다음 중 생태계 평형이 깨지는 자연적인 요인으로 옳지 않은 것은 어느 것입니까? ( )

① 가뭄      ② 산불      ③ 지진
④ 홍수      ⑤ 도로 건설

**06** 오른쪽과 같이 콩나물을 햇빛이 잘 드는 곳에 두고 물을 주지 않았습니다. 일주일이 지난 뒤 관찰했을 때의 결과로 옳은 것을 두 가지 골라 봅시다. ( , )

콩나물
햇빛 ○
물 ×

① 떡잎이 연두색으로 변했다.
② 떡잎이 그대로 노란색이다.
③ 떡잎에 검은색 반점이 생겼다.
④ 떡잎 아래 몸통이 길어지고 굵어졌다.
⑤ 떡잎 아래 몸통이 가늘어지고 시들었다.

07 다음과 같이 조건을 다르게 하여 콩나물이 자라는 모습을 관찰했습니다. 일주일 뒤 관찰했을 때 떡잎 아래 몸통이 거의 자라지 않은 콩나물을 골라 기호를 써 봅시다.

ㄱ
햇빛 ×
물 ○
실온

ㄴ
햇빛 ×
물 ○
냉장고

( )

08 오른쪽 선인장의 잎이 가시 모양인 것에 영향을 미친 비생물 요소를 보기 에서 골라 기호를 써 봅시다.

**보기**
ㄱ 물    ㄴ 흙    ㄷ 공기

( )

09 다음 중 오른쪽과 같이 모래가 많은 서식지에서 잘 살아남을 수 있는 여우를 골라 기호를 써 봅시다.

ㄱ
사막여우

ㄴ
북극여우

( )

10 오른쪽 대벌레가 환경에 적응된 모습에 대한 설명으로 옳은 것을 보기 에서 골라 기호를 써 봅시다.

**보기**
ㄱ 주변 환경과 생김새가 비슷하다.
ㄴ 위협을 느꼈을 때 몸을 오므린다.
ㄷ 계절에 따라 다른 서식지로 이동한다.

( )

11 다음 중 토양 오염이 생물에 미치는 영향으로 옳은 것은 어느 것입니까? ( )

① 쓰레기 매립으로 훼손되는 생활 환경

② 황사나 미세 먼지로 증가하는 질병

③ 폐수의 배출로 죽은 물고기

④ 기름 유출로 파괴되는 생물 서식지

12 다음 중 일상생활에서 실천할 수 있는 생태계 보전 방안으로 옳은 것은 어느 것입니까? ( )

① 샴푸를 많이 사용한다.
② 친환경 제품을 사용한다.
③ 일회용 그릇을 사용한다.
④ 대중교통을 이용하지 않는다.
⑤ 쓰레기를 아무 곳에나 버린다.

## 서술형 문제

**13** 생태계란 무엇인지 설명해 봅시다.

.....................................................

.....................................................

**14** 다음은 어느 국립 공원의 생태계에서 나타난 변화입니다. 늑대가 사라진 뒤 사슴의 수와 강가의 풀과 나무의 양이 어떻게 변할지 설명해 봅시다.

> 어느 국립 공원에 사는 늑대는 주로 강가에 풀과 나무를 먹으러 오는 사슴을 잡아먹고 살았다. 그런데 사람들이 마구잡이로 늑대를 사냥하면서 1926년 무렵에는 국립 공원에 늑대가 모두 사라졌다.

.....................................................

.....................................................

**15** 다음과 같은 개발이 생태계에 어떤 영향을 미치는지 설명해 봅시다.

댐 건설

건물 건설

**16** 비생물 요소 중 온도가 다음과 같은 생물에 미치는 영향을 설명해 봅시다.

철새

.....................................................

.....................................................

**17** 오른쪽과 같은 사마귀가 환경에 어떻게 적응되었는지 설명해 봅시다.

.....................................................

.....................................................

**18** 생태계 보전과 개발을 균형 있게 하는 것이 중요한 까닭을 설명해 봅시다.

.....................................................

.....................................................

01 다음은 생태계를 구성하는 생물의 먹고 먹히는 관계를 나타낸 것입니다.

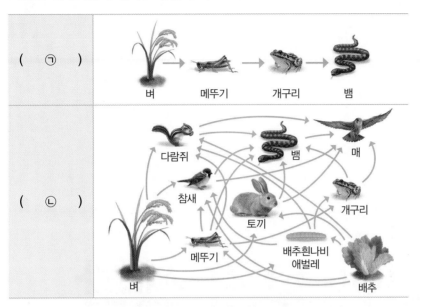

( ㉠ )

벼    메뚜기    개구리    뱀

( ㉡ )

다람쥐    뱀    매
참새    개구리
토끼
메뚜기    배추흰나비 애벌레
벼    배추

(1) 위 ( ) 안에 들어갈 알맞은 말을 각각 써 봅시다.

㉠: (                    ), ㉡: (                    )

(2) ㉠과 ㉡에서 메뚜기가 사라졌을 때 개구리는 어떻게 될지 각각 설명해 봅시다.

성취 기준
생태계가 생물 요소와 비생물 요소로 이루어져 있음을 알고 생태계 구성 요소들이 서로 영향을 주고받음을 설명할 수 있다.

출제 의도
생태계를 구성하는 생물의 먹고 먹히는 관계를 알고 있는지 확인하는 문제예요.

관련 개념
생태계를 구성하는 생물의 먹고 먹히는 관계    G 20 쪽

2 단원

공부한 날
월
일

02 다음은 여러 가지 여우의 모습입니다.

㉠ 티베트모래여우    ㉡ 북극여우    ㉢ 사막여우

(1) 흰 눈으로 덮인 서식지 환경에서 살아남기에 유리한 여우의 기호를 써 봅시다.

(                    )

(2) 위 (1)과 같이 답한 까닭을 털 색깔과 관련지어 설명해 봅시다.

성취 기준
비생물 환경 요인이 생물에 미치는 영향을 이해하여 환경과 생물 사이의 관계를 설명할 수 있다.

출제 의도
다양한 서식지 환경에 적응된 생물의 특징을 파악하는 문제예요.

관련 개념
서식지에서 살아남기에 유리한 여우의 특징 알아보기    G 28 쪽

# 3

# 날씨와 우리 생활

이 단원에서 무엇을 공부할지 알아보아요.

| 공부할 내용 | 쪽수 | 교과서 쪽수 |
|---|---|---|
| **1** 습도는 어떻게 측정할까요<br>**2** 습도는 우리 생활에 어떤 영향을 줄까요 | 52~53 쪽 | 『과학』　　　46~49 쪽<br>『실험 관찰』 26~28 쪽 |
| **3** 이슬, 안개, 구름은 어떻게 만들어질까요 | 54~55 쪽 | 『과학』　　　50~53 쪽<br>『실험 관찰』 29 쪽 |
| **4** 비와 눈은 어떻게 만들어질까요 | 56~57 쪽 | 『과학』　　　54~55 쪽<br>『실험 관찰』 30 쪽 |
| **5** 바람이 부는 까닭은 무엇일까요 | 60~61 쪽 | 『과학』　　　56~59 쪽<br>『실험 관찰』 31~32 쪽 |
| **6** 우리나라의 계절별 날씨는 어떤 특징이 있을까요 | 62~63 쪽 | 『과학』　　　60~61 쪽<br>『실험 관찰』 33 쪽 |

# 날씨를 활용한 그림말

나만의 날씨 그림말을 만들어 날씨에 따라 달라지는 생활 모습이나 기분을 재미있게 전달해 봅시다.

**날씨 그림말 만들기**

⬆ 날씨 그림말 만들기

⬆ 날씨 대화창 꾸미기

① 일상생활에서 날씨가 나에게 영향을 주었던 경험을 이야기해 봅시다.

② 그림말 붙임딱지에 내가 경험한 날씨의 특징이나 그때의 기분 등을 간단히 그림으로 그려 그림말을 만들어 봅시다.

③ 내가 만든 그림말과 말풍선 붙임딱지를 사용해 친구들과 날씨 대화창을 꾸며 봅시다.

● **날씨 대화창에 사용한 그림말이 어떤 날씨를 나타내는지 이야기해 봅시다.**

**예시 답안** 태양이 구름을 밀어내고 활짝 웃는 모습의 그림말은 맑고 화창한 날씨를 나타낸다. 불꽃이 타오르는 배경에서 땀을 흘리는 사람이 있는 그림말은 매우 더운 날씨를 나타낸다. 등

# 습도는 어떻게 측정할까요
# 습도는 우리 생활에 어떤 영향을 줄까요

우리 생활 속에서 습도를 조절하는 방법

• 습도가 높을 때: 에어컨의 제습 기능 작동하기, 신발장이나 옷장 에 제습제 넣기 등이 있습니다.
• 습도가 낮을 때: 가습기 켜기, 실 내에 빨래 널기 등이 있습니다.

**용어 사전**

★ 부패 물질이 썩어서 해로운 물질 로 변하는 과정

바른답·알찬풀이 14 쪽

**스스로 확인해요**

『과학』 47 쪽

1 건습구 습도계를 이용해 (     ) 을/를 알 수 있습니다.

2 (사고력) 건습구 습도계의 건구 온 도가 일정할 때 습도가 더 낮아지 면 습구 온도는 어떻게 변할지 설 명해 봅시다.

『과학』 49 쪽

1 습도가 ( 높으면, 낮으면 ) 음식물 이 부패하기 쉽고, 습도가 ( 높으면, 낮으면 ) 산불이 나기 쉽습니다.

2 (문제 해결력) 집 안의 습도가 낮을 때 습도를 높일 수 있는 방법을 설명해 봅시다.

---

**1 습도의 측정 방법**

1 습도: 공기 중에 수증기가 포함된 정도

2 건습구 습도계로 습도 측정하기 탐구

**탐구 과정**

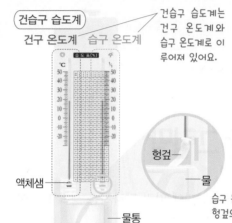

건습구 습도계
건구 온도계   습구 온도계

건습구 습도계는 건구 온도계와 습구 온도계로 이 루어져 있어요.

액체샘

헝겊 ― ― 물

습구 온도계의 액체샘 부분은 헝겊으로 둘러싸여 있어요.

물통

❶ 건습구 습도계의 구조를 관찰해 봅 시다.
❷ 물통에 물을 넣고, 습구 온도계의 온도가 변하지 않을 때 건구 온도 계와 습구 온도계의 온도를 측정해 봅시다.
❸ 습도표를 이용해 현재 습도를 구해 봅시다.

**습도표**                                    (단위: %)

| 건구 온도 (℃) | 건구 온도와 습구 온도의 차(℃) | | | | | | |
|---|---|---|---|---|---|---|---|
| | 0 | 1 | 2 | 3 | 4 | 5 | 6 |
| 21 | 100 | 91 | 83 | 75 | 67 | 60 | 52 |
| 22 | 100 | 92 | 83 | 75 | 68 | 61 | 54 |
| 23 | 100 | 92 | 84 | 76 | 69 | 62 | 55 |
| 24 | 100 | 92 | 84 | 77 | 69 | 62 | 56 |
| 25 | 100 | 92 | 84 | 77 | 70 | 63 | 57 |

건구 온도와 습구 온도의 차이가 작을수록 습도가 높아요.

〈건구 온도가 23 ℃, 습구 온도가 20 ℃일 때 습도표 읽는 법〉
❶ 세로줄에서 건구 온도를 찾습니다.
❷ 가로줄에서 건구 온도와 습구 온도 의 차(23−20=3)를 찾습니다.
❸ ❶과 ❷가 만나는 곳의 숫자를 읽 습니다.

**탐구 결과**

건구 온도가 23 ℃, 습구 온도가 20 ℃일 때, 현재 습도는 76 %입니다.

---

**2 습도가 우리 생활에 주는 영향 알아보기** 탐구

| 습도가 높을 때 우리 생활에 일어나는 일 | 습도가 낮을 때 우리 생활에 일어나는 일 |
|---|---|
| • 빨래가 잘 마르지 않음.<br>• 곰팡이가 잘 핌.<br>• 음식물이 부패하기 쉬움. | • 빨래가 잘 마름.<br>• 산불이 발생하기 쉬움.<br>• 피부가 건조해지거나 목이 따갑기도 함. |

⬆ 벽지에 생긴 곰팡이     ⬆ 부패한 음식물          ⬆ 산불 발생          ⬆ 목의 통증

→ 바른답·알찬풀이 14 쪽

# 문제로 개념 탄탄

**1** 다음은 건습구 습도계에 대한 설명입니다. 옳은 것에 ○표, 옳지 않은 것에 ×표 해 봅시다.

⑴ 습도를 구하기 위해서는 습구 온도만 알면 된다. ( )

⑵ 습구 온도계의 액체샘 부분은 헝겊으로 둘러싸여 있다. ( )

⑶ 건습구 습도계는 건구 온도계와 습구 온도계로 이루어져 있다. ( )

⑷ 습구 온도계의 온도가 변하지 않을 때까지 기다린 후 건구 온도와 습구 온도를 측정한다. ( )

**2** 건습구 습도계로 측정한 건구 온도가 20 ℃, 습구 온도가 18 ℃일 때, 다음 습도 표를 이용하여 현재 습도를 구해 봅시다.

(단위: %)

| 건구 온도(℃) | 건구 온도와 습구 온도의 차(℃) | | | |
|---|---|---|---|---|
| | 0 | 1 | 2 | 3 |
| 18 | 100 | 91 | 82 | 73 |
| 19 | 100 | 91 | 82 | 74 |
| 20 | 100 | 91 | 83 | 74 |
| 21 | 100 | 91 | 83 | 75 |

( ) %

**3** 다음 ( ) 안에 공통으로 들어갈 알맞은 말을 써 봅시다.

( )은/는 공기 중에 수증기가 포함된 정도로, ( )이/가 높으면 빨래가 잘 마르지 않는다.

( )

**4** 습도가 높을 때 우리 생활에서 일어날 수 있는 현상을 보기 에서 골라 기호를 써 봅시다.

**보기**

㉠ 빨래가 잘 마른다.

㉡ 산불이 발생하기 쉽다.

㉢ 음식물이 부패하기 쉽다.

( )

공부한 내용을

 자신 있게 설명할 수 있어요.

설명하기 조금 힘들어요.

 어려워서 설명할 수 없어요.

# 이슬, 안개, 구름은 어떻게 만들어질까요

실험 관찰

이슬 발생 실험과 안개 발생 실험에서 나타나는 현상의 공통점과 차이점

· 공통점: 공기 중의 수증기가 응결해 나타나는 현상입니다.

· 차이점: 응결이 일어나는 곳이 물체의 표면과 공기 중으로 서로 다릅니다.

이슬, 안개, 구름

## 용어 사전

★ 응결  기체인 수증기가 액체인 물이 되는 현상

바른답·알찬풀이 14 쪽

스스로 확인해요

『과학』 52 쪽

1 이슬, 안개, 구름은 모두 공기 중의 수증기가 (      )해 만들어집니다.

2 (참여와 평생 학습 능력) 일상생활에서 일어나는 현상 중 이슬, 안개, 구름과 비슷한 과정으로 만들어지는 것을 찾아 설명해 봅시다.

---

## ① 이슬, 안개 발생 실험하기 탐구

실험 동영상

### 탐구 과정

**탐구 ①  이슬 발생 실험하기**

❶ 얼린 음료수 캔의 표면을 마른 수건으로 닦습니다.

❷ 캔의 표면에서 나타나는 현상을 관찰해 봅시다.

**탐구 ②  안개 발생 실험하기**

❶ 집기병에 따뜻한 물을 넣어 집기병을 데운 뒤에 물을 버립니다.

❷ 향불을 피우고 집기병에 잠시 넣었다가 뺀 후 집기병의 입구를 페트리 접시로 막고 얼린 음료수 캔을 올립니다.

❸ 집기병 안에서 나타나는 현상을 관찰해 봅시다.

얼린 음료수 캔
페트리 접시
집기병

### 탐구 결과

| 구분 | 이슬 발생 실험에서 캔의 표면에 나타나는 현상 | | 안개 발생 실험에서 집기병 안에 나타나는 현상 | |
|---|---|---|---|---|
| 현상 | | 캔의 표면에 물방울이 맺힘. | | 집기병 안이 뿌옇게 흐려짐. |
| 까닭 | 캔 주변에 있는 공기 중의 수증기가 응결해 캔의 표면에 물방울로 맺히기 때문임. | | 얼린 알루미늄 캔 때문에 주변의 온도가 낮아져 집기병 안에 있는 수증기가 응결하기 때문임. | |

---

## ② 이슬, 안개, 구름

### 1 이슬, 안개, 구름의 발생

① 이슬: 차가운 풀잎, 나뭇가지 같은 물체 주변에서 공기의 온도가 낮아지면 공기 중의 수증기가 응결해 물체의 표면에 물방울로 맺힌 것입니다.

② 안개: 밤에 공기의 온도가 낮아지면 공기 중의 수증기가 응결해 작은 물방울로 지표면 근처에 떠 있는 것입니다.

③ 구름: 공기 중의 수증기가 응결해 작은 물방울이 되거나, 얼음 알갱이로 얼어 하늘에 떠 있는 것입니다.

### 2 이슬, 안개, 구름의 공통점과 차이점

① 공통점: 공기 중의 수증기가 응결해 나타나는 현상입니다.

② 차이점: 이슬은 물체의 표면에서, 안개는 지표면 근처에서, 구름은 하늘 위에서 응결이 일어납니다.

→ 바른답·알찬풀이 14 쪽

정답 확인

# 문제로 개념 탄탄

**1** 오른쪽은 따뜻한 물이 담겨 있었던 집기병에 향불을 넣었다가 뺀 후, 집기병 입구를 페트리 접시로 막고 얼린 음료수 캔을 그 위에 올렸을 때의 모습입니다. 집기병 안에서 나타나는 현상과 비슷한 자연 현상에 해당하는 것을 **보기**에서 골라 기호를 써 봅시다.

— 얼린 음료수 캔
— 페트리 접시
— 집기병

**보기**

㉠ 이슬          ㉡ 안개          ㉢ 구름

(                    )

**2** 다음은 이슬과 안개에 대한 설명입니다. 옳은 것에 ○표, 옳지 <u>않은</u> 것에 ×표 해 봅시다.

(1) 안개는 지표면 근처에 떠 있다.                               (          )
(2) 이슬은 차가운 물체의 표면에 물방울로 맺힌 것이다.         (          )
(3) 이슬과 안개는 공기 중의 물방울이 증발해 만들어진다.       (          )

**3** 다음에 해당하는 자연 현상을 써 봅시다.

> 공기가 지표면에서 하늘로 올라가면 온도가 점점 낮아진다. 이때 공기 중의 수증기가 응결해 작은 물방울이 되거나, 얼음 알갱이로 얼어 하늘에 떠 있는 것이다.

(                    )

**4** 다음 (          ) 안에 공통으로 들어갈 알맞은 말을 써 봅시다.

> • 이슬은 차가운 풀잎, 나뭇가지 같은 물체 주변에서 공기의 온도가 낮아지면 공기 중의 수증기가 (          )해 물체의 표면에 물방울로 맺힌 것이다.
> • 안개는 밤에 공기의 온도가 낮아지면 공기 중의 수증기가 (          )해 작은 물방울로 지표면 근처에 떠 있는 것이다.

(                    )

---

**3단원**

공부한 날

월

일

**창의적으로 생각해요**   『과학』 53 쪽

하늘에 떠 있는 구름의 모양을 보고 구름의 이름을 만들어 봅시다.

**예시 답안**

삿갓구름

비늘구름

**공부한 내용을**

😊 자신 있게 설명할 수 있어요.

😐 설명하기 조금 힘들어요.

😟 어려워서 설명할 수 없어요.

# 비와 눈은 어떻게 만들어질까요

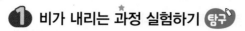

## 비와 눈이 만들어지는 과정

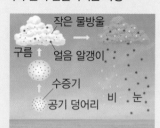

공기 덩어리가 하늘로 올라가 수증기가 응결하면 구름이 만들어집니다. 구름 속 작은 물방울이나 얼음 알갱이들이 크기가 커져 무거워지면 아래로 떨어지게 되는데 기온에 따라 비와 눈으로 내리게 됩니다.

## 1 비가 내리는 과정 실험하기 탐구

### 탐구 과정

페트리 접시에 물방울은 지름 5 mm 정도로 떨어뜨려요.

❶ 스포이트로 페트리 접시 안에 물을 한 방울씩 여러 군데 떨어뜨립니다.
❷ 아래쪽에 쟁반을 놓고 페트리 접시를 조심스럽게 뒤집습니다.
❸ 페트리 접시를 양손으로 잡고 여러 방향으로 조금씩 기울여 물방울을 서로 합칩니다.
❹ 물방울이 합쳐지면 어떻게 되는지 관찰합니다.

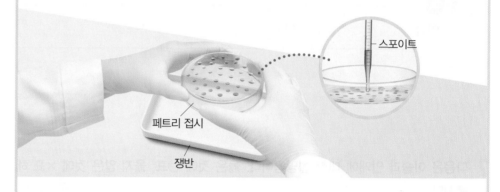

스포이트
페트리 접시
쟁반

### 탐구 결과

❶ 페트리 접시를 여러 방향으로 기울여 물방울이 합쳐지면 물방울의 크기가 커지고, 커진 물방울이 아래로 떨어집니다.
❷ 실험 결과 자연에서 비슷한 점
• 페트리 접시에 떨어뜨린 물방울은 구름을 이루는 작은 물방울과 비슷합니다.
• 물방울이 합쳐져 크기가 커지고 아래로 떨어지는 현상은 구름에서 비가 내리는 것과 비슷합니다.

## 2 비와 눈이 만들어지는 과정

**1 비**
① 구름을 이루는 작은 물방울이 서로 합쳐지면서 크기가 커져 무거워지면 아래로 떨어져 비가 됩니다.
② 구름을 이루는 얼음 알갱이의 크기가 커져 무거워지면 아래로 떨어지다가 녹아서 비가 됩니다.

**2 눈:** 구름을 이루는 얼음 알갱이의 크기가 커지면서 무거워져 떨어질 때 녹지 않고 그대로 떨어지면 눈이 됩니다.

⬆ 비가 내리는 모습

⬆ 눈이 내리는 모습

## 용어 사전

★ 과정 일이 되어가는 경로

바른답·알찬풀이 14 쪽

『과학』 55 쪽

1 구름을 이루는 물방울이 서로 합쳐지면서 크기가 커져 아래로 떨어지면 (　　)이/가 됩니다.
2 (의사소통 능력) 지표면에 떨어진 비와 눈이 우리 생활에 어떤 영향을 주는지 이야기해 봅시다.

**1** 다음 ( ) 안에 들어갈 알맞은 말에 ○표를 해 봅시다.

구름을 이루는 작은 물방울이 서로 합쳐지면서 크기가 ( 커져, 작아져 ) 무거워지면 아래로 떨어져 비가 된다.

**2** 다음은 어느 자연 현상에 대한 설명입니다. ( ) 안에 들어갈 알맞은 말을 각각 써 봅시다.

구름 속 얼음 알갱이의 크기가 커져 떨어질 때 아래로 떨어지다 녹으면 ( ㉠ )이/가 되고, 녹지 않고 그대로 떨어지면 ( ㉡ )이/가 된다.

㉠: (            ), ㉡: (            )

[3~4] 다음은 어느 자연 현상 발생 과정에 대한 실험입니다. 물음에 답해 봅시다.

(가) 스포이트로 페트리 접시 안에 물을 한 방울씩 여러 군데 떨어뜨린다.
(나) 아래쪽에 쟁반을 놓고 페트리 접시를 조심스럽게 뒤집는다.
(다) 페트리 접시를 양손으로 잡고 여러 방향으로 조금씩 기울여 물방울을 서로 합친다.

페트리 접시

**3** 위 실험에 대한 설명으로 옳은 것에 ○표, 옳지 <u>않은</u> 것에 ×표 해 봅시다.

(1) 구름이 발생하는 과정에 대한 실험이다. (      )
(2) 페트리 접시를 여러 방향으로 기울이면 물방울의 크기가 커진다. (      )
(3) 페트리 접시에 떨어뜨린 물방울은 구름을 이루는 작은 물방울과 비슷하다.
                                                    (      )

**4** 위 실험에서 나타나는 결과와 비슷한 자연 현상의 모습을 골라 기호를 써 봅시다.

㉠

㉡

(            )

**공부한 내용을**

 자신 있게 설명할 수 있어요.

 설명하기 조금 힘들어요.

 어려워서 설명할 수 없어요.

[01~02] 다음은 건습구 습도계를 설치한 모습입니다. 물음에 답해 봅시다.

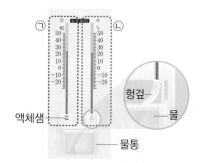

**01** 위 그림에서 ㉠과 ㉡의 온도계 이름을 써 봅시다.

㉠: (　　　　　　　　), ㉡: (　　　　　　　　)

**중요**
**02** 위 건습구 습도계에서 ㉠의 온도가 24 ℃, ㉡의 온도가 22 ℃일 때, 다음 습도표를 보고 현재의 습도를 옳게 구한 것은 어느 것입니까?(　　　　)

(단위: %)

| 건구 온도 (℃) | 건구 온도와 습구 온도의 차(℃) | | | |
|---|---|---|---|---|
| | 0 | 1 | 2 | 3 |
| 22 | 100 | 92 | 83 | 75 |
| 23 | 100 | 92 | 84 | 76 |
| 24 | 100 | 92 | 84 | 77 |

① 92 %　　② 84 %　　③ 83 %

④ 77 %　　⑤ 75 %

**03** 건습구 습도계에 대한 설명으로 옳지 <u>않은</u> 것을 보기 에서 골라 기호를 써 봅시다.

**보기**

> ㉠ 건습구 습도계는 두 개의 온도계로 이루어져 있다.
> ㉡ 건구 온도와 습구 온도의 차이가 클수록 습도가 높다.
> ㉢ 습도를 구하기 위해서는 건구 온도와 습구 온도를 모두 알아야 한다.

(　　　　　　　　)

**04** 다음 중 습도가 높을 때 나타날 수 있는 현상으로 옳은 것은 어느 것입니까?　　　　(　　　　)

① 목이 따가워진다.
② 곰팡이가 잘 핀다.
③ 피부가 건조해진다.
④ 빨래가 금방 마른다.
⑤ 산불이 발생하기 쉽다.

**05** 다음은 얼린 음료수 캔을 마른 수건으로 닦은 후 캔의 표면에서 나타나는 현상을 관찰한 것입니다. 이와 비슷한 자연 현상을 써 봅시다.

(　　　　　　　　)

**중요**
**06** 다음 중 이슬, 안개, 구름에 대한 설명으로 옳지 <u>않은</u> 것은 어느 것입니까?　　　　(　　　　)

① 안개는 하늘 높이 떠 있다.
② 이슬은 풀잎이나 나뭇가지에 맺힌다.
③ 안개는 작은 물방울로 이루어져 있다.
④ 구름은 공기 중의 수증기가 응결해 만들어진다.
⑤ 이슬은 차가운 물체의 표면에 수증기가 물방울로 맺히는 것이다.

[07~09] 다음은 따뜻한 물이 담겨 있었던 집기병에 향불을 넣었다가 뺀 후, 집기병 입구를 페트리 접시로 막고 얼린 음료수 캔을 그 위에 올렸을 때의 모습입니다. 물음에 답해 봅시다.

얼린 음료수 캔
페트리 접시
집기병

**07** 위 실험 결과 집기병에서 나타날 수 있는 현상으로 옳은 것을 **보기**에서 골라 기호를 써 봅시다.

**보기**
㉠ 집기병 안이 뿌옇게 흐려진다.
㉡ 집기병의 표면에 물방울이 맺힌다.
㉢ 집기병 안에 얼음 알갱이가 생긴다.

(        )

**08** 위 실험 결과 집기병 안에서 나타나는 변화와 비슷한 자연 현상은 어느 것입니까? (    )

① 비      ② 눈      ③ 이슬
④ 안개      ⑤ 구름

서술형
**09** 위 실험 결과 집기병 안에서 **07**번 답과 같은 현상이 나타나는 까닭을 설명해 봅시다.

서술형
**10** 이슬, 안개, 구름의 공통점을 설명해 봅시다.

중요
**11** 다음은 구름에서 일어나는 현상에 대한 설명입니다. ( ) 안에 들어갈 알맞은 말을 옳게 짝 지은 것은 어느 것입니까? (    )

구름을 이루는 작은 물방울이 서로 합쳐지면서 크기가 커져 떨어지면 ( ㉠ )이/가 된다. 또, 구름을 이루는 얼음 알갱이가 커져 떨어질 때 녹으면 ( ㉡ )이/가 되고, 녹지 않고 그대로 떨어지면 ( ㉢ )이/가 된다.

| | ㉠ | ㉡ | ㉢ |
|---|---|---|---|
| ① | 비 | 눈 | 비 |
| ② | 눈 | 안개 | 눈 |
| ③ | 비 | 비 | 눈 |
| ④ | 눈 | 비 | 눈 |
| ⑤ | 안개 | 눈 | 비 |

**12** 비와 눈에 대한 설명으로 옳지 <u>않은</u> 것을 **보기**에서 골라 기호를 써 봅시다.

**보기**
㉠ 비와 눈은 구름에서 만들어진다.
㉡ 구름을 이루는 작은 물방울이 서로 합쳐지면서 무거워져 아래로 떨어지면 눈이 된다.
㉢ 구름을 이루는 얼음 알갱이의 크기가 커져 무거워지면 아래로 떨어지다가 녹아서 비가 된다.

(        )

# 바람이 부는 까닭은 무엇일까요

**공기의 온도에 따른 무게와 기압의 비교**

· 차가운 공기는 따뜻한 공기보다 무거워서 기압이 높습니다.
→ 고기압
· 따뜻한 공기는 차가운 공기보다 가벼워서 기압이 낮습니다.
→ 저기압

물은 바다, 모래는 육지, 전등은 태양을 나타내요.

**맑은 날 낮에 바닷가에서 부는 바람**

바람의 방향

맑은 날 낮에 바닷가에서는 육지가 바다보다 빨리 데워져 온도가 낮은 바다 위의 차가운 공기는 고기압, 온도가 높은 육지 위의 따뜻한 공기는 저기압이 되어 바다에서 육지 방향으로 바람이 붑니다.

**용어 사전**

★ 이동 움직여서 자리를 바꿈

바른답·알찬풀이 16 쪽

**스스로 확인해요**

『과학』59 쪽

1 바람은 공기가 ( 고기압, 저기압 )에서 ( 고기압, 저기압 )으로 이동할 때 붑니다.

2 (사고력) 밤에 바닷가에서는 육지가 바다보다 빨리 식어 온도가 더 낮아집니다. 이때 육지와 바다 사이에서 바람이 부는 방향을 기압과 관련지어 설명해 봅시다.

## ① 기압과 바람의 관계

**1 기압**: 공기의 무게로 생기는 누르는 힘

**2 고기압과 저기압**

① 온도가 낮아지면 같은 크기의 공간에 있는 공기의 양이 많아져서 무거워집니다.

② 같은 크기의 공간에 있는 공기의 무게를 비교하여 상대적으로 공기가 무거운 것을 고기압, 상대적으로 공기가 가벼운 것을 저기압이라고 합니다.

공기가 무거울수록 기압은 높아지므로 차가운 공기는 따뜻한 공기보다 기압이 더 높아요.

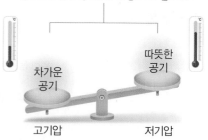
차가운 공기 (고기압) / 따뜻한 공기 (저기압)
↑ 공기의 온도에 따른 무게와 기압 비교

**3 바람이 부는 까닭**: 공기의 온도 차이로 인해 어느 두 지역의 기압이 서로 달라지면 공기가 고기압에서 저기압으로 이동하기 때문입니다.

## ② 바람 발생에 대한 모형실험 하기 탐구

실험 동영상

### 탐구 과정

❶ 플라스틱 그릇 두 개에 물과 모래를 각각 담고 수조 안에 나란히 놓은 다음, 고무찰흙에 향을 꽂고 두 그릇 사이에 세웁니다.

❷ 전등과 알코올 온도계를 매단 스탠드를 각각 설치하고 알코올 온도계의 액체샘 부분이 물과 모래에 약 1 cm 깊이로 꽂히도록 한 뒤, 물과 모래의 온도를 측정합니다.

❸ 전등을 켜고 물과 모래를 5 분~6 분 동안 가열한 뒤, 온도를 측정합니다.

❹ 향불을 피우고 물과 모래 위에서 향 연기가 어떻게 움직이는지 관찰합니다.

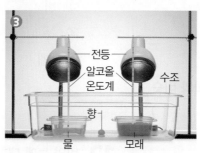
전등 / 알코올 온도계 / 수조 / 향 / 물 / 모래

점화기 / 물 / 향 / 모래

### 탐구 결과

물과 모래를 같은 시간 동안 가열했을 때 모래가 물보다 온도가 높아요.

**❶ 물과 모래의 온도 측정 결과**

| 구분 | 물 | 모래 |
|------|-----|------|
| 가열하기 전의 온도(℃) | 14 | 14 |
| 가열한 후의 온도(℃) | 17 | 24 |

· 향 연기가 이동하는 방향: 물 위 → 모래 위
· 향 연기가 움직이는 까닭: 물 위는 고기압이 되고, 모래 위는 저기압이 되어 공기가 물 위에서 모래 위 방향으로 이동하기 때문입니다.

**❷ 물과 모래 위에서 향 연기의 움직임**

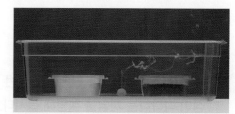

물 위의 공기보다 모래 위의 공기가 온도가 높아져 물 위는 고기압, 모래 위는 저기압이 됩니다.

# 문제로 개념 탄탄

**1** 다음 ( ) 안에 들어갈 알맞은 말에 각각 ○표 해 봅시다.

> 같은 크기의 공간에 있는 공기의 양이 많아 상대적으로 무거운 것을 ㉠ ( 고기압,
> 저기압 )이라고 하고, 같은 크기의 공간에 있는 공기의 양이 적어 상대적으
> 로 가벼운 것을 ㉡ ( 고기압, 저기압 )이라고 한다.

**2** 다음은 기압에 대한 대한 설명입니다. 옳은 것에 ○표, 옳지 <u>않은</u> 것에 ×표 해 봅시다.

(1) 공기의 무게로 생기는 누르는 힘이다. ( )

(2) 따뜻한 공기는 차가운 공기보다 기압이 높다. ( )

(3) 무거운 공기는 기압이 높고, 가벼운 공기는 기압이 낮다. ( )

(4) 같은 크기의 공간에 있는 공기의 무게를 비교하여 상대적으로 공기가 무거
운 것을 저기압이라고 한다. ( )

[3~4] 오른쪽은 수조 안의 물과 모래를 전등으로 5 분~6 분 동안 가열한 뒤 고무찰흙에 꽂힌 향에 불을 피웠을 때의 모습입니다. 물음에 답해 봅시다.

**3** 위 실험에 대한 설명으로 ( ) 안에 들어갈 알맞은 말을 각각 써 봅시다.

> 물과 모래를 같은 시간 동안 가열했을 때 ( ㉠ )이/가 ( ㉡ )보다
> 온도가 높다.

㉠: ( ), ㉡: ( )

**4** 위 실험에서 향 연기가 움직이는 방향으로 옳은 것을 골라 기호를 써 봅시다.

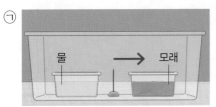　　　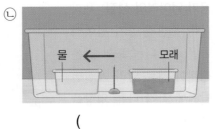

( )

**공부한 내용을**

😊 자신 있게 설명할 수 있어요.

😐 설명하기 조금 힘들어요.

😞 어려워서 설명할 수 없어요.

# 6

# 우리나라의 계절별 날씨는
# 어떤 특징이 있을까요

실험 관찰

① 우리나라의 계절별 날씨에 영향을 주는 공기 덩어리의 성질 조사하기 **탐구**

**1 계절별 날씨의 특징**

| 봄 | 여름 |
|---|---|
| • 건조해서 산불이 나기 쉬움.<br>• 따뜻해서 간편한 옷차림을 함. | • 습해서 비가 많이 내리기도 함.<br>• 더워서 땀이 남. |
| **가을** | **겨울** |
| • 건조해서 손이 트기도 함.<br>• 따뜻해서 야외 활동을 하기 좋음. | • 건조해서 가습기를 사용함.<br>• 춥고 습도가 낮아서 목이 따갑기도 함. |

**2 계절별로 영향을 주는 공기 덩어리의 성질**

| 봄·가을 | 여름 | 겨울 |
|---|---|---|
| 따뜻하고 건조함. | 덥고 습함. | 차갑고 건조함. |

→ 우리나라의 계절별 날씨의 특징은 계절별로 우리나라에 영향을 주는 공기 덩어리의 성질과 비슷합니다.

**우리나라 주변 공기 덩어리의 성질**

| 북쪽 | 차가운 성질 |
|---|---|
| 남쪽 | 따뜻한 성질 |
| 대륙 | 건조한 성질 |
| 바다 | 습한 성질 |

**용어 사전**

★ 대륙 넓은 면적을 가지고 바다의 영향이 안쪽까지 직접적으로 미치지 않는 육지

바른답·알찬풀이 16 쪽

**스스로 확인해요**
『과학』 61 쪽

1 우리나라의 계절별 날씨는 영향을 주는 (　　　)의 성질에 따라 달라집니다.

2 (의사소통 능력) 고드름을 볼 수 있는 계절에 우리나라에 영향을 주는 공기 덩어리의 성질을 이야기해 봅시다.

② **계절별 날씨에 영향을 주는 공기 덩어리**

**1 공기 덩어리**: 우리나라 주변에는 대륙이나 바다를 덮고 있는 큰 공기 덩어리들이 있습니다.

**2 공기 덩어리의 성질**: 우리나라 주변의 공기 덩어리들은 온도나 습도와 같은 성질이 서로 달라 계절별 날씨에 각각 다른 영향을 줍니다.

우리나라 북동쪽에는 차갑고 습한 공기 덩어리가 있어요. 이 공기 덩어리는 초여름에 장마가 발생하는 데 영향을 줘요.

겨울 북서쪽의 차갑고 건조한 공기 덩어리

초여름

봄, 가을 남서쪽의 따뜻하고 건조한 공기 덩어리

여름 남동쪽의 덥고 습한 공기 덩어리

동해

↑ 우리나라의 계절별 날씨에 영향을 주는 공기 덩어리

**1** 다음 ( ) 안에 들어갈 알맞은 말에 ○표 해 봅시다.

봄, 가을에 우리나라의 날씨는 따뜻하고 ( 습하다, 건조하다 ).

**2** 북서쪽의 차갑고 건조한 공기 덩어리가 영향을 주는 우리나라의 계절로 옳은 것을 보기 에서 골라 기호를 써 봅시다.

보기

㉠ 봄          ㉡ 여름          ㉢ 가을          ㉣ 겨울

(            )

**3** 우리나라 주변의 공기 덩어리와 그에 맞는 성질을 선으로 이어 봅시다.

(1) 북쪽의 공기 덩어리 ·      · ㉠ 건조하다.

(2) 남쪽의 공기 덩어리 ·      · ㉡ 따뜻하다.

(3) 대륙을 덮고 있는 공기 덩어리 ·      · ㉢ 습하다.

(4) 바다를 덮고 있는 공기 덩어리 ·      · ㉣ 차갑다.

**4** 오른쪽은 계절별로 우리나라의 날씨에 영향을 주는 공기 덩어리입니다. 우리나라의 여름 날씨에 영향을 주는 공기 덩어리를 골라 기호를 써 봅시다.

(            )

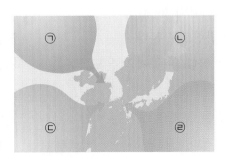

공부한 내용을

😊 자신 있게 설명할 수 있어요.

😐 설명하기 조금 힘들어요.

😞 어려워서 설명할 수 없어요.

**01** 다음 중 기압에 대한 설명으로 옳지 <u>않은</u> 것은 어느 것입니까? (      )

① 기압은 공기의 무게로 생기는 힘이다.

② 무거운 공기는 가벼운 공기보다 기압이 높다.

③ 차가운 공기는 따뜻한 공기보다 무게가 가볍다.

④ 공기의 온도가 높아지면 공기의 무게는 가벼워진다.

⑤ 공기의 온도가 낮아지면 같은 크기의 공간에 있는 공기의 양은 많아진다.

**중요**
**02** 다음은 기압과 관련된 설명입니다. (     ) 안에 들어갈 알맞은 말을 각각 써 봅시다.

> 같은 크기의 공간에 있는 공기의 무게를 비교하였을 때 상대적으로 공기가 무거운 것을 (   ㉠   )(이)라 하고, 상대적으로 공기가 가벼운 것을 (   ㉡   )(이)라고 한다.

㉠: (              ), ㉡: (              )

**03** 다음 중 맑은 날 낮의 바닷가에 대한 설명으로 옳지 <u>않은</u> 것은 어느 것입니까? (      )

① 육지가 바다보다 빨리 데워진다.

② 육지 위는 바다 위보다 기압이 높다.

③ 바람은 바다에서 육지 방향으로 분다.

④ 육지 위 공기의 온도는 바다 위 공기의 온도보다 높다.

⑤ 같은 크기의 공간에 있는 공기의 무게는 바다 위가 육지 위보다 무겁다.

**[04~06]** 다음은 전등으로 같은 시간 동안 가열한 물과 모래의 온도 변화를 측정하여 맑은 날 낮에 바닷가에서 부는 바람을 알아보기 위한 실험 과정의 일부입니다. 물음에 답해 봅시다.

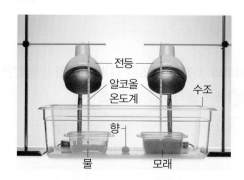

**04** 위 실험에서 물, 모래, 전등이 나타내는 것을 옳게 짝 지은 것은 어느 것입니까? (      )

① 물 – 바다          ② 물 – 육지

③ 모래 – 바다        ④ 모래 – 태양

⑤ 전등 – 육지

**중요**
**05** 위 실험에 대한 설명으로 옳은 것을 보기 에서 골라 기호를 써 봅시다.

> **보기**
> ㉠ 물 위는 저기압이 된다.
> ㉡ 모래 위의 공기는 물 위의 공기보다 가볍다.
> ㉢ 같은 시간 동안 가열했을 때 물은 모래보다 온도가 더 높다.

(                    )

**서술형**
**06** 위 실험에서 가열한 물과 모래 사이에 놓인 향에 불을 피우면 물과 모래 위에서 향 연기가 어떻게 이동할지 기압과 관련지어 설명해 봅시다.

**07** 우리나라의 날씨에 영향을 주는 공기 덩어리에 대한 설명으로 옳지 <u>않은</u> 것을 보기 에서 골라 기호를 써 봅시다.

> 보기
>
> ㉠ 우리나라 주변에는 대륙이나 바다를 덮고 있는 큰 공기 덩어리들이 있다.
> ㉡ 우리나라 주변의 공기 덩어리들은 온도나 습도가 같다.
> ㉢ 우리나라 주변의 공기 덩어리들은 우리나라의 계절별 날씨에 영향을 준다.

( )

**08** 다음은 우리나라에 영향을 주는 공기 덩어리 중 하나입니다. 이 공기 덩어리의 성질로 옳은 것은 어느 것입니까? ( )

① 덥고 습하다.
② 덥고 건조하다.
③ 차갑고 습하다.
④ 차갑고 건조하다.
⑤ 따뜻하고 건조하다.

[09~12] 오른쪽은 계절별로 우리나라의 날씨에 영향을 주는 공기 덩어리입니다. 물음에 답해 봅시다.

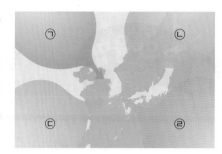

**09** 위 ㉠~㉣ 중 우리나라의 겨울에 영향을 주는 공기 덩어리는 어느 것인지 써 봅시다.

( )

**10** 위 ㉠~㉣ 중 습한 성질을 가진 공기 덩어리끼리 옳게 짝 지은 것은 어느 것입니까? ( )

① ㉠, ㉡  ② ㉠, ㉢  ③ ㉠, ㉣
④ ㉡, ㉣  ⑤ ㉢, ㉣

중요
**11** 위 ㉠~㉣에 대한 설명으로 옳지 <u>않은</u> 것은 어느 것입니까? ( )

① ㉠은 차가운 성질을 가진다.
② ㉡은 우리나라의 초여름 날씨에 영향을 준다.
③ 우리나라의 봄, 가을에는 ㉢의 영향을 받는다.
④ ㉢의 영향을 받으면 따뜻하고 건조해진다.
⑤ ㉣은 주로 우리나라의 겨울 날씨에 영향을 준다.

서술형
**12** 위 ㉢이 영향을 미치는 계절과 그 계절의 날씨를 공기 덩어리의 성질과 관련지어 써 봅시다.

.............................................................................

.............................................................................

3. 날씨와 우리 생활 **65**

창의·융합
활동

# 일기 예보를 활용해 주말 계획 세우기

기상 정보는 공기의 온도, 습도, 바람의 세기와 방향, 강수량 등을 여러 곳에서 측정해 만듭니다. 기상 정보는 다양한 분야에 활용되며 우리 생활에도 도움을 줍니다.

식품 산업에서는 기상 정보를 활용해 판매할 식품을 계획하고 생산량을 조절합니다. 관광 산업에서는 기상 정보를 활용해 수영장, 스키장 등을 여는 시기를 결정하고 이용 인원수를 예상해 운영 계획을 세웁니다.

외출할 때 입을 옷을 고르거나 약속 장소를 정할 때에 도움이 되는 일기 예보도 기상 정보의 하나입니다. 일기 예보를 활용해 이번 주말을 어떻게 보낼지 계획을 세워 봅시다.

↑ 식품 산업과 관광 산업에서 기상 정보를 활용해 계획을 세우는 모습

### 생활기상지수

기상현상이 우리 생활에 미치는 영향을 알고 이를 쉽게 활용할 수 있도록 기상청에서는 다양한 지수를 개발하여 제공하고 있습니다. 생활기상지수에 포함되는 지수로는 자외선 지수, 불쾌지수, 체감 온도 등이 있습니다. 자외선 지수는 지표에 도달하는 자외선의 복사량을 지수로 환산한 것입니다. 불쾌지수는 대기 중의 기온과 습도를 이용하여 더운 날씨에 느껴지는 불쾌감의 정도를 측정하는 지수입니다. 체감 온도는 겨울철 외부의 바람과 한기에 노출되었을 때 느껴지는 추위를 지수로 나타낸 것입니다. 이처럼 다양한 생활기상지수를 활용하면 우리 생활에 도움이 될 수 있습니다.

용어 사전

★ 강수량  비, 눈, 우박, 안개 등의 형태로 일정 기간 동안 일정한 곳에 내린 물의 총량

**❶** 스마트 기기로 일기 예보를 검색해 내가 사는 지역의 이번 주말 날씨를 확인하고 써 봅시다.

 **예시 답안** 주말 내내 맑은 날씨가 나타나며 햇빛이 강하다. 낮 최고 기온은 20 ℃이다. 바람이 약하게 불고 미세 먼지 농도가 낮다. 등

**활동꿀팁**

스마트 기기로 일기 예보를 검색해 내가 사는 지역과 가고 싶은 곳의 주말 날씨를 확인해 보아요.

**❷** ❶에서 확인한 날씨를 고려해 주말에 하고 싶은 일을 써 봅시다.

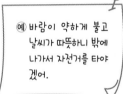
**예** 바람이 약하게 불고 날씨가 따뜻하니 밖에 나가서 자전거를 타야 겠어.

 **예시 답안**
미세 먼지 농도가 낮으니 창문을 열고 환기를 하면서 집을 청소해야 겠어.

**예시 답안**
날씨가 맑으니 공원을 산책해야겠어.

**활동꿀팁**

확인한 날씨를 고려하여 주말에 하고 싶은 일을 자유롭게 써 보아요.

**❸** 이번 주말의 계획을 세우고 글과 그림으로 나타내 봅시다.

**예시 답안**

| 오전에 친구와 자전거 타기 | 오후에 집 청소하기 | 저녁에 가족과 산책하기 |
|---|---|---|
|  |  |  |
| 햇빛이 강하니까 나가기 전에 자외선 차단제를 바를 것 | 창문을 열고 실내를 환기할 것 | 해가 지면 쌀쌀할 수 있으니 긴팔 옷을 입고 나갈 것 |

**활동꿀팁**

하고 싶은 일을 바탕으로 이번 주말의 계획을 세워 보아요. 계획을 세우고 그에 대한 내용을 글과 그림으로 자유롭게 나타낼 수 있어요.

# 교과서 쏙쏙

**이렇게 정리해요**

빈칸에 알맞은 말을 넣고, 『과학』 121 쪽에서 알맞은 붙임딱지를 찾아 붙여 내용을 정리해 봅시다.

## 습도

**풀이** 건습구 습도계로 건구 온도와 습구 온도를 측정해 습도표를 이용하면 습도를 알 수 있습니다.

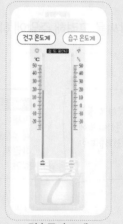

● 건습구 습도계로 습도를 측정하는 방법:

❶ **건구 온도** 과/와 습구 온도를 측정한 뒤, 습도표를 이용해 습도를 구함.

● 습도가 우리 생활에 주는 영향

• 습도가 높을 때: 빨래가 잘 마르지 않고, 곰팡이가 생기거나 음식물이 부패하기 쉬움.

• 습도가 낮을 때: 산불이 나기 쉽고, 피부가 건조해지거나 목이 따갑기도 함.

건습구 습도계

## 이슬, 안개, 구름

● **이슬, 안개, 구름의 공통점**: 공기 중의 수증기가 ❷ **응결** 해서 나타남.

● **이슬, 안개, 구름의 차이점**: 서로 다른 곳에서 만들어짐.

**풀이** 이슬, 안개, 구름은 모두 공기 중의 수증기가 응결해 나타나지만 서로 다른 곳에서 만들어집니다.

## 비와 눈이 내리는 과정

● **비가 내리는 과정**: 구름을 이루는 작은 ❸ **물방울** 이/가 서로 합쳐지면서 크기가 커져 아래로 떨어지거나 구름을 이루는 얼음 알갱이가 커져 떨어지다가 녹음.

● **눈이 내리는 과정**: 구름을 이루는 ❹ **얼음 알갱이** 이/가 커져서 떨어질 때 녹지 않고 그대로 떨어짐.

**풀이** 구름을 이루는 작은 물방울이 크기가 커져 떨어지면 비가 되고, 얼음 알갱이의 크기가 커져 떨어지면 비나 눈이 됩니다.

### 기압과 바람

- ⑤　기압　: 공기의 무게로 생기는 힘

**풀이** 기압은 공기의 무게로 생기는 힘입니다. 공기의 온도 차이로 인해 어느 두 지역의 기압이 서로 달라지면 공기가 고기압에서 저기압으로 이동하면서 바람이 붑니다.

- 고기압과 저기압
  - ⑥　고기압　: 상대적으로 공기가 무거운 것
  - 저기압: 상대적으로 공기가 가벼운 것

- **바람이 부는 까닭**: 어느 두 지역이 공기의 온도 차이로 인해 기압이 서로 다를 때 공기가 ⑦　고기압　에서 ⑧　저기압　(으)로 이동하기 때문임.

## 날씨와 우리 생활

### 우리나라의 계절별 날씨와 계절별로 영향을 주는 공기 덩어리와의 관계

- 우리나라는 계절별로 성질이 다른 공기 덩어리의 영향을 받음.

- 우리나라의 계절별 날씨는 계절별로 우리나라에 영향을 주는 ⑨　공기 덩어리　의 성질과 비슷해짐.

겨울 북서쪽의 차갑고 건조한 공기 덩어리

초여름

봄, 가을 남서쪽의 따뜻하고 건조한 공기 덩어리

여름 남동쪽의 덥고 습한 공기 덩어리

동해

우리나라의 계절별 날씨에 영향을 주는 공기 덩어리

**풀이** 우리나라의 계절별 날씨는 영향을 주는 공기 덩어리의 성질에 따라 달라집니다.

### 과학 이야기 다양한 기상 관측 장비

『과학』66 쪽

공기의 온도, 습도, 기압, 바람의 세기와 방향, 강수량 등을 측정하는 것을 기상 관측이라고 합니다. 오늘날에는 정확한 기상 정보를 얻기 위해 여러 장소에서 다양한 장비를 이용해 기상을 관측합니다. 땅에서는 기상 레이더와 지상 기상 관측 장비 등을 이용해 관측하고, 바다에서는 기상 관측선과 해양 기상 부이 등을 이용해 관측합니다. 하늘에서는 레이윈존데와 기상 항공기 등을 이용해 관측합니다. 우주에서는 기상 위성으로 우리나라와 그 주변의 기상을 실시간으로 관측하고 영상을 촬영합니다.

#### 창의적으로 생각해요

우리 생활에서 할 수 있는 기상 관측 방법을 생각해 봅시다.

**예시 답안** 그늘진 곳에 온도계를 설치해 하루 동안의 기온 변화를 측정한다. 집에 건습구 습도계를 설치해 하루 동안의 습도 변화를 측정한다. 등

## 교과서 쏙쏙

**문제로 확인하기**

**1** 다음은 어느 교실에 걸려 있는 건습구 습도계와 습도표의 일부를 나타낸 것입니다. 이 교실의 습도를 구해 써 봅시다.

(단위: %)

| 건구 온도 (℃) | 건구 온도와 습구 온도의 차(℃) | | | |
|---|---|---|---|---|
| | 4 | 5 | 6 | 7 |
| 21 | 67 | 60 | 52 | 45 |
| 22 | 68 | 61 | 54 | 47 |
| 23 | 69 | 62 | 55 | 48 |
| 24 | 69 | 62 | 56 | 49 |

건구 온도 / 습구 온도

( 61 ) %

**풀이** 건구 온도가 22 ℃, 습구 온도가 17 ℃이므로 두 온도의 차는 5 ℃입니다. 따라서 습도는 61 %입니다.

**2** 습도가 높을 때 습도가 우리 생활에 주는 영향을 **보기** 에서 두 가지 골라 기호를 써 봅시다.

**보기**

㉠ 빨래가 잘 마르지 않는다.  ㉡ 산불이 나기 쉽다.
㉢ 피부가 건조해진다.  ㉣ 음식물이 부패하기 쉽다.

( ㉠, ㉣ )

**풀이** 습도가 높으면 빨래가 잘 마르지 않고 곰팡이가 생기거나 음식물이 부패하기 쉽습니다.

**3** 다음 ( ) 안에 들어갈 알맞은 말을 **보기** 에서 골라 써 봅시다.

**보기**

안개    수증기    지표면    이슬

( ㉠ )은/는 차가운 풀잎, 나뭇가지 같은 물체 주변에서 공기의 온도가 낮아지면 공기 중의 ( ㉡ )이/가 응결해 물체 표면에 물방울로 맺힌 것이고, ( ㉢ )은/는 밤에 공기의 온도가 낮아지면 공기 중의 ( ㉡ )이/가 응결해 작은 물방울로 ( ㉣ ) 근처에 떠 있는 것이다.

㉠: ( 이슬 ), ㉡: ( 수증기 ), ㉢: ( 안개 ), ㉣: ( 지표면 )

**풀이** 이슬과 안개는 모두 수증기가 응결해 나타나는 현상입니다. 이슬은 수증기가 응결해 물체의 표면에 물방울로 맺힌 것이고, 안개는 수증기가 응결해 작은 물방울로 지표면 근처에 떠 있는 것입니다.

**4** 다음 중 구름, 비, 눈에 대한 설명으로 옳지 <u>않은</u> 것은 어느 것입니까? (  ③  )

① 구름은 수증기가 응결해 만들어진다.

② 구름은 안개보다 높은 곳에서 만들어진다.

③ 구름을 이루는 얼음 알갱이가 커져서 떨어질 때 녹으면 이슬이 된다.

④ 구름을 이루는 작은 물방울이 서로 합쳐지면서 크기가 커져 떨어지면 비가 된다.

⑤ 구름을 이루는 얼음 알갱이가 커져서 떨어질 때 녹지 않고 그대로 떨어지면 눈이 된다.

**풀이** 구름은 공기 중의 수증기가 응결해 작은 물방울이 되거나, 얼음 알갱이로 얼어 하늘에 떠 있는 것입니다. 구름 속 얼음 알갱이가 커져서 떨어질 때 녹지 않고 떨어지면 눈이 되고 떨어질 때 녹으면 비가 됩니다.

**5** 오른쪽은 같은 시간 동안 가열한 물과 모래 사이에 향불을 피웠을 때, 물과 모래 위에서 향 연기가 움직이는 방향을 나타낸 것입니다. 이때 물 위와 모래 위 중에서 고기압인 곳을 써 봅시다.

(          물 위          )

**풀이** 공기는 고기압에서 저기압으로 이동합니다. 향 연기의 이동 방향이 공기의 이동 방향이므로 물 위가 고기압, 모래 위가 저기압입니다.

💡 사고력  🔍 탐구 능력

**6** 다음은 우리나라에 영향을 주는 공기 덩어리의 성질을 나타낸 것입니다. 이 공기 덩어리가 우리나라에 영향을 주는 계절을 쓰고, 이 계절에 볼 수 있는 생활 모습을 설명해 봅시다.

> 우리나라 남동쪽에 위치하며 덥고 습하다.

(1) 우리나라에 영향을 주는 계절: (          여름          )

(2) 생활 모습: **예시 답안** 얇은 옷을 입는다. 선풍기를 이용해 시원한 바람을 쐰다. 등

**풀이** 여름에는 남동쪽의 덥고 습한 공기 덩어리의 영향으로 덥고 습하기 때문에 얇은 옷을 입거나 선풍기를 이용해 시원한 바람을 쐽니다.

# 그림으로 단원 정리하기

● 그림을 보고, 빈칸에 알맞은 내용을 써 봅시다.

## 01 습도 측정 방법
G 52쪽

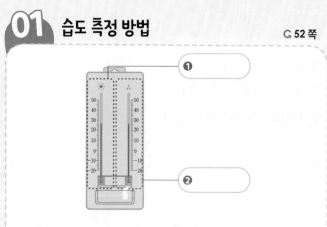

**①** [ ]

**②** [ ]

- 건습구 습도계는 건구 온도계와 습구 온도계로 이루어져 있습니다.
- 건습구 습도계로 건구 온도와 습구 온도를 측정해 습도표를 이용하면 습도를 알 수 있습니다.

## 02 습도가 우리 생활에 주는 영향
G 52쪽

습도가 **③** [ ]을 때의 영향

벽지에 생긴 곰팡이　　　부패한 음식물

습도가 **④** [ ]을 때의 영향

산불 발생　　　목의 통증

## 03 이슬, 안개, 구름
G 54쪽

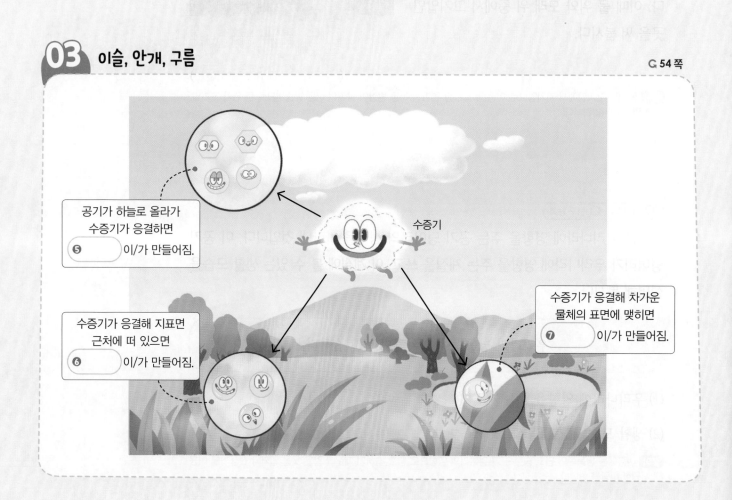

공기가 하늘로 올라가 수증기가 응결하면 **⑤** [ ]이/가 만들어짐.

수증기

수증기가 응결해 지표면 근처에 떠 있으면 **⑥** [ ]이/가 만들어짐.

수증기가 응결해 차가운 물체의 표면에 맺히면 **⑦** [ ]이/가 만들어짐.

## 04 비와 눈

G 56 쪽

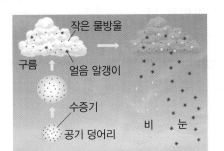

• 구름을 이루는 작은 물방울이 서로 합쳐지면서 크기가 커져 무거워지면 아래로 떨어져 ⑧ ⃝ 이/가 됩니다.
• 구름을 이루는 얼음 알갱이의 크기가 커지면서 무거워져 떨어질 때 녹지 않고 그대로 떨어지면 ⑨ ⃝ 이/가 됩니다.

## 05 고기압과 저기압

G 60 쪽

• ⑩ ⃝ : 차가운 공기는 따뜻한 공기보다 무거워서 기압이 높습니다.
• ⑪ ⃝ : 따뜻한 공기는 차가운 공기보다 가벼워서 기압이 낮습니다.

## 06 계절별 날씨에 영향을 주는 공기 덩어리

G 62 쪽

• 우리나라 주변에는 대륙이나 바다를 덮고 있는 큰 공기 덩어리들이 있습니다.
• 우리나라의 계절별 날씨는 영향을 주는 ⑫ ⃝ 의 성질에 따라 달라집니다.

**01** 다음 중 공기 중에 수증기가 포함된 정도를 뜻하는 것은 어느 것입니까? ( )

① 온도 ② 습도 ③ 기압
④ 바람 ⑤ 응결

**02** 다음은 습도표의 일부입니다. 건구 온도가 21 °C, 습구 온도가 18 °C일 때의 습도를 구해 써 봅시다.

(단위: %)

| 건구 온도 (°C) | 건구 온도와 습구 온도의 차(°C) | | | |
|---|---|---|---|---|
| | 1 | 2 | 3 | 4 |
| 18 | 91 | 82 | 73 | 64 |
| 19 | 91 | 82 | 74 | 65 |
| 20 | 91 | 83 | 74 | 66 |
| 21 | 91 | 83 | 75 | 67 |

( ) %

**03** 습도가 높을 때와 습도가 낮을 때 나타날 수 있는 현상을 보기 에서 골라 각각 기호를 써 봅시다.

보기

ㄱ 벽지에 생긴 곰팡이
ㄴ 산불 발생
ㄷ 목의 통증
ㄹ 부패한 음식물

(1) 습도가 높을 때: ( )

(2) 습도가 낮을 때: ( )

**04** 오른쪽은 추운 날 욕실에서 따뜻한 물로 씻은 후 창문을 열었을 때 욕실 안이 뿌옇게 흐려지는 모습입니다. 이와 비슷한 현상으로 옳은 것을 보기 에서 골라 기호를 써 봅시다.

보기

ㄱ 아침에 바닷가에 안개가 낀다.
ㄴ 차가운 음료가 담긴 컵에 물방울이 맺힌다.
ㄷ 추운 날 실내에 들어오면 안경 표면이 뿌옇게 흐려진다.

( )

**05** 오른쪽 자연 현상에 대한 설명으로 옳은 것은 어느 것입니까?

( )

① 안개이다.
② 지표면 근처에 떠 있다.
③ 공기가 하늘 높이 올라가 만들어진다.
④ 차가운 물체의 표면에 물방울로 맺힌다.
⑤ 구름 속의 작은 물방울이 서로 합쳐지면서 크기가 커져 만들어진다.

**06** 다음은 안개와 구름에 대한 설명입니다. ( ) 안에 공통으로 들어갈 알맞은 말을 써 봅시다.

• 안개는 공기 중의 수증기가 ( )해 작은 물방울로 지표면 근처에 떠 있는 것이다.
• 구름은 공기 중의 수증기가 ( )해 작은 물방울이 되거나, 얼음 알갱이로 얼어 하늘에 떠 있는 것이다.

( )

**07** 다음은 자연 현상에 대한 학생 (가)~(다)의 대화입니다. <u>잘못</u> 말한 학생은 누구인지 써 봅시다.

> • (가): 비가 내리다가 지표면 근처에서 얼면 눈이 돼.
> • (나): 구름을 이루는 작은 물방울이 서로 합쳐지면서 무거워지면 떨어져서 비가 돼.
> • (다): 공기가 하늘로 올라가 수증기가 응결하면 구름이 만들어져.

(          )

**[08~09]** 다음은 같은 크기의 공간에 있는 공기의 온도에 따른 공기 덩어리의 무게를 비교한 것입니다. 물음에 답해 봅시다.

**08** 위 ㉠과 ㉡ 중 온도가 더 높은 공기 덩어리의 기호를 써 봅시다.

(          )

**09** 위 그림에 대한 설명으로 옳은 것을 **보기** 에서 골라 기호를 써 봅시다.

> **보기**
> ㉠ 공기의 온도가 높을수록 공기의 무게가 무거워진다.
> ㉡ 공기의 온도가 낮을수록 같은 크기의 공간에 있는 공기의 양은 많아진다.
> ㉢ 같은 크기의 공간에 있는 공기의 양이 많아지면 공기의 무게는 가벼워진다.

(          )

**10** 다음은 맑은 날 낮에 바닷가의 모습과, 이에 대한 설명입니다. ( ) 안에 들어갈 알맞은 말을 써 봅시다.

> 맑은 날 낮에 바닷가는 육지가 바다보다 빨리 데워져 ( ㉠ )는 고기압, ( ㉡ )는 저기압이 된다.

㉠: (       ), ㉡: (       )

**[11~12]** 오른쪽은 계절별로 우리나라의 날씨에 영향을 주는 공기 덩어리입니다. 물음에 답해 봅시다.

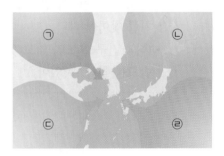

**11** 위 ㉠~㉣ 중 다음 설명에 해당하는 공기 덩어리를 골라 기호를 써 봅시다.

> • 차가운 성질을 가지고 있다.
> • 우리나라의 겨울 날씨에 영향을 준다.

(          )

**12** 다음 중 위 ㉠~㉣과 각 공기 덩어리가 영향을 주는 계절을 옳게 짝 지은 것은 어느 것입니까?

(          )

① ㉠ – 봄        ② ㉠ – 초여름
③ ㉡ – 가을      ④ ㉢ – 겨울
⑤ ㉣ – 여름

## 서술형 문제

**13** 다음은 습도표를 읽는 방법에 대한 학생 (가)~(다)의 대화입니다. <u>잘못</u> 말한 학생은 누구인지 쓰고, 잘못 말한 내용을 옳게 고쳐 설명해 봅시다.

(단위: %)

| 건구 온도 (°C) | 건구 온도와 습구 온도의 차(°C) | | | |
|---|---|---|---|---|
| | 0 | 1 | 2 | 3 |
| 18 | 100 | 91 | 82 | 73 |
| 19 | 100 | 91 | 82 | 74 |
| 20 | 100 | 91 | 83 | 74 |

- (가): 가로줄과 세로줄이 만나는 곳의 숫자가 습도야.
- (나): 가로줄에서 건구 온도와 습구 온도의 차를 찾아야 해.
- (다): 건구 온도만 알고 있으면 습도표에서 습도를 찾을 수 있어.

**14** 습도가 낮을 때 일상생활에서 일어날 수 있는 현상을 두 가지 설명해 봅시다.

**15** 얼린 음료수 캔의 표면을 마른 수건으로 닦은 후 캔의 표면에서 나타나는 현상과 그 까닭을 설명해 봅시다.

**16** 눈이 내리는 과정을 설명해 봅시다.

**17** 다음은 맑은 날 낮에 바닷가에서 바람이 부는 방향입니다. 바람이 화살표와 같은 방향으로 부는 까닭을 기압과 관련지어 설명해 봅시다.

바람의 방향

**18** 다음의 공기 덩어리 중 대륙을 덮고 있는 공기 덩어리를 두 가지 고르고 그 성질을 설명해 봅시다.

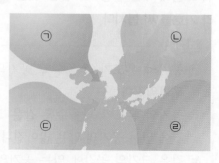

**01** 다음은 비가 오는 날 빨래가 잘 마르지 않는 모습입니다.

(1) 빨래가 잘 마르지 않는 까닭을 써 봅시다.

_____

(2) 이와 같은 현상이 나타날 때 우리 생활 속에서 습도를 조절하는 방법을 두 가지 설명해 봅시다.

_____

**성취 기준**
습도를 측정하고 습도가 우리 생활에 영향을 주는 사례를 조사할 수 있다.

**출제 의도**
습도가 높거나 낮을 때 우리 생활에 주는 영향을 알고 있는지 확인하는 문제예요.

**관련 개념**
습도가 우리 생활에 주는 영향 알아보기  G 52 쪽

3 단원

공부한 날

월

일

**02** 다음은 수조 안의 물과 모래를 전등으로 5 분~6 분 동안 가열한 뒤 고무찰흙에 꽂힌 향에 불을 피웠을 때의 모습입니다.

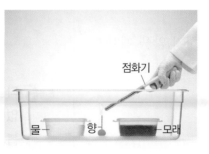

(1) 물과 모래 위에서 향 연기가 움직이는 방향을 써 봅시다.

_____

(2) 물과 모래 위에서 향 연기가 (1)의 방향으로 움직이는 까닭을 설명해 봅시다.

_____

**성취 기준**
고기압과 저기압이 무엇인지 알고 바람이 부는 이유를 설명할 수 있다.

**출제 의도**
바람 발생에 대한 모형실험을 통해 바람이 부는 까닭을 알고 있는지 확인하는 문제예요.

**관련 개념**
바람 발생에 대한 모형 실험 하기  G 60 쪽

[01~02] 오른쪽은 습도를 측정하기 위해 건습구 습도계를 설치한 모습입니다. 물음에 답해 봅시다.

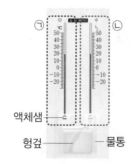

액체샘 ——

헝겊 —— 물통

**01** 위 그림에서 습구 온도계는 ㉠과 ㉡ 중 어느 것인지 골라 기호를 써 봅시다.

( )

**02** 위 건습구 습도계에 대한 설명으로 옳지 <u>않은</u> 것은 어느 것입니까? ( )

① 건구 온도계의 액체샘 부분은 헝겊으로 둘러싸여 있다.

② 건구 온도와 습구 온도의 차이가 작을수록 습도가 높다.

③ 건구 온도와 습구 온도의 차를 알아야 습도를 구할 수 있다.

④ 건습구 습도계는 건구 온도계와 습구 온도계로 이루어져 있다.

⑤ 습구 온도계의 온도가 변하지 않을 때까지 기다린 후 건구 온도와 습구 온도를 측정한다.

**03** 다음은 습도와 우리 생활에 대한 학생 (가)~(다)의 대화입니다. 옳게 말한 학생은 누구인지 써 봅시다.

• (가): 습도가 높으면 음식물이 빨리 상해.
• (나): 습도가 낮으면 빨래가 잘 마르지 않아.
• (다): 습도를 높이기 위해서는 제습기를 작동하면 돼.

( )

**04** 다음은 이슬, 안개, 구름의 공통점에 대해 설명한 것입니다. ( ) 안에 들어갈 알맞은 말을 각각 써 봅시다.

이슬, 안개, 구름은 모두 공기 중의 ( ㉠ )이/가 ( ㉡ )하여 나타나는 현상이다.

㉠: ( ), ㉡: ( )

**05** 다음은 추운 날 따뜻한 실내의 창문에 물방울이 맺힌 모습입니다. 이와 비슷한 자연 현상은 어느 것입니까? ( )

① 이슬　　② 안개　　③ 구름
④ 비　　　⑤ 눈

**06** 다음은 구름이 만들어져 비가 내리는 과정을 순서 없이 나열한 것입니다. 적절한 순서대로 기호를 써 봅시다.

(가) 공기 중의 수증기가 응결해 작은 물방울이 된다.
(나) 공기가 지표면에서 하늘로 올라가며 온도가 점점 낮아진다.
(다) 작은 물방울이 서로 합쳐지면서 크기가 커져 무거워지면 아래로 떨어진다.

( ) → ( ) → ( )

**07** 기압에 대한 설명으로 옳지 <u>않은</u> 것을 보기 에서 골라 기호를 써 봅시다.

보기

㉠ 기압은 공기의 무게로 생기는 힘이다.

㉡ 공기의 온도와 공기의 무게는 관련이 없다.

㉢ 같은 크기의 공간에 있는 공기의 양은 고기압이 저기압보다 많다.

(          )

[08~09] 다음은 수조 안의 물과 모래를 전등으로 5 분 ~6 분 동안 가열한 뒤 고무찰흙에 꽂힌 향에 불을 피웠을 때의 모습입니다. 물음에 답해 봅시다.

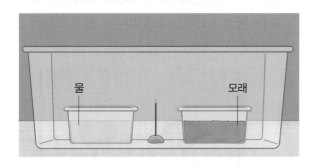

**08** 위 실험에서 물 위의 공기와 모래 위의 공기 중 고기압이 되는 공기는 어느 것인지 써 봅시다.

(        ) 위의 공기

**09** 위 실험 결과에 대한 설명으로 옳은 것을 보기 에서 골라 기호를 써 봅시다.

보기

㉠ 향 연기는 움직이지 않는다.

㉡ 향 연기는 모래 위에서 물 위로 이동한다.

㉢ 향 연기의 이동 방향은 공기의 이동 방향과 같다.

(          )

**10** 다음은 오른쪽과 같이 장치한 뒤 같은 시간 동안 전등으로 가열한 후 온도를 측정한 결과입니다. ㉠과 ㉡은 모래와 물 중 각각 무엇인지 써 봅시다.

| 구분 | ㉠ | ㉡ |
|---|---|---|
| 가열하기 전의 온도(°C) | 14 | 14 |
| 가열한 후의 온도(°C) | 24 | 17 |

㉠: (       ), ㉡: (       )

[11~12] 다음은 우리나라의 계절별 날씨에 영향을 주는 공기 덩어리 (가)~(라)를 성질에 따라 나눈 것입니다.

| 구분 | 차갑다. | 따뜻하다. |
|---|---|---|
| 건조하다. | (가) | (나) |
| 습하다. | (다) | (라) |

**11** 위 (가)~(라) 중 바다를 덮고 있는 공기 덩어리를 두 가지 골라 기호를 써 봅시다.

(     ,     )

**12** 위 (가)에 대한 설명으로 옳지 <u>않은</u> 것을 보기 에서 골라 기호를 써 봅시다.

보기

㉠ 대륙을 덮고 있는 공기 덩어리이다.

㉡ 우리나라의 겨울 날씨에 영향을 준다.

㉢ 우리나라의 북동쪽에 위치한 공기 덩어리이다.

(          )

**서술형 문제**

**13** 습도가 낮을 때 일상생활에서 습도를 높이는 방법을 두 가지 설명해 봅시다.

**14** 다음은 안개와 구름의 모습입니다. 안개와 구름의 차이점을 설명해 봅시다.

안개

구름

**15** 다음은 비와 눈이 내리는 모습입니다. 구름 속의 얼음 알갱이가 비와 눈으로 내리는 과정의 차이점을 설명해 봅시다.

비가 내리는 모습

눈이 내리는 모습

**16** 다음은 부피가 같은 공기 덩어리의 무게를 비교한 것입니다. ㉠과 ㉡ 중 온도가 더 낮은 공기 덩어리를 고르고, 그렇게 생각한 까닭을 설명해 봅시다.

**17** 다음은 수조 안의 물과 모래를 전등으로 5 분~6 분 동안 가열하는 모습입니다. 물과 모래의 온도 변화를 비교하여 설명해 봅시다.

전등
알코올
온도계
수조
향
물
모래

**18** 우리나라의 날씨가 여름에는 덥고 습한 까닭을 우리나라의 날씨에 영향을 주는 공기 덩어리의 성질과 연관 지어 설명해 봅시다.

**01** 다음은 따뜻한 물이 담겨 있었던 집기병에 향불을 넣었다가 뺀 후, 집기병 입구를 페트리 접시로 막고 얼린 음료수 캔을 그 위에 올렸을 때의 모습입니다.

- 얼린 음료수 캔
- 페트리 접시
- 집기병

(1) 집기병 안에서 나타나는 현상을 설명해 봅시다.

_____

(2) 집기병 안에서 이러한 변화가 나타나는 까닭을 설명해 봅시다.

_____

**성취 기준**

이슬, 안개, 구름의 공통점과 차이점을 이해하고 비와 눈이 내리는 과정을 설명할 수 있다.

**출제 의도**

이슬, 안개 발생 실험 과정을 이해하고 이러한 현상이 나타나는 까닭을 알고 있는지 확인하는 문제예요.

**관련 개념**

이슬, 안개 발생 실험하기
G 54 쪽

**3**
단원

공부한 날

월

일

**02** 다음은 계절별로 우리나라의 날씨에 영향을 주는 공기 덩어리입니다.

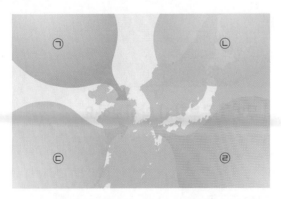

(1) ㉠~㉣ 중 봄, 가을에 영향을 주는 공기 덩어리의 기호를 써 봅시다.

( )

(2) 봄과 가을의 날씨가 비슷한 까닭을 (1)에서 쓴 공기 덩어리의 성질과 연관 지어 설명해 봅시다.

_____

**성취 기준**

계절별 날씨의 특징을 우리나라에 영향을 주는 공기의 성질과 관련지을 수 있다.

**출제 의도**

우리나라의 계절별 날씨에 영향을 주는 공기 덩어리의 성질을 알고 있는지 확인하는 문제예요.

**관련 개념**

계절별 날씨에 영향을 주는 공기 덩어리
G 62 쪽

# 4
# 물체의 운동

이 단원에서 무엇을 공부할지 알아보아요.

| 공부할 내용 | 쪽수 | 교과서 쪽수 |
|---|---|---|
| **1** 물체의 운동은 어떻게 나타낼까요<br>**2** 여러 가지 물체의 운동은 어떻게 다를까요 | 84~85 쪽 | 『과학』　70~73 쪽<br>『실험 관찰』　36~37 쪽 |
| **3** 물체의 빠르기는 어떻게 비교할까요 | 86~87 쪽 | 『과학』　74~77 쪽<br>『실험 관찰』　38~39 쪽 |
| **4** 물체의 속력은 어떻게 나타낼까요 | 90~91 쪽 | 『과학』　78~81 쪽<br>『실험 관찰』　40~41 쪽 |
| **5** 속력과 관련된 안전 수칙과 안전장치에는 무엇이 있을까요 | 92~93 쪽 | 『과학』　82~85 쪽<br>『실험 관찰』　42~43 쪽 |

실험 동영상

# 빠르기를 겨루는 자동차 경주 대회

자동차 경주 대회는 여러 대의 경주용 자동차가 정해진 거리를 달리면서 빠르기를 겨루는 대회입니다. 종이컵 자동차를 만들어 경주 대회를 열어 봅시다.

## 종이컵 자동차 경주하기

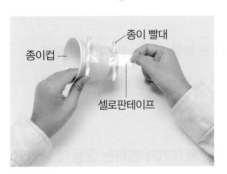

종이 빨대
종이컵
셀로판테이프

⬆ 종이컵에 종이 빨대를 붙이는 모습

바퀴 축    바퀴

⬆ 종이 빨대에 바퀴 축을 끼우는 모습

❶ 종이컵에 7 cm 길이로 자른 종이 빨대 두 개를 셀로판테이프로 붙입니다.

❷ 종이 빨대에 바퀴 축을 끼우고, 바퀴 축 양쪽에 바퀴를 고정하여 종이컵 자동차를 완성합니다.

❸ 출발선과 도착선을 표시한 뒤, 부채로 바람을 일으켜 종이컵 자동차 경주를 해 봅시다.

출발선

● 누구의 종이컵 자동차가 가장 빠른지 이야기해 봅시다.

예시 답안  • 도착선에 가장 먼저 도착한 만세의 종이컵 자동차가 가장 빠르다.
✎ • 같은 거리를 경주하는 데 걸린 시간이 가장 짧은 만세의 종이컵 자동차가 가장 빠르다.

# 물체의 운동은 어떻게 나타낼까요
# 여러 가지 물체의 운동은 어떻게 다를까요

**생활에서의 운동과 과학에서의 운동**

일상생활에서는 운동이라는 단어를 다양한 뜻으로 사용하지만, 과학에서의 운동은 시간이 지남에 따라 물체의 위치가 변하는 것을 뜻합니다.

## ① 물체의 운동을 나타내는 방법

**1 물체의 운동**: 시간이 지남에 따라 물체의 위치가 변할 때 물체가 운동한다고 합니다.

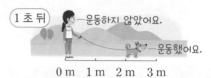

| 운동하지 않은 물체 | 운동한 물체 |
| --- | --- |
| 사람은 1 초 동안 위치가 변하지 않았음. | 강아지는 1 초 동안 1 m 이동했음. |

→ 물체의 운동은 물체가 이동하는 데 걸린 시간과 이동 거리로 나타낼 수 있습니다.

**2 물체의 운동 나타내기**

○표 한 물체들은 시간이 지남에 따라 위치가 변해요.

**탐구 과정**

교실의 모습을 관찰하여 1 초 뒤 운동한 물체에 ○표 하고 물체의 운동을 걸린 시간과 이동 거리로 나타냅니다.

**탐구 결과**

| ○표 한 물체 | 가방을 멘 학생 | 휠체어를 탄 학생 | 축구공 |
| --- | --- | --- | --- |
| 물체의 운동 | 1 초 동안 1 m 이동함. | 1 초 동안 2 m 이동함. | 1 초 동안 1 m 이동함. |

### 용어 사전

★ **운동** 물체가 시간의 흐름에 따라 그 공간적 위치를 바꾸는 작용이나 현상

★ **위치** 일정한 곳에 자리를 차지함. 또는 그 자리

바른답·알찬풀이 **23** 쪽

### 스스로 확인해요

『과학』 71 쪽

**1** 물체의 운동은 물체가 이동하는 데 걸린 (          )과/와 (          )(으)로 나타낼 수 있습니다.

**2** 탐구능력 체육 시간에 달리기를 했던 경험을 떠올려 보고 자신의 운동을 걸린 시간과 이동 거리로 나타내 봅시다.

『과학』 73 쪽

**1** 스키 점프 선수는 빠르기가 ( 일정한, 변하는 ) 운동을 하고, 케이블카는 빠르기가 ( 일정한, 변하는 ) 운동을 합니다.

**2** 사고력 놀이공원에 있는 롤러코스터의 운동을 떠올려 보고, 롤러코스터의 빠르기가 어떻게 달라지는지 설명해 봅시다.

## ② 빠르기가 일정한 운동, 빠르기가 변하는 운동의 다양한 사례 관찰하기

**1 빠르기가 일정한 운동을 하는 물체** — 물체가 운동하는 동안 빠르기가 변하지 않고 일정해요.

| 자동계단 | 수하물 컨베이어 | 리프트 | 케이블카 |
| --- | --- | --- | --- |

**2 빠르기가 변하는 운동을 하는 물체** — 물체가 운동하는 동안 빠르기가 빨라지거나 느려져요.

| 새 | 개 | 스키 점프 선수 | 버스 |
| --- | --- | --- | --- |
| 빠르게 날다가 점점 느려지면서 물 위에 앉음. | 점점 느려지다가 다시 점점 빨라지는 등 빠르기가 계속 변함. | 올라갈 때에는 점점 느려지고, 내려갈 때에는 점점 빨라짐. | 정거장에 들어올 때에는 느려지고, 출발할 때에는 빨라짐. |

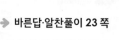

# 문제로 개념 탄탄

**1** 물체의 운동에 대한 설명으로 옳은 것에 ○표, 옳지 <u>않은</u> 것에 ×표 해 봅시다.

(1) 물체의 위치에 관계없이 시간이 지나면 물체가 운동한 것이다. (        )

(2) 시간이 지남에 따라 물체의 위치가 변하면 물체가 운동한 것이다. (        )

(3) 시간이 지남에 따라 물체의 모양이 변하면 물체가 운동한 것이다. (        )

**2** 다음은 **1 초** 간격으로 도로의 모습을 나타낸 것입니다. (        ) 안에 들어갈 알맞은 말에 각각 ○표 해 봅시다.

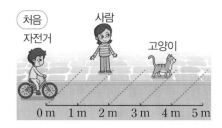
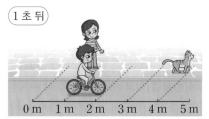

- 자전거는 운동을 ㉠ ( 했다, 하지 않았다 ).
- 사람은 운동을 ㉡ ( 했다, 하지 않았다 ).
- 고양이는 운동을 ㉢ ( 했다, 하지 않았다 ).

**3** 다음 (        ) 안에 들어갈 알맞은 말을 각각 써 봅시다.

자동계단과 리프트는 빠르기가 (    ㉠    ) 운동을 하고, 날아오르는 새와 정거장을 출발하는 버스는 빠르기가 (    ㉡    ) 운동을 한다.

㉠: (                    ), ㉡: (                    )

**4** 다음 중 빠르기가 일정한 운동을 하는 물체에 '일정', 빠르기가 변하는 운동을 하는 물체에 '변함'을 써 봅시다.

(1)
개
(        )

(2)
수하물 컨베이어
(        )

(3)
스키 점프 선수
(        )

(4)
케이블카
(        )

**공부한 내용을**

 자신 있게 설명할 수 있어요.

 설명하기 조금 힘들어요.

 어려워서 설명할 수 없어요.

4
단원

공부한 날

월

일

# 물체의 빠르기는 어떻게 비교할까요

**실험 관찰**

비행 고깔 모습

종이 빨대

실

셀로판
테이프

비행
고깔

**같은 거리를 이동하는 데 걸린 시간을 측정해 빠르기를 비교하는 운동 경기의 예**

수영, 스피드 스케이팅, 마라톤, 봅슬레이, 100 m 달리기, 쇼트 트랙 등이 있습니다.

**용어 사전**

★ **비행**  공중으로 날아가거나 날아 다님.

★ **고깔**  끝이 뾰족하고 세모지게 만 든 모자

## ① 같은 거리를 이동한 물체의 빠르기 비교

### 1 같은 거리를 이동한 물체의 빠르기 비교하기 탐구

**실험 동영상**

#### 탐구 과정

❶ 모둠별로 비행 고깔을 만들고, 같은 거리를 이동한 비행 고깔의 빠르기를 비교하기 위한 실험을 설계합니다.

❷ ❶에서 설계한 대로 실험해 비행 고깔 의 빠르기를 비교합니다.

초시계
비행 고깔
부채

#### 탐구 결과

❶ 같은 거리를 이동한 비행 고깔의 빠르기를 비교하기 위한 실험 설계

| 같게 해야 하는 것 | 측정해야 하는 것 |
|---|---|
| 실이 수평을 이루어야 하고, 실이 팽팽한 정도가 같아야 하며, 비행 고깔의 이동 거리가 같아야 함. | 비행 고깔이 같은 거리를 이동하는 데 걸린 시간을 측정해야 함. |

| 비행 고깔이 실을 따라 이동할 거리를 정함. <br> 3 m 정도의 거리가 적당해요. | ≫ | 출발 신호에 따라 비행 고깔을 출발점에서 동시 에 움직임. | ≫ | 비행 고깔이 도착점까지 이동하는 데 걸린 시간을 초시계로 측정함. |
|---|---|---|---|---|

❷ 비행 고깔이 출발점에서 도착점까지 이동하는 데 걸린 시간이 짧을수록 빠릅니다.

### 2 같은 거리를 이동한 물체의 빠르기 비교하는 방법

① 같은 거리를 이동한 물체의 빠르기는 걸린 시간으로 비교합니다.

② 같은 거리를 이동하는 데 걸린 시간이 짧은 물체가 긴 물체보다 빠릅니다.

---

**문제로 개념 탄탄**

**정답 확인**

1 같은 거리를 이동한 물체의 빠르기를 비교하는 방법에 대한 설명으로 옳은 것 에 ○표, 옳지 않은 것에 ×표 해 봅시다.

⑴ 물체가 이동하는 데 걸린 시간으로 빠르기를 비교한다. (          )

⑵ 수영, 스피드 스케이팅, 마라톤은 같은 거리를 이동하는 데 걸린 시간 으로 빠르기를 비교하는 운동 경기이다. (          )

2 다음은 두 물체가 1 m를 이동할 때 걸린 시간을 나타낸 것입니다. 두 물체의 빠 르기를 비교하여 >, =, < 중 (          ) 안에 들어갈 알맞은 기호를 써 봅시다.

| 2 초에 이동한 물체 | (          ) | 3 초에 이동한 물체 |
|---|---|---|

## ❷ 같은 시간 동안 이동한 물체의 빠르기 비교

### 1 같은 시간 동안 이동한 물체의 빠르기 비교하기 탐구

**탐구 과정** 비행 고깔이 동시에 출발하고 동시에 정지하는 것이 중요해요.

❶ 경주할 시간을 정하고, 출발점을 쓴 붙임쪽지를 실에 붙입니다.

❷ 초시계로 시간을 측정하는 사람이 출발 신호를 하면, 부채로 바람을 일으켜 비행 고깔을 움직입니다.

❸ 줄자로 경주 시간 동안 비행 고깔이 이동한 거리를 측정합니다.

부채  비행 고깔  초시계

**탐구 결과**

❶ 각 모둠원의 비행 고깔이 경주 시간 동안 이동한 거리의 측정 예

| 모둠원 이름 | 우리 | 누리 | 나라 | 만세 |
|---|---|---|---|---|
| 이동한 거리 | 2.0 m | 3.2 m | 2.5 m | 1.3 m |

❷ 누리의 비행 고깔이 가장 빠르고, 만세의 비행 고깔이 가장 느립니다. 그 까닭은 누리의 비행 고깔이 이동한 거리가 가장 길고, 만세의 비행 고깔이 이동한 거리가 가장 짧기 때문입니다.

❸ 비행 고깔이 같은 시간 동안 이동한 거리가 길수록 빠릅니다.

### 2 같은 시간 동안 이동한 물체의 빠르기 비교하는 방법

① 같은 시간 동안 이동한 물체의 빠르기는 물체가 이동한 거리로 비교합니다.
② 같은 시간 동안 긴 거리를 이동한 물체가 짧은 거리를 이동한 물체보다 빠릅니다.

➡ 바른답·알찬풀이 23 쪽

실험 관찰

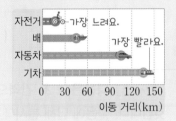

여러 교통수단이 2 시간 동안 이동한 거리

자전거 ─ 가장 느려요.
배
자동차 ── 가장 빨라요.
기차

0   30   60   90   120  150
이동 거리(km)

같은 시간 동안 이동한 거리가 길수록 빠르므로 기차, 자동차, 배, 자전거 순서로 빠르기가 빠릅니다.

바른답·알찬풀이 23 쪽

**스스로 확인해요**  『과학』77 쪽

1 같은 거리를 이동하는 데 걸린 시간이 ( 짧은, 긴 ) 물체일수록 빠르고, 같은 시간 동안 이동한 거리가 ( 짧은, 긴 ) 물체일수록 빠릅니다.

2 (의사소통 능력) 빠르기를 겨루는 운동 경기를 찾고, 그 운동 경기에서 빠르기를 어떻게 비교하는지 이야기해 봅시다.

---

**3** 다음은 같은 시간 동안 이동한 물체의 빠르기를 비교하는 방법에 대한 설명입니다. ( ) 안에 들어갈 알맞은 말에 각각 ○표 해 봅시다.

> 같은 시간 동안 이동한 물체의 빠르기는 ㉠ ( 걸린 시간, 이동한 거리 ) (으)로 비교하며, 같은 시간 동안 이동한 거리가 ㉡ ( 짧을수록, 길수록 ) 더 빠르게 운동한 것이다.

**4** 다음은 두 물체가 5 초 동안 이동한 거리를 나타낸 것입니다. 두 물체의 빠르기를 비교하여 >, =, < 중 ( ) 안에 들어갈 알맞은 기호를 써 봅시다.

| 3 m를 이동한 물체 | ( ) | 5 m를 이동한 물체 |

**공부한 내용을**

😊 자신 있게 설명할 수 있어요.

🙂 설명하기 조금 힘들어요.

☹️ 어려워서 설명할 수 없어요.

**01** 다음은 물체의 운동에 대한 설명입니다. ( ) 안에 공통으로 들어갈 알맞은 말을 써 봅시다.

> 운동하지 않은 물체는 시간이 지남에 따라 물체의 ( )이/가 변하지 않고, 운동한 물체는 시간이 지남에 따라 물체의 ( )이/가 변한다.

( )

[02~03] 다음은 1 초 간격으로 공원의 모습을 나타낸 것입니다. 물음에 답해 봅시다.

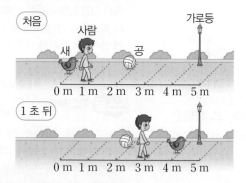

**중요**

**02** 위 공원에서 운동한 물체와 운동하지 않은 물체를 옳게 짝 지은 것은 어느 것입니까? ( )

| | 운동한 물체 | 운동하지 않은 물체 |
|---|---|---|
| ① | 사람 | 새, 공, 가로등 |
| ② | 사람, 공 | 새, 가로등 |
| ③ | 새, 사람 | 공, 가로등 |
| ④ | 새, 가로등 | 사람, 공 |
| ⑤ | 새, 사람, 공 | 가로등 |

**03** 위 물체의 운동에 대한 설명으로 옳은 것을 보기 에서 두 가지 골라 기호를 써 봅시다.

> **보기**
> ㉠ 새는 1 초 동안 3 m를 이동했다.
> ㉡ 사람은 1 초 동안 2 m를 이동했다.
> ㉢ 공과 가로등은 1 초 동안 이동하지 않았다.

( , )

**중요**

**04** 다음은 여러 가지 물체의 운동에 대한 학생 (가)~ (다)의 대화입니다. 잘못 말한 학생은 누구인지 써 봅시다.

> 자동계단은 빠르기가 일정한 운동을 해.
> 떠오르는 비행기는 빠르기가 변하는 운동을 해.
> 케이블카는 빠르기가 변하는 운동을 해.

(가)    (나)    (다)

( )

**05** 다음 중 빠르기가 일정한 운동을 하는 물체는 어느 것입니까? ( )

①  치타

②  버스

③  수하물 컨베이어

④  스키 점프 선수

**서술형**

**06** 다음은 물체의 운동을 ㉠과 ㉡의 두 가지로 분류한 것입니다. 두 가지로 분류한 기준을 '빠르기'라는 단어를 포함하여 설명해 봅시다.

㉠ 새    롤러코스터    ㉡ 자동계단    리프트

[07~08] 다음은 비행 고깔 경주에서 모둠원의 비행 고깔이 같은 거리를 이동하는 데 걸린 시간을 기록한 것입니다. 물음에 답해 봅시다.

| 모둠원 | (가) | (나) | (다) | (라) |
|--------|------|------|------|------|
| 걸린 시간 | 3 초 | 2 초 | 4 초 | 5 초 |

**중요**
**07** 다음 (     ) 안에 들어갈 알맞은 말을 써 봅시다.

> 위 실험에서 비행 고깔의 빠르기를 비교하기 위해서 비행 고깔의 (          )을/를 같게 해야 한다.

(                    )

**서술형**
**08** 위에서 가장 빠른 비행 고깔과 가장 느린 비행 고깔을 움직인 모둠원을 각각 쓰고, 그렇게 생각한 까닭을 설명해 봅시다.

........................................................

........................................................

**09** 다음 중 같은 거리를 이동하는 데 걸린 시간을 측정해 빠르기를 비교하는 운동 경기가 <u>아닌</u> 것은 어느 것입니까?                                    (        )

①
양궁

②
수영

③
봅슬레이

④
스피드 스케이팅

**중요**
**10** 같은 시간 동안 이동한 물체의 빠르기를 비교하는 방법으로 옳은 것을 **보기**에서 두 가지 골라 기호를 써 봅시다.

> **보기**
> ㉠ 같은 시간 동안 이동한 물체의 빠르기는 물체가 이동한 거리로 비교한다.
> ㉡ 같은 시간 동안 긴 거리를 이동한 물체가 짧은 거리를 이동한 물체보다 더 빠르다.
> ㉢ 100 m 달리기는 같은 시간 동안 이동한 거리로 빠르기를 비교하는 운동 경기이다.

(        ,        )

**4** 단원

공부한 날
월
일

**11** 다음은 비행 고깔 경주를 하여 3 초 동안 모둠원의 비행 고깔이 이동한 거리를 측정한 것입니다. 지수는 표를 보고 내 비행 고깔이 가장 빠르다고 말했습니다. 지수의 비행 고깔은 어느 것인지 표에서 골라 기호를 써 봅시다.

| 비행 고깔 | ㉠ | ㉡ | ㉢ | ㉣ |
|-----------|-----|-----|-----|-----|
| 이동한 거리 | 1 m | 3 m | 2 m | 4 m |

(                    )

**12** 다음은 여러 교통수단이 1 시간 동안 이동한 거리를 나타낸 것입니다. 교통수단을 빠른 순서대로 써 봅시다.

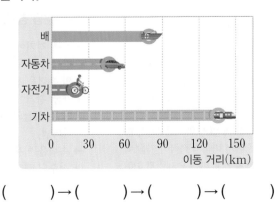

(        ) → (        ) → (        ) → (        )

# 4 물체의 속력은 어떻게 나타낼까요

실험 관찰

## 1 물체의 속력 나타내기

**1** 걸린 시간과 이동 거리가 모두 다른 물체의 빠르기를 비교하는 방법: 물체의 빠르기를 속력으로 비교합니다.

**2** 속력: 1 초, 1 분, 1 시간과 같은 단위 시간 동안 물체가 이동한 거리입니다.

① 속력을 구하는 방법: 이동 거리를 걸린 시간으로 나누어 구합니다.

$$속력 = 이동 거리 \div 걸린 시간$$

② 속력의 단위: km/h, m/s 등   속력의 단위에서 /은 나누기를 의미해요. 이때 km와 m는 이동 거리의 단위이고, h와 s는 걸린 시간의 단위예요.

③ 속력을 읽는 법과 의미

| 구분 | 읽는 법 | 의미 |
|---|---|---|
| 60 km/h | 육십 킬로미터 매 시 | 1 시간 동안 60 km를 이동함. |
| 10 m/s | 십 미터 매 초 | 1 초 동안 10 m를 이동함. |

## 2 여러 교통수단의 속력 비교하기 탐구

**1** 여러 교통수단의 걸린 시간과 이동 거리를 쓰고, 속력 구하기

속력의 단위가 같을 때 속력이 큰 물체가 속력이 작은 물체보다 빨라요.

2 시간 동안 800 km를 이동함.

1 시간 동안 100 km를 이동함.

1 시간 동안 70 km를 이동함.

3 시간 동안 60 km를 이동함.

4 시간 동안 200 km를 이동함.

2 시간 동안 70 km를 이동함.

| 교통수단 | 걸린 시간 | 이동 거리 | 속력 |
|---|---|---|---|
| 자전거 | 3 시간 | 60 km | 20 km/h |
| 배 | 2 시간 | 70 km | 35 km/h |
| 버스 | 4 시간 | 200 km | 50 km/h |
| 승용차 | 1 시간 | 70 km | 70 km/h |
| 기차 | 1 시간 | 100 km | 100 km/h |
| 비행기 | 2 시간 | 800 km | 400 km/h |

**2** 여러 교통수단의 속력은 비행기, 기차, 승용차, 버스, 배, 자전거 순서로 큽니다.

## 3 일상생활에서 속력을 나타내는 예 조사하기 탐구

| 운동 경기 | 교통수단 | 동물 | 날씨 |
|---|---|---|---|
| • 야구 경기에서 전광판에 투수가 던진 공의 속력을 표시함.<br>• 양궁 경기에서 선수가 쏜 화살의 속력을 나타냄.<br>→ 속력을 이용해 공이나 선수의 빠르기를 나타냄. | • 자동차 운전석의 계기판에서 자동차의 속력을 표시함.<br>• 도로에는 자동차의 현재 속력을 표시하는 안내판이 있는 곳이 있음.<br>→ 속력을 이용해 교통수단이 어느 정도의 빠르기로 이동하는지를 나타냄. | • 치타는 약110 km/h의 속력으로 달림.<br>• 타조는 약 80 km/h의 속력으로 달림.<br>→ 속력을 이용해 동물들이 얼마나 빠르게 달릴 수 있는지 나타냄. | • 일기 예보에서 시간대별로 바람의 속력인 풍속을 나타냄.<br>• 일기 예보에서 태풍이 이동하는 속력을 나타냄.<br>→ 일기 예보에서는 속력을 이용해 바람의 속력을 나타냄. |

---

**시간의 단위**

• 1 초는 1 s로 나타냅니다.
• 1 시간은 1 h로 나타냅니다.

**속력이 크다는 것의 의미**

• 물체가 빠릅니다.
• 같은 시간 동안 더 긴 거리를 이동합니다.
• 같은 거리를 이동하는 데 더 짧은 시간이 걸립니다.

**용어 사전**

★ 교통수단 사람이 이동하거나 짐을 옮기는 데 쓰는 수단

바른답·알찬풀이 24 쪽

**스스로 확인해요** 『과학』 81 쪽

1 물체의 속력은 (　　　)을/를 (　　　)(으)로 나누어 구할 수 있습니다.

2 (참여와 평생학습 능력) 기상청 날씨 알리미 애플리케이션을 이용해 우리 동네 일기 예보를 보고, 하루 중에서 바람의 속력이 가장 빠를 때와 느릴 때는 언제인지 이야기해 봅시다.

**1** 다음은 속력을 설명한 내용입니다. (    ) 안에 들어갈 알맞은 말을 각각 써 봅시다.

> 속력은 단위 시간 동안 물체가 이동한 거리로, (    ㉠    )을/를 (    ㉡    ) (으)로 나누어 구한다.

㉠: (                    ), ㉡: (                    )

**2** 다음 밑줄 친 부분의 속력을 읽거나 속력으로 나타내 봅시다.

(1) 자동차의 속력은 <u>50 km/h</u>이다.          (                    )

(2) 영희는 '<u>삼 미터 매 초</u>'의 속력으로 걷고 있다.   (                    )

**3** 여러 가지 물체의 속력에 대한 설명으로 옳은 것에 ○표, 옳지 <u>않은</u> 것에 ×표 해 봅시다.

(1) 1 시간 동안 25 km를 이동하면 속력이 25 km/h이다.          (        )

(2) 2 시간 동안 80 km를 이동하면 속력이 50 km/h이다.          (        )

(3) 4 시간 동안 120 km를 이동하면 속력이 30 km/h이다.         (        )

(4) (1)~(3) 중에서 속력이 가장 작은 것은 (2)이다.              (        )

**4** 다음은 속력이 크다는 것의 의미입니다. (    ) 안에 들어갈 알맞은 말에 각각 ○ 표 해 봅시다.

> • 물체가 ㉠ ( 빠르다, 느리다 )는 의미이다.
> • 같은 시간 동안 더 ㉡ ( 짧은, 긴 ) 거리를 이동한다는 의미이다.
> • 같은 거리를 이동하는 데 더 ㉢ ( 짧은, 긴 ) 시간이 걸린다는 의미이다.

**5** 일상생활에서 속력을 나타내는 예에 대한 설명으로 옳은 것에 ○표, 옳지 <u>않은</u> 것에 ×표 해 봅시다.

(1) 일기 예보에서 바람의 속력을 나타낸다.                      (        )

(2) 야구 경기에서 투수가 던진 공의 속력을 나타낸다.          (        )

(3) 자동차 운전석의 계기판에서 자동차의 속력을 나타낸다.    (        )

(4) 동물이 얼마나 빠르게 달리는지는 속력으로 나타낼 수 없다.  (        )

공부한 내용을

😊 자신 있게 설명할 수 있어요.

😐 설명하기 조금 힘들어요.

😞 어려워서 설명할 수 없어요.

# 5 속력과 관련된 안전 수칙과 안전장치에는 무엇이 있을까요

실험 관찰

**교통안전 수칙**

- 도로 주변에서 안전을 위해 지켜야 하는 규칙을 교통안전 수칙이라고 합니다.
- 교통수단이나 교통 시설을 이용할 때 교통안전 수칙을 지켜 안전사고를 예방합니다.

**자동차의 멈추개 페달**

멈추개 페달

자동차의 멈추개 페달은 자동차의 속력을 줄여서 멈추게 합니다.

**용어 사전**

★ **교통안전** 교통질서와 교통 법규를 잘 지켜 사고를 미연에 방지함.

★ **수칙** 행동이나 절차에 관하여 지켜야 할 사항을 정한 규칙

바른답·알찬풀이 25쪽

**스스로 확인해요**

『과학』 85쪽

1 물체가 ( 빠르게, 느리게 ) 운동할수록 멈추기가 어렵고, 충돌할 때 피해가 큽니다.

2 (문제해결력) 다음과 같이 자전거를 탈 때 필요한 속력과 관련된 안전장치에는 무엇이 있는지 설명해 봅시다.

① 속력과 관련된 교통안전 수칙 조사하기 탐구

**탐구 결과**

❶ 교통안전 수칙의 예: • 횡단보도가 아닌 곳에서는 길을 건너지 않습니다.
- 횡단보도를 건널 때에는 신호등이 초록불일 때 좌우를 살핀 뒤, 손을 들고 건넙니다.
- 횡단보도를 건널 때에는 책이나 스마트 기기를 보지 않고 좌우를 살피면서 건넙니다.
- 도로 옆 인도에서는 공놀이를 하지 않고, 공을 공 주머니에 넣어 들고 갑니다.

❷ 속력과 관련지어 ○표 한 사람이 안전한 까닭과 ×표 한 사람이 위험한 까닭

| ○표 한 사람이 안전한 까닭 | ×표 한 사람이 위험한 까닭 |
|---|---|
| • 공을 공 주머니에 넣고 가면 큰 속력으로 가는 자동차로 공이 갈 위험이 없음. <br> • 인도에서 자전거를 타지 않고 내려서 끌고 가면 속력이 작아서 사람과 부딪칠 위험이 적음. <br> • 좌우를 살피면 횡단보도에 큰 속력으로 다가오는 자동차를 미리 알 수 있음. <br> • 횡단보도를 손을 들고 건너면 운전하는 사람의 눈에 잘 띄어 자동차의 속력을 미리 줄일 수 있음. | • 신호등이 빨간불일 때 횡단보도를 건너면 큰 속력으로 다가오는 자동차에 부딪칠 위험이 있음. <br> • 차도 옆에서 공놀이를 하다가 공이 차도로 굴러가면 큰 속력으로 달리던 자동차의 운전자가 놀라 위험할 수 있음. <br> • 횡단보도를 스마트 기기를 보면서 건너면 큰 속력으로 다가오는 자동차를 보지 못함. <br> • 횡단보도가 아닌 곳에서 차도를 건너면 큰 속력으로 다가오는 자동차에 부딪칠 위험이 있음. |

② 속력과 관련된 안전장치를 조사하여 발표하기 탐구

| 안전띠 | 과속 방지 턱 | 에어백 | 어린이 보호 구역 표지판 |
|---|---|---|---|
| 자동차가 갑자기 멈추거나 다른 차와 충돌할 때 탑승자의 몸을 고정해 충격을 줄여 줌. | 운전자가 자동차의 속력을 줄이도록 하여 사고를 예방함. | 큰 속력으로 달리던 자동차가 충돌할 때 자동차에 탄 사람이 크게 다치는 것을 방지함. | 자동차가 정해진 속력으로 다닐 것을 안내하여 사고를 예방함.  |

과속 단속 카메라: 물체의 속력이 클수록 물체를 멈추기 어렵고, 충돌할 때 큰 충격을 받아 물체가 많이 파손되거나 사람이 크게 다칠 수 있으므로 자동차가 일정한 속력 이상으로 다니지 못하게 도로에 과속 단속 카메라를 설치해요.

**1** 다음은 무엇에 대한 설명인지 써 봅시다.

> • 도로 주변에서 안전을 위해 지켜야 하는 규칙이다.
> • 교통수단이나 교통 시설을 이용할 때 이 규칙을 지켜 안전사고를 예방한다.

(          )

**2** 교통안전 수칙을 지켜 안전하게 행동한 사람에 ○표, 교통안전 수칙을 지키지 않아 위험하게 행동한 사람에 ×표 해 봅시다.

(1) 횡단보도를 건널 때 스마트 기기를 보면서 건넌다.     (     )
(2) 신호등이 초록불로 바뀌자 바로 횡단보도를 건넌다.     (     )
(3) 도로 옆 인도에서 공을 공 주머니에 넣어 들고 간다.     (     )
(4) 횡단보도를 건널 때 좌우를 살피고 손을 들고 건넌다.     (     )

**[3~6]** 다음은 여러 가지 안전장치입니다. 물음에 답해 봅시다.

ㄱ

안전띠

ㄴ

과속 방지 턱

ㄷ

어린이 보호 구역 표지판

**3** 위에서 운전자가 자동차의 속력을 줄이도록 하여 사고를 예방하는 안전장치를 골라 기호를 써 봅시다.

(          )

**4** 위에서 자동차가 정해진 속력으로 다닐 것을 안내하여 사고를 예방하는 안전장치를 골라 기호를 써 봅시다.

(          )

**5** 위에서 자동차가 갑자기 멈추거나 다른 차와 충돌할 때 탑승자의 몸을 고정해 충격을 줄여주는 안전장치를 골라 기호를 써 봅시다.

(          )

**6** 다음 중 ㄱ~ㄷ과 관련된 것으로 가장 적절한 것은 어느 것입니까? (    )

① 시간      ② 속력      ③ 거리      ④ 방향      ⑤ 크기

---

창의적으로 생각해요   『과학』87 쪽

자율 주행 자동차를 사용할 때 어떤 장점과 단점이 있을지 이야기해 봅시다.

**예시 답안** • 장점: 자율 주행 자동차는 졸음운전이나 과속과 같은 위험한 운전을 하지 않는다. 자율 주행 자동차가 많아지면 교통 체증을 줄일 수 있다. 등
• 단점: 자율 주행 자동차는 교통사고 위험이 있을 때 사람처럼 유연하게 대처하기 어렵다. 자율 주행 자동차가 갑자기 고장 나면 위험한 일이 생길 수 있다. 등

**공부한 내용을**

 자신 있게 설명할 수 있어요.

 설명하기 조금 힘들어요.

어려워서 설명할 수 없어요.

**01** 다음은 속력을 구하는 방법에 대한 설명입니다. ( ) 안에 들어갈 알맞은 말을 각각 써 봅시다.

> 물체의 속력은 이동 거리를 ( ㉠ )(으)로 ( ㉡ ) 구한다.

㉠: (             ), ㉡: (             )

**중요**
**02** 다음 중 **30 km/h**를 옳게 읽은 것은 어느 것입니까? (     )

① 초속 삼십 미터
② 시속 삼십 미터
③ 삼십 미터 매 초
④ 삼십 킬로미터 매 초
⑤ 삼십 킬로미터 매 시

**서술형**
**03** 다음은 물체의 속력에 대한 학생 (가)~(다)의 대화입니다. 잘못 말한 학생은 누구인지 골라 쓰고, 맞게 고쳐서 설명해 봅시다.

속력이 크다는 것은 물체가 느리다는 의미야. (가)

2 m/s는 '이 미터 매 초'라고 읽어. (나)

걸린 시간과 이동 거리가 모두 다를 때 속력을 구해 빠르기를 비교해. (다)

**[04~05]** 다음은 여러 교통수단의 속력을 나타낸 것입니다. 물음에 답해 봅시다.

기차는 100 km/h의 속력으로 달리고 있음.

자전거는 15 km/h의 속력으로 달리고 있음.

버스는 3 시간 동안 300 km를 이동했음.

배는 2 시간 동안 90 km를 이동했음.

**04** 배의 속력은 몇 **km/h**인지 써 봅시다.

(             ) km/h

**중요**
**05** 다음 중 속력이 같은 교통수단끼리 짝 지은 것은 어느 것입니까? (     )

① 배와 버스
② 기차와 배
③ 기차와 버스
④ 자전거와 배
⑤ 버스와 자전거

**06** 다음 두 물체의 빠르기를 비교하여 >, =, < 중 ( ) 안에 들어갈 알맞은 기호를 써 봅시다.

| 1 시간 동안 40 km를 이동한 말 | (    ) | 2 시간 동안 120 km를 이동한 오토바이 |

**서술형**
**07** 일상생활에서 속력을 나타내는 예에는 무엇이 있는지 두 가지 설명해 봅시다.

**중요**

**08** 다음 중 교통안전 수칙을 실천하지 <u>않은</u> 것은 어느 것입니까? ( )

① 책을 보면서 횡단보도를 건너지 않는다.

② 신호등이 초록불일 때 횡단보도를 건넌다.

③ 횡단보도가 아닌 곳에서는 길을 건너지 않는다.

④ 횡단보도를 건널 때에는 좌우를 살핀 뒤, 손을 들고 건넌다.

⑤ 도로 옆 인도를 지날 때에는 주변의 차를 주의하면서 공놀이를 한다.

[09~10] 다음은 도로 주변의 여러 상황을 나타낸 것입니다. 물음에 답해 봅시다.

**09** 위 ㉠~㉤ 중에서 교통안전 수칙을 지키지 <u>않은</u> 학생을 두 명 골라 기호를 써 봅시다.

( , )

**서술형**

**10** 09번에서 교통안전 수칙을 지키지 <u>않은</u> 학생이 지켜야 할 교통안전 수칙은 무엇인지 설명해 봅시다.

........................................................................

........................................................................

**11** 다음 중 자동차가 갑자기 멈추거나 다른 차와 충돌할 때 탑승자의 몸을 고정해 충격을 줄여 주는 안전장치는 어느 것입니까? ( )

①
안전띠

② 에어백

③ 멈추개 페달
자동차 멈추개 페달

④ 과속 방지 턱

**중요**

**12** 도로에 설치된 안전장치에 대한 설명으로 옳은 것을 **보기**에서 골라 기호를 써 봅시다.

**보기**

㉠ 과속 방지 턱은 자동차가 미끄러지는 것을 방지하는 역할을 한다.

㉡ 횡단보도는 자동차가 다닐 수 없는 도로임을 안내하여 보행자를 보호한다.

㉢ 어린이 보호 구역 표지판은 학교 주변 도로에서 자동차가 정해진 속력으로 다닐 것을 안내하여 사고를 예방한다.

( )

**13** 다음 ( ) 안에 들어갈 알맞은 말을 써 봅시다.

안전띠, 과속 방지 턱, 에어백, 어린이 보호 구역 표지판은 모두 자동차의 ( )과/와 관련되어 있는 안전장치이다.

( )

# 속력과 관련된 안전 점검표 만들기

창의·융합 활동

도로나 도로 주변에서 지켜야 하는 교통안전 수칙 외에도 생활 속에서 지켜야 하는 속력과 관련된 안전 수칙이 있습니다. 학교의 계단이나 복도에서는 큰 속력으로 이동하지 않고, 천천히 걸어 다녀야 합니다. 또, 바퀴 달린 기구를 탈 때에는 안전모를 쓰고 큰 속력을 내지 않게 주의해야 합니다. 우리 주변에서 지켜야 하는 속력과 관련된 안전 수칙에 대해 알아보고, 이를 지키는 습관을 기를 수 있게 안전 점검표를 만들어 봅시다.

⬆ 계단에서 뛰어다니면 넘어질 위험이 있기 때문에 한 번에 한 칸씩 천천히 걸어서 이동해야 합니다.

⬆ 바퀴 달린 기구를 탈 때에 속력이 크면 다른 사람과 부딪쳤을 때 크게 다칠 수 있기 때문에 너무 큰 속력으로 타지 않아야 합니다.

### 학교 앞 교통안전 수칙

횡단보도에서 신호등이 초록불로 바뀌면 좌우를 살핀 뒤에 운전자가 쉽게 확인할 수 있도록 손을 들고 건너야 합니다. 횡단보도를 건널 때 우측통행을 해야 하며, 자전거와 같은 탈것을 타지 않고, 내려서 끌거나 들고 건너야 합니다. 횡단보도가 아닌 곳에서는 차도를 건너지 않습니다.
버스에서 내릴 때에는 천천히 내려야 합니다. 그리고 버스를 기다릴 때에는 차도에 내려서지 않고 정류장 내에서 기다리고, 버스가 완전히 정지한 뒤에 버스를 타야 합니다.
도로 주변의 인도를 걸을 때에는 공놀이를 하지 않고, 공을 공 주머니에 넣어 들고 가야 하며, 도로로 공이 굴러가더라도 곧바로 공을 따라가지 않아야 합니다. 그리고 자전거, 킥보드, 스케이트보드 등과 같은 탈것을 타지 않고, 내려서 끌거나 들고 다녀야 합니다.

### 용어 사전

★ 점검표  어떤 대상이나 일에 대하여 낱낱이 검사하는 표
★ 안전모  공장이나 작업장 또는 운동 경기에서 머리가 다치는 것을 막기 위하여 쓰는 모자

**1** 우리 주변에서 지켜야 할 속력과 관련된 안전 수칙에는 무엇이 있는지 모둠별로 토의해 봅시다.

> ✏️ **예시 답안** • 복도나 계단에서 뛰지 않는다.
> • 자전거를 탈 때에는 큰 속력을 내지 않고, 정해진 도로에서 탄다.
> • 횡단보도를 건너기 전에는 좌우를 살핀 뒤에 건넌다.
> • 횡단보도가 아닌 곳에서는 차도를 건너지 않는다.

우리 주변에서 지켜야 할 속력과 관련된 안전 수칙에는 무엇이 있을지 생각하고, 그 안전 수칙이 속력과 관련 있는 까닭을 모둠원들과 토의해요.

**2** 토의한 내용을 바탕으로 하여 속력과 관련된 안전 수칙 점검표를 만들고 일주일 동안 실천해 봅시다. 그리고 실천한 것에 ✅표 해 봅시다.

| 속력과 관련된 안전 수칙 | 확인 | | | | |
|---|---|---|---|---|---|
| | 월 | 화 | 수 | 목 | 금 |
| **예시 답안** 복도와 계단에서 뛰지 않는다. | ◯ | ◯ | ◯ | ◯ | ◯ |
| 횡단보도를 건너기 전 좌우를 살핀 뒤, 손을 들고 건넌다. | ◯ | ◯ | ◯ | ◯ | ◯ |
| 학교 앞 내리막길에서 자전거의 속력이 너무 커지지 않게 주의한다. | ◯ | ◯ | ◯ | ◯ | ◯ |

속력과 관련된 안전 수칙 점검표를 만들 때 안전 점검표 내용은 실제로 지키고 실천할 수 있는 것들로 구성해요.

**3** 일주일 동안 실천한 내용을 되돌아보고, 속력과 관련된 안전 수칙을 지키는 습관을 기르기 위해 더 노력해야 할 점을 써 봅시다.

> ✏️ **예시 답안** 학교 앞 내리막길에서 자전거의 속력이 나도 모르게 커질 때도 있었다. 학교 앞 내리막길에서는 자전거에서 내려, 자전거를 끌고 걸어가야 할 것 같다.

속력과 관련된 안전 수칙을 지키기 위해 더 노력할 점을 점검표로 만들어 다시 일주일 동안 실천하도록 하고, 이를 통해 속력과 관련된 안전 수칙을 지키는 것을 습관화해요.

## 이렇게 정리해요

빈칸에 알맞은 말을 넣고, 『과학』121 쪽에서 알맞은 붙임딱지를 찾아 붙여 내용을 정리해 봅시다.

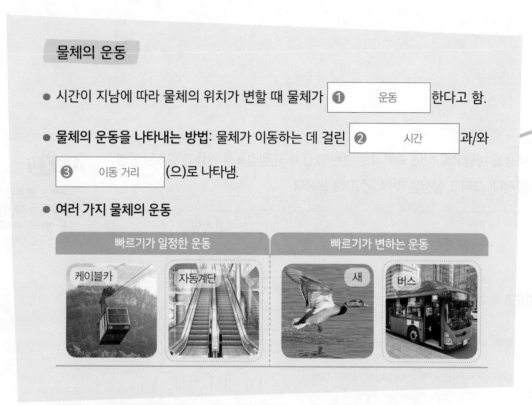

### 물체의 운동

● 시간이 지남에 따라 물체의 위치가 변할 때 물체가 ❶ [ 운동 ] 한다고 함.

● 물체의 운동을 나타내는 방법: 물체가 이동하는 데 걸린 ❷ [ 시간 ] 과/와
❸ [ 이동 거리 ] (으)로 나타냄.

● 여러 가지 물체의 운동

| 빠르기가 일정한 운동 | | 빠르기가 변하는 운동 | |
|---|---|---|---|
| 케이블카 | 자동계단 | 새 | 버스 |

풀이 시간이 지남에 따라 물체의 위치가 변할 때 물체가 운동한다고 하고, 물체의 운동은 걸린 시간과 이동 거리로 나타냅니다.

### 물체의 빠르기 비교

● 같은 거리를 이동한 물체의 빠르기: 걸린 시간이 ❹ ( 짧을수록, 길수록 ) 빠름.

● 같은 시간 동안 이동한 물체의 빠르기: 이동 거리가 ❺ ( 짧을수록, 길수록 ) 빠름.

풀이 같은 거리를 이동한 물체의 빠르기는 걸린 시간이 짧을수록 빠르고, 같은 시간 동안 이동한 물체의 빠르기는 이동 거리가 길수록 빠릅니다.

## 속력

- 속력: ⑥ [ 단위 시간 ] 동안 물체가 이동한 거리

속력 = ⑦ [ 이동 거리 ] ÷ 걸린 시간

- 속력의 단위: km/h, m/s 등

| ⑧ [ 20 km/h ] | 5 m/s |
|---|---|
| 1 시간 동안<br>20 km를 이동하는 속력임. | ⑨ [ 1 초 ] 동안<br>5 m를 이동하는 속력임. |

**풀이** 속력의 단위에서 km와 m는 이동 거리의 단위이고, h(시간)와 s(초)는 걸린 시간의 단위입니다.

물체의 운동

### 속력과 관련된 교통안전 수칙과 안전장치

- 속력과 관련된 교통안전 수칙의 예

도로 주변에서는 공을 공 주머니에 넣고 다님.

횡단보도를 건널 때에는 스마트 기기를 보지 않음.

- 속력과 관련된 안전장치의 예

어린이 보호 구역 표지판

과속 방지 턱

안전띠

**풀이** 속력이 큰 물체는 위험하기 때문에 우리 주변에는 속력과 관련된 다양한 안전장치가 있습니다.

### 직업 탐험하기 - 속력과 관련된 안전을 지키는 사람들

『과학』 92 쪽

우리 주변에는 속력과 관련된 안전을 지키는 사람들이 있습니다. 항공 교통관제사는 비행기 조종사에게 바람의 속력이나, 공항과 가까운 곳에 있는 다른 비행기의 위치와 속력을 알려 비행기가 안전하게 이륙하거나 착륙할 수 있게 도와줍니다. 해상 교통관제사는 항구 근처에 있는 배들의 위치와 속력 등을 파악해서 지휘하고, 항해사에게 다른 선박의 위치와 속력 등을 알려 안전한 운항을 할 수 있게 도와줍니다.

**창의적으로 생각해요**

속력을 관리하여 우리가 안전하게 생활할 수 있게 도와주는 일에는 무엇이 있을지 더 알아봅시다.

**예시 답안** · 교통경찰은 도로에서 자동차들의 속력과 관련된 안전을 지켜 주는 일을 한다.
· 도선사는 배를 육지에 잘 댈 수 있게 바람과 물의 속력을 파악하고, 배의 방향과 속력을 조정하는 일을 한다.

**1** 다음은 물체의 운동에 대한 설명입니다. ( ) 안에 들어갈 알맞은 말을 각각 써 봅시다.

> 시간이 지남에 따라 물체의 ( ㉠ )이/가 변할 때 물체가 운동했다고 한다. 물체의 운동은 물체가 이동하는 데 걸린 ( ㉡ )과/와 그 시간 동안 이동한 ( ㉢ )(으)로 나타낼 수 있다.

㉠: ( 위치 ), ㉡: ( 시간 ), ㉢: ( 거리 )

**풀이** 시간이 지남에 따라 물체의 위치가 변할 때 물체가 운동했다고 하고, 물체의 운동은 이동 거리와 물체가 이동하는 데 걸린 시간으로 나타냅니다.

**2** 빠르기가 일정한 운동을 하는 물체를 보기 에서 두 가지 골라 기호를 써 봅시다.

> 보기
>
> ㉠ 버스 ㉡ 케이블카 ㉢ 자동계단 ㉣ 스키 점프 선수

( ㉡ , ㉢ )

**풀이** 케이블카와 자동계단은 빠르기가 일정한 운동을 하고, 버스와 스키 점프 선수는 빠르기가 변하는 운동을 합니다.

**[3~4]** 다음은 여섯 학생의 이동 거리와 걸린 시간을 나타낸 표입니다. 물음에 답해 봅시다.

| 학생 | 이동 거리 | 걸린 시간 | 학생 | 이동 거리 | 걸린 시간 |
|------|----------|----------|------|----------|----------|
| 누리 | 50 m | 10 초 | 두리 | 12 m | 6 초 |
| 우리 | 18 m | 6 초 | 만세 | 50 m | 25 초 |
| 나라 | 50 m | 20 초 | 민준 | 30 m | 6 초 |

**3** 이동 거리가 같은 세 학생을 골라 빠른 학생부터 순서대로 써 봅시다.

( 누리 ) → ( 나라 ) → ( 만세 )

**풀이** 누리, 나라, 만세의 이동 거리가 50 m로 같으며, 이동 거리가 같을 때 걸린 시간이 짧은 학생일수록 빠릅니다.

**4** 걸린 시간이 같은 세 학생을 골라 빠른 학생부터 순서대로 써 봅시다.

( 민준 ) → ( 우리 ) → ( 두리 )

**풀이** 우리, 두리, 민준의 걸린 시간이 6 초로 같으며, 걸린 시간이 같을 때 이동 거리가 긴 학생일수록 빠릅니다.

**5** 다음은 세 교통수단의 이동 거리와 그 거리를 이동하는 데 걸린 시간을 나타낸 것입니다. 세 교통수단 중 속력이 <u>다른</u> 하나는 무엇인지 써 봅시다.

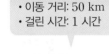
• 이동 거리: 50 km
• 걸린 시간: 1 시간

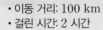
• 이동 거리: 100 km
• 걸린 시간: 2 시간

• 이동 거리: 120 km
• 걸린 시간: 3 시간

버스

승용차

트럭

( 　　트럭　　 )

**풀이** 속력은 이동 거리를 걸린 시간으로 나누어 구할 수 있습니다. 버스와 승용차의 속력은 50 km/h이고, 트럭의 속력은 40 km/h입니다.

**6** 다음 중 속력과 안전에 대한 설명으로 옳은 것은 어느 것입니까? ( ④ )

① 속력과 안전은 아무 관계가 없다.
② 도로에는 속력과 관련된 안전장치가 없다.
③ 물체의 속력이 클수록 물체를 멈추기 쉽다.
④ 자동차에는 안전띠나 에어백과 같은 안전장치가 있다.
⑤ 속력이 큰 물체가 사람에게 부딪쳐도 사람은 피해를 입지 않는다.

**풀이** 속력이 클수록 물체를 피하기 어렵고 속력이 큰 물체와 부딪치면 그 피해가 크기 때문에 속력과 안전은 밀접한 관계가 있습니다. 따라서 자동차에는 안전띠나 에어백과 같은 안전장치가 있습니다.

💡 사고력 ✏️ 문제 해결력

**7** 오른쪽 그림을 보고 위험한 점을 쓰고, 그림 속 학생들이 지켜야 하는 안전 수칙을 설명해 봅시다.

(1) **위험한 점:** **예시 답안** 공이 도로로 굴러가면 달리던 자동차가 갑자기 멈출 수 없어 위험하다.

(2) **안전 수칙:** **예시 답안** 도로 주변에서 공놀이를 하지 않는다.

**풀이** 달리던 자동차는 갑자기 멈추기 어렵기 때문에 공이 도로로 굴러가면 위험한 일이 일어날 수 있습니다. 따라서 도로 주변에서는 공놀이를 하지 않아야 하고, 이동할 때에는 공을 공 주머니에 넣어 들고 가야 합니다.

# 그림으로 단원 정리하기

그림을 보고, 빈칸에 알맞은 내용을 써 봅시다.

## 01 물체의 운동 나타내기    G 84쪽

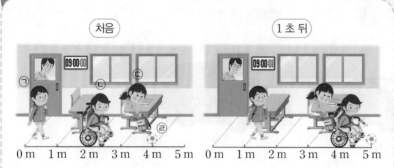

처음 | 1 초 뒤

ㄱ ㄴ ㄷ ㄹ
09:00:00 | 09:00:01
0 m 1 m 2 m 3 m 4 m 5 m    0 m 1 m 2 m 3 m 4 m 5 m

- 운동한 물체는 시간이 지남에 따라 ❶(    )이/가 변합니다.
- 운동한 물체는 ㉠, ㉡, ㉣이고, 운동하지 않은 물체는 ㉢입니다.
- 물체의 운동은 물체가 이동하는 데 걸린 시간과 ❷(    )(으)로 나타냅니다.

## 02 여러 가지 물체의 운동    G 84쪽

빠르기가 ❸(    ) 운동을 하는 물체

자동계단 | 수하물 컨베이어 | 리프트

빠르기가 ❹(    ) 운동을 하는 물체

새 | 버스 | 스키 점프 선수

우리 주변에는 빠르기가 일정한 운동을 하는 물체도 있고, 빠르기가 변하는 운동을 하는 물체도 있습니다.

## 03 같은 거리를 이동한 물체의 빠르기 비교    G 86쪽

여러 교통수단이 100 km를 이동하는 데 걸린 시간

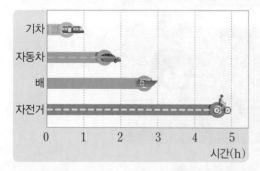

기차
자동차
배
자전거
0   1   2   3   4   5
시간(h)

- 같은 거리를 이동한 물체의 빠르기는 걸린 시간이 ❺(    ) 빠릅니다.
- 기차, 자동차, 배, 자전거 순서로 빠릅니다.

## 04 같은 시간 동안 이동한 물체의 빠르기 비교    G 87쪽

여러 교통수단이 2 시간 동안 이동한 거리

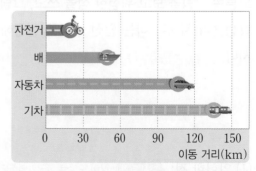

자전거
배
자동차
기차
0   30   60   90   120   150
이동 거리(km)

- 같은 시간 동안 이동한 물체의 빠르기는 이동 거리가 ❻(    ) 빠릅니다.
- 기차, 자동차, 배, 자전거 순서로 빠릅니다.

## 05 여러 교통수단의 속력 비교하기 G 90 쪽

1 시간 동안 100 km를 이동함.

1 시간 동안 70 km를 이동함.

3 시간 동안 60 km를 이동함.

4 시간 동안 200 km를 이동함.

2 시간 동안 70 km를 이동함.

기차의 속력은 ⑦ _____ km/h, 승용차의 속력은 70 km/h, 버스의 속력은 50 km/h, 배의 속력은 35 km/h, 자전거의 속력은 ⑧ _____ km/h입니다.

## 06 속력과 관련된 안전장치 G 92 쪽

에어백

⑨ _____

⑩ _____

어린이 보호 구역 표지판

속력이 큰 물체는 위험하기 때문에 우리 주변에는 속력과 관련된 다양한 안전장치가 있습니다.

## 07 속력과 관련된 교통안전 수칙 G 92 쪽

신호등이 초록불일 때 좌우를 살핀 뒤, 손을 들고 건넘.

도로 옆 인도를 지날 때에는 공놀이를 하지 않고, 공을 공 주머니에 넣어 들고 감.

인도에서는 자전거를 타지 않고, 자전거에 내려 자전거를 끌고 감.

책이나 스마트 기기를 보지 않음.

손을 들고 건넘.

좌우를 살피고 건넘.

⑪ _____ 이/가 아닌 곳에서는 길을 건너지 않음.

**01** 다음 중 운동하는 물체에 대한 설명으로 옳은 것은 어느 것입니까? ( )

① 위치에 따라 무게가 변하는 물체이다.
② 시간에 관계없이 제자리에 있는 물체이다.
③ 시간이 지남에 따라 무게가 변하는 물체이다.
④ 시간이 지남에 따라 위치가 변하는 물체이다.
⑤ 시간이 지남에 따라 모양이 변하는 물체이다.

[02~03] 다음은 1 초 간격으로 공원의 모습을 나타낸 것입니다. 물음에 답해 봅시다.

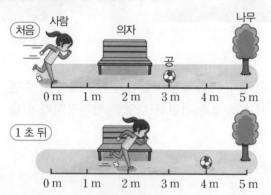

**02** 위에서 사람이 1 초 동안 이동한 거리로 옳은 것은 어느 것입니까? ( )

① 1 m  ② 2 m  ③ 3 m
④ 4 m  ⑤ 5 m

**03** 다음은 위 물체의 운동에 대한 학생 (가)~(다)의 대화입니다. 옳게 말한 학생은 누구인지 써 봅시다.

( )

**04** 다음 중 ⊙ 빠르기가 일정한 운동을 하는 물체와 ⓒ 빠르기가 변하는 운동을 하는 물체로 옳게 짝지은 것은 어느 것입니까? ( )

|   | ⊙ | ⓒ |
|---|---|---|
| ① | 버스 | 리프트 |
| ② | 리프트 | 자동계단 |
| ③ | 케이블카 | 수하물 컨베이어 |
| ④ | 스키 점프 선수 | 롤러코스터 |
| ⑤ | 수하물 컨베이어 | 버스 |

**05** 같은 거리를 이동한 물체의 빠르기를 비교하는 방법에 대한 설명으로 옳지 않은 것을 보기에서 골라 기호를 써 봅시다.

**보기**

⊙ 같은 거리를 이동한 물체의 빠르기는 걸린 시간으로 비교한다.
ⓒ 같은 거리를 이동하는 데 걸린 시간이 긴 물체일수록 빠른 물체이다.
ⓒ 수영, 쇼트 트랙, 마라톤은 같은 거리를 이동하는 데 걸린 시간으로 빠르기를 비교하는 운동 경기이다.

( )

**06** 다음은 같은 거리를 이동하는 비행 고깔의 빠르기를 비교하기 위한 비행 고깔 경주 실험을 설계하는 과정에 대한 설명입니다. ( ) 안에 들어갈 알맞은 말을 각각 써 봅시다.

같은 거리를 이동하는 비행 고깔의 빠르기를 비교하기 위해서 비행 고깔의 ( ⊙ )은/는 같게 해야 하고, 비행 고깔이 이동하는 데 걸린 ( ⓒ )을/를 측정해야 한다.

⊙: ( ), ⓒ: ( )

**07** 다음은 **10** 분 동안 여러 동물이 이동한 거리를 나타낸 것입니다. 말보다 느린 동물을 써 봅시다.

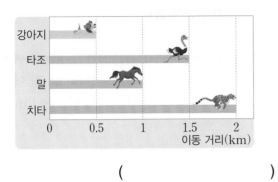

( )

**08** 다음 물체의 속력에 대한 설명으로 옳은 것은 어느 것입니까? ( )

> 30 초 동안 120 m를 이동하는 물체

① 물체의 속력은 5 m/s이다.
② 속력이 7 m/s인 자전거보다 빠르다.
③ 속력은 '사 미터 매 초'로 읽을 수 있다.
④ 20 초 동안 60 m를 이동하는 공보다 느리다.
⑤ 1 초 동안 2 m를 이동하는 오리의 빠르기와 같다.

**09** 다음은 물체의 이동 거리, 걸린 시간, 속력을 나타낸 것입니다. ( ) 안에 들어갈 알맞은 숫자를 각각 써 봅시다.

| 물체 | 이동 거리 (km) | 걸린 시간(h) | 속력(km/h) |
|---|---|---|---|
| 버스 | ( ㉠ ) | 2 | 50 |
| 비행기 | 900 | 3 | ( ㉡ ) |

㉠: ( ), ㉡: ( )

**10** 일상생활에서 속력을 나타내는 예로 옳지 <u>않은</u> 것을 보기에서 골라 기호를 써 봅시다.

> **보기**
> ㉠ 일기 예보에서 바람의 속력을 나타낸다.
> ㉡ 야구 경기에서 투수가 던진 공의 속력을 나타낸다.
> ㉢ 신호등에서 길을 건너고 있는 사람의 속력을 표시한다.

( )

**11** 다음 중 교통안전 수칙을 잘 실천한 것을 두 가지 골라 봅시다. ( , )

① 신호등이 빨간불일 때 횡단보도를 건넌다.
② 스마트 기기를 보면서 횡단보도를 건넌다.
③ 횡단보도를 건널 때는 좌우를 살핀 후, 손을 들고 건넌다.
④ 자동차가 다니지 않을 때 횡단보도가 아닌 곳에서 차도를 건넌다.
⑤ 인도나 횡단보도에서 자전거를 타지 않고, 내려서 자전거를 끌고 간다.

**12** 다음 중 큰 속력으로 달리던 자동차가 충돌할 때 자동차에 탄 사람이 크게 다치는 것을 방지하기 위한 안전장치는 어느 것입니까? ( )

①
안전띠

②
에어백

③
과속 방지 턱

④
어린이 보호 구역 표지판

**서술형 문제**

**13** 다음은 공원의 모습을 1 초 간격으로 나타낸 것입니다. 운동한 물체를 쓰고, 그 까닭을 설명해 봅시다.

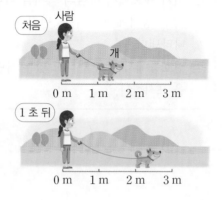

**14** 다음 물체들을 빠르기가 일정한 운동을 하는 물체와 빠르기가 변하는 운동을 하는 물체로 분류하여 설명해 봅시다.

> 자동계단, 스키 점프 선수, 리프트, 롤러코스터

**15** 다음과 같이 부채로 바람을 일으켜서 비행 고깔을 움직여 비행 고깔의 빠르기를 비교하려고 합니다. 비행 고깔이 이동한 거리로 빠르기를 비교할 수 있는 경주 방법을 설명해 봅시다.

**16** 다음은 동물들이 이동하는 데 걸린 시간과 이동 거리를 나타낸 것입니다. 가장 빠른 동물은 어느 것인지 설명해 봅시다.

> • 토끼: 나는 1 시간 동안 15 km를 이동했어.
> • 늑대: 나는 2 시간 동안 60 km를 이동했어.
> • 독수리: 나는 3 시간 동안 120 km를 이동했어.

**17** 다음은 도로 주변의 인도를 지나는 학생 (가)와 (나)의 모습을 나타낸 것입니다. 두 학생은 교통안전 수칙을 잘 실천했는지 설명해 봅시다.

**18** 다음은 도로 주변에서 찾아볼 수 있는 안전장치인 어린이 보호 구역 표지판입니다. 어린이 보호 구역 표지판은 어떤 역할을 하는지 설명해 봅시다.

**01** 다음은 물체의 운동을 1 초 간격으로 나타낸 것입니다.

처음                    1 초 뒤

(가)    (나) (다)
              (라)

0 m 1 m 2 m 3 m 4 m 5 m          0 m 1 m 2 m 3 m 4 m 5 m

(1) 다음 ( ) 안에 들어갈 알맞은 말을 각각 써 봅시다.

> ( ㉠ )이/가 지남에 따라 물체의 ( ㉡ )이/가 변하면 물체가 운동한 것이다.

㉠: (              ), ㉡: (              )

(2) (가)~(라)는 운동을 하였는지 설명해 봅시다.

_____

성취 기준

일상생활에서 물체의 운동을 관찰하여 속력을 정성적으로 비교할 수 있다.

출제 의도

그림을 관찰하여 운동한 물체와 운동하지 않은 물체를 설명하는 문제예요.

관련 개념

물체의 운동을 나타내는 방법
G 84 쪽

**4**
단원

공부한 날

월

일

**02** 다음은 학교 주변의 상황을 설명한 내용의 글입니다.

> 횡단보도의 신호등이 초록불로 바뀌자 학생 (가)는 ㉠ 바로 길을 건너기 시작했고, 학생 (나)는 버스 정류장에 버스가 도착하기 전에 ㉡ 미리 차도에 내려가서 도착한 버스를 탔다. 어린이 보호 구역 표지판이 있지만 일부 자동차들은 ㉢ 속력을 줄이지 않고 달리던 속력 그대로 빠르게 횡단보도를 지나갔다.

(1) ㉠~㉢에서 교통안전 수칙을 지키지 않은 까닭을 설명해 봅시다.

_____

_____

(2) ㉢에서 사고를 예방할 수 있는 안전장치를 쓰고, 그 까닭을 설명해 봅시다.

_____

_____

성취 기준

일상생활에서 속력과 관련된 안전 사항과 안전장치의 예를 찾아 발표할 수 있다.

출제 의도

교통안전 수칙을 지키는 것이 중요한 까닭을 속력과 관련지어 이해하고, 속력과 관련된 다양한 안전장치와 그 기능을 알게 하는 문제예요.

관련 개념

속력과 관련된 교통안전 수칙 조사하기, 속력과 관련된 안전장치를 조사하여 발표하기
G 92 쪽

**01** 다음은 물체의 운동에 대한 설명입니다. ( ) 안에 들어갈 알맞은 말을 써 봅시다.

> 시간이 지남에 따라 물체의 ( )이/가
> 변할 때 물체가 운동을 한다고 한다. 1 초 동
> 안 5 m 이동한 물체는 운동을 한 것이다.

( )

**02** 물체의 운동을 나타내는 방법으로 옳은 것을 보기에서 골라 기호를 써 봅시다.

**보기**
> ㉠ 물체의 위치로 나타낸다.
> ㉡ 물체가 이동하는 데 걸린 시간으로 나타낸다.
> ㉢ 물체가 이동하는 데 걸린 시간과 이동 거리로 나타낸다.

( )

**03** 다음 중 빠르기가 일정한 운동을 하는 것은 어느 것입니까? ( )

① 움직이다가 멈추는 개

② 날아가다가 물 위에 앉는 새

③ 롤러코스터

④ 케이블카

**[04~05]** 다음은 학생들의 이동 거리와 걸린 시간을 나타낸 것입니다. 물음에 답해 봅시다.

| 학생 | 이동 거리 | 걸린 시간 |
|------|---------|---------|
| (가) | 40 m | 5 초 |
| (나) | 30 m | 3 초 |
| (다) | 40 m | 4 초 |
| (라) | 50 m | 3 초 |
| (마) | 20 m | 3 초 |
| (바) | 40 m | 6 초 |

**04** 이동 거리가 같은 학생 중에서 가장 빠른 학생은 누구인지 써 봅시다.

( )

**05** 걸린 시간이 같은 학생 중에서 가장 느린 학생은 누구인지 써 봅시다.

( )

**06** 다음은 물체의 빠르기를 비교하는 방법에 대한 학생 (가), (나)의 대화입니다. 학생의 대화와 같이 물체의 빠르기를 비교할 때 같게 해야 하는 것으로 옳은 것은 어느 것입니까? ( )

물체의 빠르기를 이동한 거리로 비교해.
(가)

긴 거리를 이동한 물체일수록 빨라.
(나)

① 위치　　② 시간　　③ 거리
④ 빠르기　　⑤ 시간과 거리

→ 바른답·알찬풀이 29쪽

**07** 물체의 속력에 대한 설명으로 옳지 <u>않은</u> 것을 보기 에서 골라 기호를 써 봅시다.

보기

> ㉠ 물체가 이동하는 데 걸린 시간을 이동 거리로 나누어 속력을 구할 수 있다.
> ㉡ 걸린 시간과 이동 거리가 모두 다른 물체의 빠르기는 속력으로 비교한다.
> ㉢ 20 km/h는 '이십 킬로미터 매 시'로 읽고, 물체가 1 시간 동안 20 km를 이동함을 의미한다.

( 　　　　　 )

**08** 다음은 여러 교통수단이 이동하는 데 걸린 시간과 이동 거리를 나타낸 것입니다. 속력이 큰 교통수단부터 순서대로 써 봅시다.

> • 버스: 1 시간 동안 45 km를 이동했다.
> • 자전거: 2 시간 동안 60 km를 이동했다.
> • 배: 3 시간 동안 150 km를 이동했다.
> • 기차: 4 시간 동안 320 km를 이동했다.

( 　　 ) → ( 　　 ) → ( 　　 ) → ( 　　 )

**09** 다음 중 교통안전 수칙을 잘 지킨 것은 어느 것입니까? ( 　　 )

①
횡단보도가 아닌 곳에서 차도를 건넘.

②
도로 주변에서 공놀이를 함.

③
인도에서 자전거를 끌고 감.

④
빨간불일 때 횡단보도를 건넘.

**10** 오른쪽은 학생이 차도를 건너는 모습입니다. 이 학생이 지켜야 할 교통안전 수칙으로 옳은 것은 어느 것입니까? ( 　　 )

① 친구들과 손을 잡고 건넌다.
② 신호등이 빨간불일 때 건넌다.
③ 횡단보도를 건널 때 뛰어서 건넌다.
④ 횡단보도가 아닌 곳에서 차도를 건너지 않는다.
⑤ 횡단보도를 건널 때에는 스마트 기기를 보지 않는다.

**11** 다음과 같이 자동차에 설치된 안전장치 ㉠은 큰 속력으로 달리던 자동차가 충돌할 때 자동차에 탄 사람이 크게 다치는 것을 방지합니다. 이 안전장치의 이름을 써 봅시다.

( 　　　　　 )

**12** 도로에 설치된 안전장치에 대한 설명으로 옳지 <u>않은</u> 것을 보기 에서 골라 기호를 써 봅시다.

보기

> ㉠ 과속 방지 턱은 자동차의 속력을 줄이도록 하여 사고를 예방한다.
> ㉡ 어린이 보호 구역 표지판은 자동차가 지나다니지 않도록 안내하여 사고를 예방한다.
> ㉢ 횡단보도는 보행자가 안전하게 길을 건널 수 있도록 보행자를 보호하는 역할을 한다.

( 　　　　　 )

서술형 문제

**13** 다음은 숨바꼭질 놀이를 하는 모습으로 술래인 (가)가 숫자를 세는 동안 (나)와 (다)는 숨을 곳을 찾아 이동합니다. 술래가 숫자를 세고 있는 동안 (가)~(다)는 운동을 하였는지 설명해 봅시다.

**14** 오른쪽은 놀이터에 있는 그네입니다. 그네를 타는 동안 빠르기가 어떻게 달라지는지 설명해 봅시다.

**15** 다음은 1 시간 동안 여러 교통수단이 이동한 거리를 나타낸 것입니다. 가장 빠른 교통수단을 골라 쓰고, 그 까닭을 설명해 봅시다.

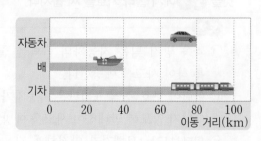

**16** 다음은 여러 동물들의 이동 거리와 걸린 시간을 나타낸 것입니다. 동물들의 빠르기를 비교하기 위한 방법을 설명해 봅시다.

| 동물 | 이동 거리 | 걸린 시간 |
|------|---------|---------|
| 호랑이 | 150 m | 4 초 |
| 여우 | 90 m | 3 초 |
| 독수리 | 60 m | 1 초 |
| 사슴 | 50 m | 2 초 |

**17** 다음 학생의 위험한 행동을 교통안전 수칙을 지키는 안전한 행동으로 고쳐 설명해 봅시다.

**18** 다음은 학생 ㉠이 달리는 자동차 안에 있는 모습을 나타낸 것입니다. 학생은 안전을 위해 어떻게 해야 하는지 설명해 봅시다.

## 수행평가 2회

**01** 오른쪽은 부채로 바람을 일으켜서 비행 고깔을 움직여 같은 거리를 이동한 비행 고깔의 빠르기를 비교하는 경주를 하는 모습입니다.

비행 고깔

부채

(1) 다음은 위 실험을 하기 위한 설계 내용입니다. ( ) 안에 들어갈 알맞은 말을 각각 써 봅시다.

| 같게 해야 하는 것 | 측정해야 하는 것 |
|---|---|
| • 실이 수평을 이루어야 한다.<br>• 실이 팽팽한 정도가 같아야 한다.<br>• 비행 고깔의 ( ㉠ )이/가 같아야 한다. | 비행 고깔이 같은 거리를 이동하는 데 ( ㉡ )을/를 측정해야 한다. |

㉠: ( ), ㉡: ( )

(2) (1)의 설계를 이용하여 비행 고깔의 빠르기를 비교할 수 있는 경주 방법을 설명해 봅시다.

_____

**성취 기준**

일상생활에서 물체의 운동을 관찰하여 속력을 정성적으로 비교할 수 있다.

**출제 의도**

비행 고깔을 이용하여 같은 거리를 이동한 물체의 빠르기를 비교하는 실험을 직접 설계하고, 실험을 통해 같은 거리를 이동한 물체의 빠르기는 걸린 시간이 짧을수록 빠르다는 일반화를 시키는 문제예요.

**관련 개념**

같은 거리를 이동한 물체의 빠르기 비교하기  G 86 쪽

**4**
단원

공부한 날

월

일

**02** 오른쪽은 제한 속도가 100 km/h인 고속도로에서 자동차가 과속 단속 카메라 앞을 지나는 순간을 나타낸 모습입니다.

과속 단속 카메라

자동차

2시간 동안 180 km 이동

(1) 자동차가 일정한 빠르기로 과속 단속 카메라 앞까지 2 시간 동안 180 km를 이동해 왔을 때 자동차의 속력을 구하는 식을 쓰고, 속력을 구해 봅시다.

_____

(2) 자동차는 과속을 했는지 속력의 크기를 비교하여 설명해 봅시다.

_____

(3) 고속도로에서 자동차의 과속 단속을 하는 까닭을 속력과 관련된 교통안전 수칙과 관련지어 설명해 봅시다.

_____

**성취 기준**

물체의 이동 거리와 걸린 시간을 조사하여 속력을 구할 수 있다.

**출제 의도**

속력의 뜻을 이해하고, 단위를 사용하여 속력을 표현할 수 있으며, 자동차의 속력이 클 때 생기는 위험을 설명하는 문제예요.

**관련 개념**

물체의 속력 나타내기, 속력과 관련된 안전장치를 조사하여 발표하기  G 90 쪽, 92 쪽

# 5 산과 염기

이 단원에서 무엇을 공부할지 알아보아요.

| 공부할 내용 | 쪽수 | 교과서 쪽수 |
|---|---|---|
| **1** 여러 가지 용액을 어떻게 분류할까요 | 114～115 쪽 | 『과학』 96～97 쪽<br>『실험 관찰』 46～47 쪽 |
| **2** 지시약을 이용해 용액을 어떻게 분류할까요 | 116～117 쪽 | 『과학』 98～101 쪽<br>『실험 관찰』 48～50 쪽 |
| **3** 산성 용액과 염기성 용액은 어떤 성질이 있을까요 | 120～121 쪽 | 『과학』 102～103 쪽<br>『실험 관찰』 51 쪽 |
| **4** 산성 용액과 염기성 용액을 섞으면 어떻게 될까요<br>**5** 우리 생활에서 산성 용액과 염기성 용액을 어떻게 이용할까요 | 122～123 쪽 | 『과학』 104～107 쪽<br>『실험 관찰』 52～53 쪽 |

# 색깔이 변하는 그림

빨랫비누 물로 그림을 그려 보고, 빨랫비누 물과 만나면 색깔이 변하는 용액을 이용해 친구들이
어떤 그림을 그렸는지 확인해 봅시다.

### 열 고개로 비밀 그림 알아맞히기

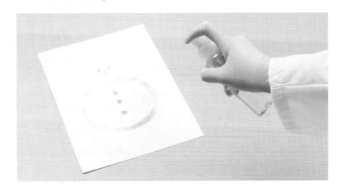

❶ 열 고개 문제로 제시할 대상을 생각해 봅시다.

❷ 도화지에 생각한 대상을 빨랫비누 물로 그리고, 그림을 잠시 동안 말립니다.

❸ 서로 짝이 그린 그림에 대해 질문하고, 대답은 "예." 또는 "아니요."로만 합니다. 질문은 열
번까지만 할 수 있습니다.

❹ 질문이 끝나면 짝이 그린 그림에 페놀프탈레인 용액을 뿌려 그림을 확인해 봅시다.

● 빨랫비누 물로 그린 그림에 페놀프탈레인 용액을 뿌렸을 때 나타나는 변화를 이야기하고, 왜 그
러한 변화가 나타나는지 생각해 봅시다.

> **예시 답안** 그림에 페놀프탈레인 용액을 뿌리면 빨랫비누 물로 그린 부분이 붉은색으로 변한다. 페놀프탈레인 용액이 빨
> 랫비누 물과 만나면 색깔이 변하는 성질이 있기 때문이다.

# 여러 가지 용액을 어떻게 분류할까요

실험 동영상

## ① 여러 가지 용액을 관찰하여 분류하기 탐구

**1** 여러 가지 용액 관찰하기

| 구분 | 색깔 | | 냄새 | | 투명도 | | 흔들었을 때 거품이 유지되는 시간 | |
|---|---|---|---|---|---|---|---|---|
| | 있음. | 없음. | 남. | 나지 않음. | 투명함. | 불투명 함. | 5 초 이상 | 5 초 이하 |
| 식초 | ○ | | ○ | | ○ | | | ○ |
| 레몬즙 | ○ | | ○ | | | ○ | | ○ |
| 사이다 | | ○ | ○ | | ○ | | | ○ |
| 빨랫비누 물 | ○ | | ○ | | | ○ | ○ | |
| 유리 세정제 | ○ | | ○ | | ○ | | ○ | |
| 석회수 | | ○ | | ○ | ○ | | | ○ |
| 묽은 염산 | | ○ | - | - | ○ | | | ○ |
| 묽은 수산화 나트륨 용액 | | ○ | | ○ | ○ | | | ○ |

묽은 염산은 자극성이 강하므로 냄새를 맡지 않아요.

**2** 분류 기준에 따라 여러 가지 용액 분류하기

| 분류 기준 | 그렇다. | 그렇지 않다. |
|---|---|---|
| 용액에 색깔이 있는가? | 식초, 레몬즙, 빨랫비누 물, 유리 세정제 | 사이다, 석회수, 묽은 염산, 묽은 수산화 나트륨 용액 |
| 용액에서 냄새가 나는가? | 식초, 레몬즙, 사이다, 빨랫비누 물, 유리 세정제 | 석회수, 묽은 수산화 나트륨 용액 |
| 용액이 투명한가? | 식초, 사이다, 유리 세정제, 석회수, 묽은 염산, 묽은 수산화 나트륨 용액 | 레몬즙, 빨랫비누 물 |
| 용액을 흔들었을 때 거품이 5 초 이상 유지되는가? | 빨랫비누 물, 유리 세정제 | 식초, 레몬즙, 사이다, 석회수, 묽은 염산, 묽은 수산화 나트륨 용액 |

## ② 여러 가지 용액의 분류

**1** 용액의 색깔, 냄새, 투명도, 흔들었을 때 거품이 유지되는 시간 등의 성질을 관찰하면 공통점과 차이점이 있습니다.

**2** **용액의 분류 기준:** 용액의 공통점과 차이점을 바탕으로 하여 용액의 분류 기준을 정합니다. 예 용액에 색깔이 있는가? 용액에서 냄새가 나는가? 용액이 투명한가? 용액을 흔들었을 때 거품이 5 초 이상 유지되는가?

---

**여러 가지 용액의 공통점과 차이점**

여러 가지 용액을 관찰한 결과 ○표 한 내용이 같은 것은 공통점이고, 다른 것은 차이점입니다.
예 식초와 레몬즙은 냄새가 난다는 공통점이 있고, 투명도는 서로 다릅니다.

**용액의 색깔**

식초는 연한 노란색, 레몬즙은 노란색, 빨랫비누 물은 연한 회색, 유리 세정제는 푸른색입니다.

**용어 사전**

★ **분류** 탐구 대상을 종류나 특징에 따라 무리 짓는 것

바른답·알찬풀이 32 쪽

**스스로 확인해요**

『과학』 97 쪽

**1** 여러 가지 용액을 분류할 때에는 용액의 색깔, 냄새, 투명도 등의 (　　　)을/를 관찰한 뒤, 분류 기준을 정해 분류합니다.

**2** 사고력 용액의 색깔, 냄새, 투명도와 같은 성질만으로 용액을 분류하면 어떤 어려움이 있는지 설명해 봅시다.

[1~3] 다음은 여러 가지 용액입니다. 물음에 답해 봅시다.

식초  레몬즙  사이다  빨랫비누 물  유리 세정제  석회수  묽은 염산  묽은 수산화 나트륨 용액

**1** 위의 여러 가지 용액에 대한 설명으로 옳은 것에 ○표, 옳지 <u>않은</u> 것에 ×표 해 봅시다.

(1) 식초는 색깔이 있다. ( )

(2) 사이다는 냄새가 나지 않는다. ( )

(3) 묽은 수산화 나트륨 용액은 투명하다. ( )

**2** 위의 여러 가지 용액 중 불투명한 용액 두 가지를 써 봅시다.

( , )

**3** 위의 사이다와 유리 세정제를 분류 기준 '용액에 색깔이 있는가?'에 따라 옳게 분류하여 선으로 이어 봅시다.

(1) | 사이다 | ·          · ㉠ | 그렇다. |

(2) | 유리 세정제 | ·          · ㉡ | 그렇지 않다. |

**4** 다음 ( ) 안에 들어갈 알맞은 말에 각각 ○표 해 봅시다.

석회수와 묽은 염산의 공통점은 색깔이 ㉠ ( 있고, 없고 ), ㉡ ( 투명, 불투명 ) 하다는 것이다.

**공부한 내용을**

😊 자신 있게 설명할 수 있어요.

😐 설명하기 조금 힘들어요.

😣 어려워서 설명할 수 없어요.

5 단원

공부한 날

월

일

# 지시약을 이용해 용액을 어떻게 분류할까요

## 1 지시약을 이용해 용액 분류하기 탐구

(푸른색으로 변한 경우: ●, 붉은색으로 변한 경우: ●, 색깔 변화가 없는 경우: ○)

| 구분 | 식초 | 레몬즙 | 사이다 | 묽은 염산 | 빨랫 비누 물 | 유리 세정제 | 석회수 | 묽은 수산화 나트륨 용액 |
|---|---|---|---|---|---|---|---|---|
| 붉은색 리트머스 종이 | ○ | ○ | ○ | ○ | ● | ● | ● | ● |
| 푸른색 리트머스 종이 | ● | ● | ● | ● | ○ | ○ | ○ | ○ |
| 페놀프탈레인 용액 | ○ | ○ | ○ | ○ | ● | ● | ● | ● |

푸른색 리트머스 종이를 붉은색으로 변하게 하고, 페놀프탈레인 용액의 색깔을 변하게 하지 않는 공통적인 성질이 있어요. → 산성 용액이에요.

붉은색 리트머스 종이를 푸른색으로 변하게 하고, 페놀프탈레인 용액의 색깔을 붉은색으로 변하게 하는 공통적인 성질이 있어요. → 염기성 용액이에요.

## 2 지시약을 만들어 산성 용액과 염기성 용액 구분하기 탐구

**1 붉은 양배추 지시약의 색깔 변화**

| 구분 | 산성 용액 | | | 염기성 용액 | | |
|---|---|---|---|---|---|---|
| | 식초 | 레몬즙 | 묽은 염산 | 빨랫비누 물 | 석회수 | 묽은 수산화 나트륨 용액 |
| 붉은 양배추 지시약 | 붉은색 | 붉은색 | 붉은색 | 연한 푸른색 | 연한 푸른색 | 노란색 |

**2 붉은 양배추 지시약으로 용액 구분하기**

① 요구르트는 붉은 양배추 지시약의 색깔을 붉은색으로 변하게 합니다. → 요구르트는 산성 용액입니다.

② 물에 녹인 치약은 붉은 양배추 지시약의 색깔을 푸른색으로 변하게 합니다. → 물에 녹인 치약은 염기성 용액입니다.

## 3 산성 용액과 염기성 용액

| 산성 용액 | 염기성 용액 |
|---|---|
| • 푸른색 리트머스 종이를 붉은색으로 변하게 함.<br>• 페놀프탈레인 용액의 색깔을 변하게 하지 않음.<br>• 붉은 양배추 지시약의 색깔을 붉은색 계열로 변하게 함.<br>예 식초, 레몬즙, 사이다, 묽은 염산, 요구르트 | • 붉은색 리트머스 종이를 푸른색으로 변하게 함.<br>• 페놀프탈레인 용액의 색깔을 붉은색으로 변하게 함.<br>• 붉은 양배추 지시약의 색깔을 푸른색이나 노란색 계열로 변하게 함.<br>예 빨랫비누 물, 유리 세정제, 석회수, 묽은 수산화 나트륨 용액, 물에 녹인 치약 |

---

실험 관찰

**붉은 양배추 지시약 만들기**

① 붉은 양배추를 가위로 잘라 비커에 담습니다.

② 면장갑을 끼고 비커에 붉은 양배추가 잠길 정도로 뜨거운 물을 붓습니다.

③ 붉은 양배추를 우려낸 용액을 충분히 식힌 뒤, 체로 걸러 내고 거른 용액을 점적병에 담아 사용합니다.

**용어 사전**

★ **지시약** 어떤 용액에 넣었을 때 그 용액의 성질에 따라 색깔이 변하는 물질

바른답·알찬풀이 32 쪽

**스스로 확인해요**

『과학』 101 쪽

1 푸른색 리트머스 종이가 붉은색으로 변하는 용액은 ( 산성 용액, 염기성 용액 )이고, 페놀프탈레인 용액의 색깔이 붉은색으로 변하는 용액은 ( 산성 용액, 염기성 용액 )입니다.

2 탐구능력 붉은 양배추를 우려낸 용액으로 천을 물들이면 보라색을 띱니다. 이 천에 식초와 빨랫비누 물을 각각 떨어뜨리면 어떤 변화가 나타날지 설명해 봅시다.

→ 바른답·알찬풀이 32 쪽

## 문제로 개념 탄탄

**1** 다음 여러 가지 용액 중 해당하는 것을 골라 써 봅시다.

> 사이다　　　빨랫비누 물　　　유리 세정제　　　묽은 염산

(1) 붉은색 리트머스 종이를 푸른색으로 변하게 하는 용액 두 가지

(　　　　　　　　　,　　　　　　　　　)

(2) 푸른색 리트머스 종이를 붉은색으로 변하게 하는 용액 두 가지

(　　　　　　　　　,　　　　　　　　　)

5
단원

공부한 날

월

일

**2** 다음 중 페놀프탈레인 용액의 색깔을 붉은색으로 변하게 하는 것에 ○표, 변하게 하지 <u>않는</u> 것에 ×표 해 봅시다.

(1) 레몬즙 (　　　)　　　(2) 석회수 (　　　)　　　(3) 묽은 수산화 나트륨 용액 (　　　)

**3** 다음 식초와 빨랫비누 물에 붉은 양배추 지시약을 떨어뜨렸을 때의 색깔 변화로 옳은 것을 선으로 이어 봅시다.

(1) | 식초 | ・

・ ㉠ | 푸른색 계열 |

(2) | 빨랫비누 물 | ・

・ ㉡ | 붉은색 계열 |

**4** 다음 (　　) 안에 들어갈 알맞은 말에 각각 ○표 해 봅시다.

> • ㉠ ( 산성, 염기성 ) 용액은 페놀프탈레인 용액의 색깔을 붉은색으로 변하게 한다.
> • ㉡ ( 산성, 염기성 ) 용액은 붉은 양배추 지시약의 색깔을 붉은색 계열로 변하게 한다.

**공부한 내용을**

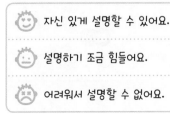

😊 자신 있게 설명할 수 있어요.

😐 설명하기 조금 힘들어요.

😣 어려워서 설명할 수 없어요.

문제로
## 실력 쑥쑥

**[01~02]** 다음 여러 가지 용액을 보고, 물음에 답해 봅시다.

식초  빨랫비누 물  유리 세정제  묽은 염산  묽은 수산화 나트륨 용액

**01** 위의 여러 가지 용액을 관찰한 내용으로 옳은 것은 어느 것입니까? ( )

① 빨랫비누 물은 투명하다.

② 묽은 염산은 색깔이 없다.

③ 유리 세정제는 냄새가 나지 않는다.

④ 묽은 수산화 나트륨 용액은 불투명하다.

⑤ 식초는 흔들었을 때 거품이 5 초 이상 유지된다.

**02** 위의 여러 가지 용액 중 다음과 같은 특징을 나타내는 물질을 써 봅시다.

- 색깔이 있고, 투명하다.
- 흔들었을 때 거품이 5 초 이상 유지된다.

( )

중요
**03** 다음 분류 기준에 따라 분류할 때 "그렇지 않다."에 해당하는 용액을 **보기**에서 골라 기호를 써 봅시다.

분류 기준: 용액에서 냄새가 나는가?

그렇다. ──────── 그렇지 않다.

**보기**
ⓐ 레몬즙　　ⓑ 사이다　　ⓒ 석회수

( )

서술형
**04** 식초와 사이다의 공통점을 두 가지 설명해 봅시다.

.............................................................

.............................................................

**[05~06]** 다음은 여러 가지 용액에 붉은색 리트머스 종이와 푸른색 리트머스 종이를 각각 넣었을 때 리트머스 종이의 색깔 변화입니다. 물음에 답해 봅시다.

(푸른색으로 변한 경우: ●, 붉은색으로 변한 경우: ●, 변화가 없는 경우: ○)

| 구분 | 레몬즙 | 사이다 | 유리 세정제 | 묽은 염산 | 묽은 수산화 나트륨 용액 |
|---|---|---|---|---|---|
| 붉은색 리트머스 종이 | ○ | ○ | ● | ○ | ● |
| 푸른색 리트머스 종이 | ● | ● | ○ | ● | ○ |

**05** 위의 여러 가지 용액을 다음과 같이 분류할 때 산성과 염기성 중에서 ( ) 안에 들어갈 알맞은 말을 각각 써 봅시다.

| ( ⓐ ) 용액 | ( ⓑ ) 용액 |
|---|---|
| 레몬즙, 사이다, 묽은 염산 | 유리 세정제, 묽은 수산화 나트륨 용액 |

ⓐ: ( ), ⓑ: ( )

**06** 다음 분류 기준에 따라 위의 여러 가지 용액을 분류한 결과에서 잘못 분류한 용액을 써 봅시다.

분류 기준: 페놀프탈레인 용액의 색깔을 붉은색으로 변하게 하는가?

그렇다. ──────── 그렇지 않다.

레몬즙, 유리 세정제, 묽은 수산화 나트륨 용액 　｜　 사이다, 묽은 염산

( )

→ 바른답·알찬풀이 33 쪽

**중요**

**07** 다음은 식초에 대한 설명입니다. ( ) 안에 들어 갈 알맞은 말을 옳게 짝 지은 것은 어느 것입니까?
( )

> 식초는 푸른색 리트머스 종이의 색깔을 ( ㉠ ) 하므로 ( ㉡ ) 용액이다.

| | ㉠ | ㉡ |
|---|---|---|
| ① | 변하지 않게 | 산성 |
| ② | 변하지 않게 | 염기성 |
| ③ | 붉은색으로 변하게 | 산성 |
| ④ | 붉은색으로 변하게 | 염기성 |
| ⑤ | 노란색으로 변하게 | 산성 |

**08** 석회수와 빨랫비누 물의 공통점으로 옳지 <u>않은</u> 것을 **보기**에서 골라 기호를 써 봅시다.

> **보기**
>
> ㉠ 페놀프탈레인 용액의 색깔을 변하게 하지 않는다.
> ㉡ 붉은색 리트머스 종이를 푸른색으로 변하게 한다.
> ㉢ 붉은 양배추 지시약의 색깔을 푸른색 계열로 변하게 한다.

( )

**09** 다음은 푸른색 리트머스 종이와 페놀프탈레인 용액의 공통점에 대한 학생 (가)~(다)의 대화입니다. <u>잘못</u> 말한 학생은 누구인지 써 봅시다.

지시약이야.

산성 용액에서 붉은색으로 변해.

용액을 분류하는 데 이용할 수 있어.

(가)　　　　(나)　　　　(다)

( )

**[10~12]** 다음은 24 홈판에 여러 가지 용액을 넣은 뒤, 붉은 양배추 지시약을 각각 5 방울씩 넣었을 때 색깔이 변한 모습입니다. 물음에 답해 봅시다.

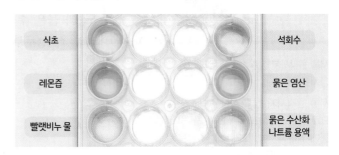

식초　　　　　　　　　　석회수

레몬즙　　　　　　　　　묽은 염산

빨랫비누 물　　　　　　묽은 수산화 나트륨 용액

**10** 위 실험에 대한 설명으로 옳은 것은 어느 것입니까?
( )

① 레몬즙은 염기성 용액이다.
② 묽은 수산화 나트륨 용액은 산성 용액이다.
③ 산성 용액은 붉은 양배추 지시약의 색깔을 붉은색 계열로 변하게 한다.
④ 산성 용액은 붉은 양배추 지시약의 색깔을 푸른색 계열로 변하게 한다.
⑤ 염기성 용액은 붉은 양배추 지시약의 색깔을 붉은색 계열로 변하게 한다.

**중요**

**11** 다음은 요구르트와 물에 녹인 치약에 붉은 양배추 지시약을 각각 5 방울씩 넣었을 때 색깔이 변한 모습입니다. 위 실험 결과를 바탕으로 하여 요구르트와 물에 녹인 치약 중 산성 용액은 무엇인지 써 봅시다.

요구르트　　　　　　　　물에 녹인 치약

( )

**서술형**

**12** 위 **11**번과 같이 답한 까닭을 붉은 양배추 지시약의 색깔 변화와 관련지어 설명해 봅시다.

_____

_____

# 3 산성 용액과 염기성 용액은 어떤 성질이 있을까요

서울 원각사지 십층 석탑에 유리 보호 장치를 한 까닭

서울 원각사지 십층 석탑은 대리암으로 만든 석탑이므로 산성을 띤 빗물에 훼손되거나, 새의 배설물 같은 산성 물질이 닿아 녹을 수 있습니다. 이를 막기 위해 유리 보호 장치를 합니다.

- 유리 보호 장치
- 서울 원각사지 십층 석탑

**용어 사전**

★ 대리암 석회암이 높은 압력과 열을 받아 성질이 변한 돌

바른답·알찬풀이 34 쪽

**스스로 확인해요**

『과학』 103 쪽

1 ( 산성 용액, 염기성 용액 )은 달걀 껍데기와 대리암 조각을 녹입니다. ( 산성 용액, 염기성 용액 )은 삶은 달걀흰자와 두부를 녹여 흐물흐물하게 만듭니다.

2 (의사소통 능력) 산성을 띠는 비가 내리면 대리암으로 만든 석탑이나 조각상이 어떻게 될지 이야기해 봅시다.

## ① 산성 용액과 염기성 용액의 성질 비교하기 탐구

**탐구 과정**

묽은 염산과 묽은 수산화 나트륨 용액에 각각 달걀 껍데기, 삶은 달걀흰자, 대리암 조각, 두부를 넣고 변화를 관찰합니다.

**탐구 결과**

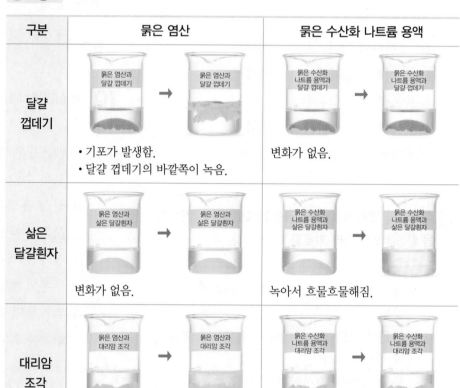

| 구분 | 묽은 염산 | 묽은 수산화 나트륨 용액 |
|------|-----------|------------------------|
| 달걀 껍데기 | • 기포가 발생함.<br>• 달걀 껍데기의 바깥쪽이 녹음. | 변화가 없음. |
| 삶은 달걀흰자 | 변화가 없음. | 녹아서 흐물흐물해짐. |
| 대리암 조각 | • 기포가 발생함.<br>• 대리암 조각이 녹음. | 변화가 없음. |
| 두부 | 변화가 없음. | • 녹아서 흐물흐물해짐.<br>• 용액이 뿌옇게 흐려짐. |

## ② 산성 용액과 염기성 용액의 성질

| 산성 용액 | 달걀 껍데기와 대리암 조각을 녹이지만, 삶은 달걀흰자와 두부를 녹이지 못함. |
|------|------|
| 염기성 용액 | 삶은 달걀흰자와 두부를 녹이지만, 달걀 껍데기와 대리암 조각을 녹이지 못함. |

# 문제로 개념 탄탄

**1** 다음은 묽은 염산과 묽은 수산화 나트륨 용액에 대리암 조각, 달걀 껍데기, 두부를 각각 넣었을 때 일어나는 변화에 대한 설명입니다. 옳은 것에 ○표, 옳지 않은 것에 ×표 해 봅시다.

(1) 묽은 수산화 나트륨 용액에 넣은 대리암 조각은 아무런 변화가 없다.
(      )

(2) 묽은 염산에 넣은 달걀 껍데기는 기포가 발생하면서 바깥쪽이 녹는다.
(      )

(3) 묽은 수산화 나트륨 용액에 넣은 두부는 단단하게 뭉치고 색깔이 검정색으로 변한다.
(      )

**2** 다음은 어떤 용액에 삶은 달걀흰자를 넣어 삶은 달걀흰자가 흐물흐물해진 모습입니다. 묽은 염산과 묽은 수산화 나트륨 용액 중 삶은 달걀흰자를 넣은 용액으로 옳은 것을 써 봅시다.

삶은 달걀흰자

(           )

[3~4] 다음은 산성 용액 또는 염기성 용액의 성질입니다. 물음에 답해 봅시다.

> **보기**
>
> ㉠ 삶은 달걀흰자와 두부를 녹인다.
> ㉡ 달걀 껍데기와 대리암 조각을 녹인다.
> ㉢ 삶은 달걀흰자와 두부를 녹이지 못한다.
> ㉣ 달걀 껍데기와 대리암 조각을 녹이지 못한다.

**3** 산성 용액의 성질을 **보기**에서 두 가지 골라 기호를 써 봅시다.
(     ,     )

**4** 염기성 용액의 성질을 **보기**에서 두 가지 골라 기호를 써 봅시다.
(     ,     )

**공부한 날**

월

일

**공부한 내용을**

 자신 있게 설명할 수 있어요.

 설명하기 조금 힘들어요.

 어려워서 설명할 수 없어요.

# 산성 용액과 염기성 용액을 섞으면 어떻게 될까요
# 우리 생활에서 산성 용액과 염기성 용액을 어떻게 이용할까요

**1** 산성 용액과 염기성 용액을 섞었을 때의 변화

**1** 산성 용액과 염기성 용액을 섞었을 때의 변화 관찰하기 탐구

① 붉은 양배추 지시약을 넣은 묽은 염산 10 방울에 묽은 수산화 나트륨 용액 넣기

| 구분 | 넣어 준 묽은 수산화 나트륨 용액의 방울 수 | | | | | |
|---|---|---|---|---|---|---|
| | 0 방울 | 5 방울 | 10 방울 | 15 방울 | 20 방울 | 25 방울 |
| 붉은 양배추 지시약의 색깔 변화 | | | | | | |

② 붉은 양배추 지시약을 넣은 묽은 수산화 나트륨 용액 10 방울에 묽은 염산 넣기

| 구분 | 넣어 준 묽은 염산의 방울 수 | | | | | |
|---|---|---|---|---|---|---|
| | 0 방울 | 5 방울 | 10 방울 | 15 방울 | 20 방울 | 25 방울 |
| 붉은 양배추 지시약의 색깔 변화 | | | | | | |

③ 지시약의 색깔 변화와 붉은 양배추 지시약의 색깔 변화표 비교하기

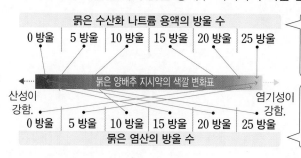

붉은 양배추 지시약을 넣은 묽은 염산에 묽은 수산화 나트륨 용액을 넣을수록 지시약의 색깔이 붉은색에서 보라색, 녹색을 거쳐 노란색으로 변해요.

붉은 양배추 지시약을 넣은 묽은 수산화 나트륨 용액에 묽은 염산을 넣을수록 지시약의 색깔이 노란색에서 녹색, 보라색을 거쳐 붉은색으로 변해요.

**2** 산성 용액과 염기성 용액을 섞었을 때 용액의 성질 변화: 산성 용액에 염기성 용액을 넣을수록 산성이 약해지다가 염기성 용액으로 변합니다. 또, 염기성 용액에 산성 용액을 넣을수록 염기성이 약해지다가 산성 용액으로 변합니다.

**2** 산성 용액과 염기성 용액의 이용 탐구

| 구분 | 용액의 이름 | 이용하는 예 |
|---|---|---|
| 산성 용액 | 레몬즙 | 비린내가 나는 생선에 레몬즙을 뿌려 비린내를 없앰. |
| | 식초 | 식초로 생선 비린내가 나는 도마를 닦아 비린내를 없앰. |
| | 변기용 세제 | 변기용 세제로 화장실 변기의 때와 냄새를 없앰. |
| 염기성 용액 | 하수구 세척액 | 하수구 세척액으로 머리카락 등이 쌓여 막힌 하수구를 뚫음. |
| | 차량용 이물질 제거제 | 차량용 이물질 제거제로 자동차에 묻은 새 배설물이나 벌레 자국을 닦음. |
| | 표백제 | 표백제로 욕실의 때를 닦아 없앰. |

---

붉은 양배추 지시약은 산성 용액에서 붉은색 계열, 염기성 용액에서 푸른색 또는 노란색 계열로 변해요.

**용어 사전**

★ 표백제 오염되어 색이 변한 것을 하얗게 해 주는 약제

바른답·알찬풀이 **34** 쪽

스스로  확인해요

『과학』105 쪽

**1** 묽은 수산화 나트륨 용액에 묽은 염산을 넣을수록 염기성이 약해지다가 산성 용액으로 변합니다.

( ○, × )

**2** (문제 해결력) 염산이 유출되는 사고가 발생하면 염기성을 띠는 소석회를 뿌려 해결한다고 합니다. 소석회를 사용하는 까닭을 설명해 봅시다.

『과학』107 쪽

**1** 화장실 변기의 때와 냄새를 없앨 때 이용하는 변기용 세제는 ( ) 용액이고, 막힌 하수구를 뚫을 때 이용하는 하수구 세척액은 ( ) 용액입니다.

**2** (사고력) 생선 비린내를 없앨 때 식초나 레몬즙을 이용하는 것으로 보아 생선 비린내를 일으키는 물질의 성질이 산성인지 염기성인지 설명해 봅시다.

➜ 바른답·알찬풀이 34 쪽

# 문제로 개념 탄탄

**1** 다음 중 붉은 양배추 지시약을 넣은 묽은 염산 10 방울에 묽은 수산화 나트륨 용액을 가장 많이 넣은 것을 **보기**에서 골라 기호를 써 봅시다.

**보기**

         ㄱ         ㄴ         ㄷ

(           )

**2** 다음은 붉은 양배추 지시약을 넣은 묽은 수산화 나트륨 용액 10 방울에 묽은 염산을 넣었을 때에 대한 설명입니다. ( ) 안에 들어갈 알맞은 말에 각각 ○표 해 봅시다.

- 묽은 염산을 넣을수록 지시약의 색깔이 노란색 계열에서 ㄱ ( 흰색, 붉은색 ) 계열로 변한다.
- 염기성 용액에 산성 용액을 넣을수록 ㄴ ( 산성, 염기성 )이 약해지다가 ㄷ ( 산성, 염기성 ) 용액으로 변한다.

**3** 오른쪽과 같이 생선 비린내가 나는 도마를 닦을 때 이용하는 식초가 산성 용액인지 염기성 용액인지 써 봅시다.

식초

(           )

**4** 산성 용액과 염기성 용액을 이용한 예로 옳은 것을 선으로 이어 봅시다.

(1) | 산성 용액 | •

(2) | 염기성 용액 | •

• ㄱ | 변기용 세제로 화장실 변기의 때와 냄새를 없앰.

• ㄴ | 하수구 세척액으로 머리카락 등이 쌓여 막힌 하수구를 뚫음.

---

**창의적으로 생각해요** 『과학』109 쪽

오늘 하루 동안 먹은 음식과 사용한 물질 중에 산성 물질이나 염기성 물질이 들어 있는 것을 이야기해 봅시다.

**예시 답안** • 아침에 먹은 귤에는 산성 물질이 들어 있다.
• 점심에 먹은 묵은 김치에는 산성 물질이 들어 있다.
• 저녁에 먹은 오렌지주스에는 산성 물질이 들어 있다.

**공부한 내용을**

 자신 있게 설명할 수 있어요.

 설명하기 조금 힘들어요.

 어려워서 설명할 수 없어요.

5 단원

공부한 날

월

일

**01** 묽은 염산에 달걀 껍데기를 넣고 충분한 시간이 지났을 때의 모습에 대한 설명으로 옳은 것을 보기에서 골라 기호를 써 봅시다.

보기
ㄱ 달걀 껍데기의 크기가 커진다.
ㄴ 달걀 껍데기의 바깥쪽이 녹는다.
ㄷ 달걀 껍데기에 아무런 변화가 없다.

(        )

[02~03] 오른쪽은 묽은 수산화 나트륨 용액에 두부를 넣은 모습입니다. 물음에 답해 봅시다.

묽은 수산화 나트륨 용액과 두부
두부

**02** 위 실험에서 묽은 수산화 나트륨 용액에 두부를 넣고 충분한 시간이 지났을 때의 모습으로 옳은 것을 골라 기호를 써 봅시다.

ㄱ 묽은 수산화 나트륨 용액과 두부

ㄴ 묽은 수산화 나트륨 용액과 두부

(        )

서술형
**03** 위 02번에서 답한 묽은 수산화 나트륨 용액에 두부를 넣었을 때의 변화를 설명해 봅시다.

_____

_____

중요
**04** 다음 중 산성 용액과 염기성 용액에 대한 설명으로 옳은 것은 어느 것입니까? (     )

① 산성 용액은 대리암 조각을 녹인다.
② 염기성 용액은 달걀 껍데기를 녹인다.
③ 산성 용액에 넣은 두부는 푸른색으로 변한다.
④ 산성 용액에 넣은 삶은 달걀흰자는 흐물흐물해진다.
⑤ 염기성 용액에 넣은 삶은 달걀흰자는 아무런 변화가 없다.

**05** 다음 중 대리암 조각을 넣었을 때의 변화가 나머지와 다른 하나는 어느 것입니까? (     )

① 석회수  ② 식초  ③ 유리 세정제  ④ 묽은 수산화 나트륨 용액

**06** 다음은 붉은 양배추 지시약을 넣은 묽은 수산화 나트륨 용액 10 방울에 묽은 염산의 방울 수를 각각 다르게 넣었을 때 지시약의 색깔이 변한 모습입니다. 넣어 준 묽은 염산의 양이 적은 것부터 순서대로 기호를 써 봅시다.

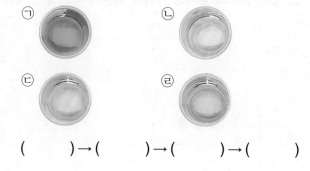
ㄱ     ㄴ
ㄷ     ㄹ

(    ) → (    ) → (    ) → (    )

→ 바른답·알찬풀이 35 쪽

[07~08] 다음은 붉은 양배추 지시약의 색깔 변화표입니다. 물음에 답해 봅시다.

ⓐ

| 붉은 양배추 지시약의 색깔 변화표 |
|---|

ⓑ

**중요**
**07** 위 ㉠과 ㉡ 중 산성이 강할 때의 색깔로 옳은 것을 골라 기호를 써 봅시다.

( )

**서술형**
**08** 위 색깔 변화표에서 붉은 양배추 지시약을 넣은 묽은 염산에 묽은 수산화 나트륨 용액을 넣을수록 지시약의 색깔이 변하는 방향과 그 까닭을 설명해 봅시다.

................................................................

................................................................

**09** 다음과 같이 붉은 양배추 지시약을 넣은 묽은 수산화 나트륨 용액에 묽은 염산을 넣었을 때 지시약의 색깔이 변했습니다. 이때 용액의 성질은 어떻게 변했는지 ( ) 안에 들어가는 알맞은 말을 각각 써 봅시다.

( ) 용액 → ( ) 용액

**중요**
**10** 생선 비린내가 나는 도마를 닦을 때 다음과 같이 식초를 이용합니다. 식초 대신 이용하기 적절한 용액을 **보기**에서 골라 기호를 써 봅시다.

**보기**
㉠ 레몬즙
㉡ 석회수
㉢ 유리 세정제

( )

[11~12] 다음은 우리 생활에서 산성 용액과 염기성 용액을 이용하는 예입니다. 물음에 답해 봅시다.

변기용 세제로 화장실 변기의 때와 냄새를 없앰.

차량용 이물질 제거제로 자동차에 묻은 새 배설물이나 벌레 자국을 닦음.

**11** 위의 변기용 세제와 차량용 이물질 제거제가 산성 용액인지 염기성 용액인지 각각 써 봅시다.

⑴ 변기용 세제: ( ) 용액

⑵ 차량용 이물질 제거제: ( ) 용액

**12** 다음 학생 (가)와 (나)의 대화에서 위의 차량용 이물질 제거제와 같은 성질의 용액을 이용한 예를 말한 학생은 누구인지 써 봅시다.

하수구 세척액으로 머리카락 등이 쌓여 막힌 하수구를 뚫을 수 있어.

비린내가 나는 생선에 레몬즙을 뿌려 비린내를 없앨 수 있어.

(가)       (나)

( )

5 단원

공부한 날

월

일

# 천연 재료로 지시약 시험지 만들기

지시약은 보일(Boyle, R., 1627~1691)이 처음으로 발견했습니다. 보일은 실험하던 중에 산성 물질이 묻은 보라색 제비꽃을 물에 담갔다가 꽃이 붉은색으로 변하는 것을 보았습니다. 그 뒤 보일은 여러 가지 식물로 실험을 하여 붉은 장미, 붉은 튤립, 리트머스이끼 등이 용액의 성질에 따라 색깔이 변하는 성질이 있다는 것을 알아냈습니다. 리트머스 이끼에서 얻은 물질로 만든 리트머스 종이는 지금도 많이 이용하는 지시약입니다. 리트머스 종이와 같이 천연 재료를 이용한 지시약 시험지를 만들어 봅시다.

### 지시약이란?

지시약은 어떤 용액에 넣었을 때 그 용액의 성질에 따라 색깔이 변하는 물질입니다. 지시약으로 용액의 성질이나 화학 반응이 모두 진행되었는지 등을 알 수 있습니다. 많이 사용하는 지시약에는 리트머스 종이와 페놀프탈레인 용액이 있습니다. 산성 용액은 푸른색 리트머스 종이를 붉은색으로 변하게 합니다. 염기성 용액은 붉은색 리트머스 종이를 푸른색으로 변하게 하고, 페놀프탈레인 용액의 색깔은 붉은색으로 변하게 합니다.

용어 사전

★ 천연 재료 사람이 만들어 낸 것이 아닌 자연 그대로의 물질

**1** 우리 주변에서 지시약으로 이용할 수 있는 천연 재료와 그 천연 재료로 지시약을 만드는 방법을 조사해 봅시다.

실험 동영상

 예시 답안
- 지시약으로 이용할 수 있는 천연 재료에는 붉은 장미꽃, 검은콩, 비트 등이 있다.
- 붉은 장미꽃 지시약을 만드는 방법은 붉은 장미 꽃잎을 가위로 잘게 잘라 뜨거운 물에 담가 두거나 물에 넣고 끓이는 것이다. 또는 붉은 장미 꽃잎을 에탄올에 넣고 물중탕을 하는 것이다.
- 검은콩 지시약을 만드는 방법은 검은콩을 반나절 정도 뜨거운 물에 담가 두거나 물에 넣고 끓이는 것이다.

 활동꿀팁

붉은 장미꽃, 검은콩, 비트 등 색깔이 있는 몇 가지 식물을 이용해서 지시약을 만들 수 있어요.

**5** 단원

공부한 날

월

일

**2** 다음을 보고 천연 지시약 시험지를 만들어 봅시다.

① **1**에서 조사한 방법대로 천연 지시약을 만들고, 충분히 식힌 뒤 페트리 접시에 담습니다.

② 천연 지시약이 담긴 페트리 접시에 핀셋으로 거름종이를 담급니다.

③ 거름종이를 꺼내 쟁반에 올려놓고 머리 말리개로 말립니다.

④ 말린 거름종이를 적당한 크기로 잘라 천연 지시약 시험지를 만듭니다.

**3** **2**에서 만든 천연 지시약 시험지를 페트리 접시에 올려놓고, 산성 용액과 염기성 용액을 떨어뜨린 뒤 색깔 변화를 관찰해 봅시다.

 활동꿀팁

붉은 장미꽃 지시약과 검은콩 지시약도 용액의 성질에 따라 다른 색깔을 나타내요.

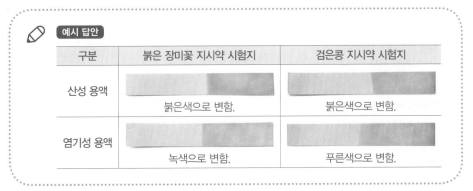

 예시 답안

| 구분 | 붉은 장미꽃 지시약 시험지 | 검은콩 지시약 시험지 |
|---|---|---|
| 산성 용액 | 붉은색으로 변함. | 붉은색으로 변함. |
| 염기성 용액 | 녹색으로 변함. | 푸른색으로 변함. |

단원 마무리하기

**이렇게 정리해요**

빈칸에 알맞은 말을 넣고, 『과학』121 쪽에서 알맞은 붙임딱지를 찾아 붙여 내용을 정리해 봅시다.

## 여러 가지 용액을 분류하는 방법

● 용액의 분류 방법: 여러 가지 용액의 성질을 관찰한 뒤, 용액을 분류할 수 있는

**① 기준(분류 기준)** 을/를 정해 분류함.

● 용액을 분류할 수 있는 성질: 색깔, 냄새, 투명도 등

**풀이** 여러 가지 용액을 분류할 때에는 용액의 색깔, 냄새, 투명도 등의 성질을 관찰한 뒤, 분류 기준을 정해 분류합니다.

## 지시약을 이용한 용액의 분류

● **② 지시약** : 어떤 용액에 넣었을 때 그 용액의 성질에 따라 색깔이 변하는 물질

● 산성 용액과 염기성 용액

| 구분 | 산성 용액 | 염기성 용액 |
|---|---|---|
| 용액의 예 | 식초, 레몬즙, 사이다, 묽은 염산 | 빨랫비누 물, 유리 세정제, 석회수, 묽은 수산화 나트륨 용액 |
| 리트머스 종이의 색깔 변화 | 푸른색 리트머스 종이가 붉은색으로 변함. | 붉은색 리트머스 종이가 **③ 푸른색** (으)로 변함. |
| 페놀프탈레인 용액의 색깔 변화 | 변화 없음. | **④ 붉은색** (으)로 변함. |
| 붉은 양배추 지시약의 색깔 변화 | **⑤ 붉은색** 계열로 변함. | 푸른색이나 노란색 계열로 변함. |

**풀이** 염기성 용액은 붉은색 리트머스 종이를 푸른색으로 변하게 하고, 페놀프탈레인 용액의 색깔을 붉은색으로 변하게 합니다. 산성 용액은 붉은 양배추 지시약의 색깔을 붉은색 계열로 변하게 합니다.

## 산성 용액과 염기성 용액의 성질 비교

| ❻ 산성 용액 | ❼ 염기성 용액 |
|---|---|
| 달걀 껍데기와 대리암 조각은 녹이지만, 삶은 달걀흰자와 두부는 녹이지 못함. | 삶은 달걀흰자와 두부는 녹이지만, 달걀 껍데기와 대리암 조각은 녹이지 못함. |

달걀 껍데기와 대리암 조각의 변화 | 삶은 달걀흰자와 두부의 변화

**풀이** 산성 용액은 달걀 껍데기와 대리암 조각을 녹이지만, 삶은 달걀흰자와 두부를 녹이지 못합니다. 염기성 용액은 삶은 달걀흰자와 두부를 녹이지만, 달걀 껍데기와 대리암 조각을 녹이지 못합니다.

**산과 염기**

## 산성 용액과 염기성 용액을 섞었을 때의 변화

● 산성 용액에 염기성 용액을 넣을수록 ❽ ( 산성, 염기성 )이 약해지다가 염기성 용액으로 변함.

● 염기성 용액에 산성 용액을 넣을수록 염기성이 ❾ ( 약해, 강해 )지다가 산성 용액으로 변함.

**풀이** 산성 용액에 염기성 용액을 넣을수록 산성이 약해지다가 염기성 용액으로 변하고, 염기성 용액에 산성 용액을 넣을수록 염기성이 약해지다가 산성 용액으로 변합니다.

## 산성 용액과 염기성 용액을 이용하는 예

| 산성 용액의 이용 | | 염기성 용액의 이용 | |
|---|---|---|---|
|  식초 | 변기용 세제 |  하수구 세척액 |  차량용 이물질 제거제 |

**풀이** 변기용 세제는 산성 용액, 차량용 이물질 제거제는 염기성 용액입니다.

**직업 탐험하기**

### 화학 물질로부터 우리의 안전을 지키는 화학 물질 안전 관리사

『과학』114 쪽

화학 물질은 우리 생활에 꼭 필요한 물질이지만, 일부는 유출되면 사람이나 자연환경에 피해를 주기도 합니다. 화학 물질 안전 관리사는 화학 물질을 관리해 사고와 위험으로부터 우리의 안전을 지키는 일을 합니다.

**창의적으로 생각해요**

내가 화학 물질 안전 관리사라면 우리 학교의 실험실에서 화학 물질 사고가 발생하지 않게 어떤 일을 할 수 있을지 이야기해 봅시다.

**예시 답안** 보안경, 실험용 장갑, 면장갑, 실험복 등 보호 장구를 구비한다. 실험실에서의 안전 수칙과 사고 대처 방법을 정리해 안전 교육을 실시한다. 모든 위험물 용기에는 위험성에 관한 표지를 부착해 안전하게 사용할 수 있도록 한다.

## 교과서 쏙쏙

**문제로 확인하기**

**1** 다음과 같이 여러 가지 용액을 분류했을 때 분류 기준으로 옳은 것을 보기 에서 골라 기호를 써 봅시다.

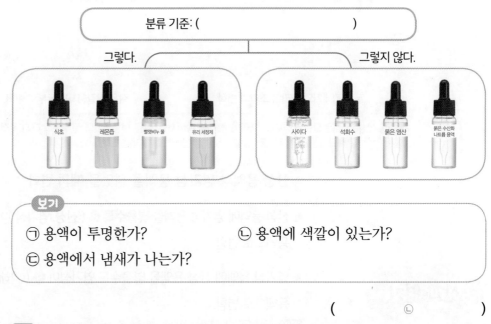

분류 기준: (                  )

그렇다.                  그렇지 않다.

식초   레몬즙   빨랫비누 물   유리 세정제     사이다   석회수   묽은 염산   묽은 수산화 나트륨 용액

**보기**

㉠ 용액이 투명한가?          ㉡ 용액에 색깔이 있는가?

㉢ 용액에서 냄새가 나는가?

(       ㉡       )

**풀이** 식초는 연한 노란색, 레몬즙은 노란색, 빨랫비누 물은 연한 회색, 유리 세정제는 푸른색입니다. 하지만 사이다, 석회수, 묽은 염산, 묽은 수산화 나트륨 용액은 색깔이 없습니다. 따라서 "용액에 색깔이 있는가?"라는 분류 기준으로 여러 가지 용액을 분류할 수 있습니다.

**2** 다음 중 지시약에 대한 설명으로 옳은 것을 두 가지 골라 봅시다.

(   ①   ,   ⑤   )

① 리트머스 종이는 지시약이다.
② 어떤 용액에 넣었을 때 변화가 나타나지 않는 물질이다.
③ 페놀프탈레인 용액은 산성 용액에서 붉은색으로 변한다.
④ 지시약은 투명한 용액의 성질을 알아보는 데 이용할 수 없다.
⑤ 지시약을 이용해 용액을 산성 용액과 염기성 용액으로 분류할 수 있다.

**풀이** 지시약은 어떤 용액에 넣었을 때 그 용액의 성질에 따라 색깔이 변하는 물질로, 투명한 용액의 성질을 알아보는 데에도 이용할 수 있습니다. 페놀프탈레인 용액은 산성 용액에서 색깔이 변하지 않습니다.

**3** 어떤 용액에 달걀 껍데기를 넣어 두었더니 오른쪽과 같이 기포가 발생하면서 달걀 껍데기의 바깥쪽이 녹아 없어졌습니다. 이 용액이 산성 용액인지 염기성 용액인지 써 봅시다.

달걀 껍데기

(      산성 용액      )

**풀이** 산성 용액에 달걀 껍데기를 넣으면 기포가 발생하면서 달걀 껍데기의 바깥쪽이 녹아 없어집니다.

**4** 붉은 양배추 지시약을 넣은 묽은 수산화 나트륨 용액에 묽은 염산을 계속 넣을 때 나타나는 변화로 옳은 것을 보기 에서 두 가지 골라 기호를 써 봅시다.

> **보기**
>
> ㉠ 지시약의 색깔은 변하지 않는다.
> ㉡ 묽은 염산을 넣을수록 염기성이 약해진다.
> ㉢ 지시약의 색깔이 노란색 계열에서 점차 붉은색 계열로 변한다.

( ㉡ , ㉢ )

**풀이** 묽은 수산화 나트륨 용액에 묽은 염산을 넣을수록 염기성이 약해집니다. 따라서 붉은 양배추 지시약의 색깔이 노란색 계열에서 점차 붉은색 계열로 변합니다.

---

사고력 │ 탐구 능력

**5** 오른쪽은 어떤 용액에 붉은색 리트머스 종이를 넣었을 때와 페놀프탈레인 용액을 떨어뜨렸을 때의 모습입니다. 이 용액에 붉은 양배추 지시약을 떨어뜨리면 어떤 계열의 색깔로 변하는지 그 까닭과 함께 설명해 봅시다.

붉은색 리트머스 종이의 색깔 변화

페놀프탈레인 용액의 색깔 변화

**예시 답안** 이 용액은 염기성 용액이므로 붉은 양배추 지시약의 색깔이 푸른색이나 노란색 계열로 변할 것이다.

**풀이** 붉은색 리트머스 종이를 푸른색으로 변하게 하고, 페놀프탈레인 용액의 색깔을 붉은색으로 변하게 하는 용액은 염기성 용액입니다.

---

사고력 │ 문제 해결력

**6** 다음 아버지와 두리의 대화를 보고 두리가 생각한 방법을 산성 용액이나 염기성 용액의 이용과 관련지어 설명해 봅시다.

**예시 답안** 산성 용액인 식초로 도마를 닦는다.

**풀이** 산성 용액인 식초로 생선 비린내가 나는 도마를 닦으면 비린내를 없앨 수 있습니다.

# 그림으로 단원 정리하기

● 그림을 보고, 빈칸에 알맞은 내용을 써 봅시다.

## 01 여러 가지 용액의 분류

G 114 쪽

분류 기준: 용액에 색깔이 있는가?

그렇다. ┌─────────┐ 그렇지 않다.

식초 | 레몬즙 | 빨랫비누 물 | 유리 세정제

사이다 | 석회수 | 묽은 염산 | 묽은 수산화 나트륨 용액

• 여러 가지 용액의 색깔, 냄새, 투명도 등을 관찰하면 공통점과 차이점이 있습니다.
• 용액의 공통점과 차이점을 바탕으로 하여 용액의 **❶** 을/를 정합니다.

## 02 지시약을 이용한 용액의 분류

G 116 쪽

| 지시약의 색깔 변화 | | 용액의 성질 |
|---|---|---|
| 붉은색 리트머스 종이 | 푸른색으로 변함. | 염기성 용액 |
| 푸른색 리트머스 종이 | 붉은색으로 변함. | **❷** 용액 |
| 페놀프탈레인 용액 | 붉은색으로 변함. | 염기성 용액 |
| 붉은 양배추 지시약 | 붉은색 계열로 변함. | 산성 용액 |
| | 푸른색이나 노란색 계열로 변함. | **❸** 용액 |

**❹** 의 색깔 변화를 이용하여 용액의 성질을 알 수 있습니다.

## 03 산성 용액과 염기성 용액의 성질

G 120 쪽

| 구분 | 묽은 염산 | 묽은 수산화 나트륨 용액 |
|---|---|---|
| 달걀 껍데기 | 묽은 염산과 달걀 껍데기 | 묽은 수산화 나트륨 용액과 달걀 껍데기 |
| 삶은 달걀흰자 | 묽은 염산과 삶은 달걀흰자 | 묽은 수산화 나트륨 용액과 삶은 달걀흰자 |
| 대리암 조각 | 묽은 염산과 대리암 조각 | 묽은 수산화 나트륨 용액과 대리암 조각 |
| 두부 | 묽은 염산과 두부 | 묽은 수산화 나트륨 용액과 두부 |

• **❺** 용액은 달걀 껍데기와 대리암 조각을 녹이지만, 삶은 달걀흰자와 두부를 녹이지 못합니다.
• **❻** 용액은 삶은 달걀흰자와 두부를 녹이지만, 달걀 껍데기와 대리암 조각을 녹이지 못합니다.

# 04 산성 용액과 염기성 용액을 섞었을 때의 변화

G 122 쪽

• 붉은 양배추 지시약을 넣은 묽은 염산 10 방울에 묽은 수산화 나트륨 용액을 넣었을 때

| 구분 | 넣어 준 묽은 수산화 나트륨 용액의 방울 수 | | | | | |
|---|---|---|---|---|---|---|
| | 0 방울 | 5 방울 | 10 방울 | 15 방울 | 20 방울 | 25 방울 |
| 붉은 양배추 지시약의 색깔 변화 | | | | | | |

➡ ( **7** ) 용액에 염기성 용액을 넣을수록 산성이 약해지다가 염기성 용액으로 변합니다.

• 붉은 양배추 지시약을 넣은 묽은 수산화 나트륨 용액 10 방울에 묽은 염산을 넣었을 때

| 구분 | 넣어 준 묽은 염산의 방울 수 | | | | | |
|---|---|---|---|---|---|---|
| | 0 방울 | 5 방울 | 10 방울 | 15 방울 | 20 방울 | 25 방울 |
| 붉은 양배추 지시약의 색깔 변화 | | | | | | |

➡ 염기성 용액에 산성 용액을 넣을수록 염기성이 ( **8** )지다가 산성 용액으로 변합니다.

5 단원 / 공부한 날 / 월 / 일

# 05 우리 생활에서 산성 용액과 염기성 용액의 이용

G 122 쪽

( **9** ) 용액의 이용

식초로 생선 비린내가 나는 도마를 닦음.

변기용 세제로 화장실 변기를 청소함.

( **10** ) 용액의 이용

하수구 세척액으로 막힌 하수구를 뚫음.

차량용 이물질 제거제로 자동차에 묻은 더러운 물질을 닦음.

**정답** ❶ 붉은 양배추 ❷ 산성 ❸ 염기성 ❹ 지시약 ❺ 산성 ❻ 염기성 ❼ 산성 ❽ 약해 ❾ 산성 ❿ 염기성

5. 산과 염기 **133**

[01~03] 다음은 여러 가지 용액입니다. 물음에 답해 봅시다.

식초    빨랫비누 물    유리 세정제    묽은 염산    묽은 수산화 나트륨 용액

**01** 위의 여러 가지 용액에 대한 설명으로 옳은 것을 보기에서 골라 기호를 써 봅시다.

보기

㉠ 빨랫비누 물은 냄새가 난다.
㉡ 유리 세정제는 색깔이 없다.
㉢ 묽은 염산은 흔들었을 때 거품이 5 초 이상 유지된다.

( )

**02** 위의 여러 가지 용액 중 다음과 같은 성질을 갖는 용액 두 가지를 써 봅시다.

| 색깔 | | 냄새 | | 투명도 | |
|---|---|---|---|---|---|
| 있음. | 없음. | 남. | 나지 않음. | 투명함. | 불투명 함. |
| | ○ | | ○ | ○ | |

( , )

**03** 위의 여러 가지 용액을 분류 기준에 따라 분류할 때 잘못 분류한 용액을 써 봅시다.

분류 기준: 용액이 투명한가?

그렇다.                그렇지 않다.

식초, 유리 세정제, 묽은 염산        빨랫비누 물, 묽은 수산화 나트륨 용액

( )

**04** 다음 ( ) 안에 들어갈 알맞은 말을 써 봅시다.

리트머스 종이와 페놀프탈레인 용액처럼 어떤 용액에 넣었을 때 그 용액의 성질에 따라 색깔이 변하는 물질을 ( )(이)라고 한다.

( )

[05~06] 다음은 어떤 용액에 붉은색 리트머스 종이와 푸른색 리트머스 종이를 넣었을 때 리트머스 종이의 색깔 변화입니다. 물음에 답해 봅시다.

(붉은색으로 변한 경우: ●, 변화가 없는 경우: ○)

| 붉은색 리트머스 종이 | 푸른색 리트머스 종이 |
|---|---|
| ○ | ● |

**05** 위 실험에서 리트머스 종이를 넣은 어떤 용액은 어느 것입니까? ( )

① 석회수
② 레몬즙
③ 빨랫비누 물
④ 유리 세정제
⑤ 묽은 수산화 나트륨 용액

**06** 위 05번에서 답한 용액에 대한 설명으로 옳은 것을 보기에서 골라 기호를 써 봅시다.

보기

㉠ 페놀프탈레인 용액의 색깔을 붉은색으로 변하게 한다.
㉡ 붉은 양배추 지시약의 색깔을 노란색 계열로 변하게 한다.
㉢ 붉은 양배추 지시약의 색깔을 붉은색 계열로 변하게 한다.

( )

**07** 다음 중 묽은 염산에 달걀 껍데기, 대리암 조각, 삶은 달걀흰자, 두부 중 하나를 넣었을 때에 대한 설명으로 옳은 것을 두 가지 골라 봅시다.

(     ,     )

① 두부를 넣으면 흐물흐물해진다.
② 대리암 조각을 넣으면 변화가 없다.
③ 삶은 달걀흰자를 넣으면 변화가 없다.
④ 달걀 껍데기를 넣으면 기포가 발생한다.
⑤ 두부를 넣으면 용액이 뿌옇게 흐려진다.

---

**[08~09]** 오른쪽은 묽은 수산화 나트륨 용액에 달걀 껍데기를 넣고 충분한 시간이 지났을 때의 모습입니다. 물음에 답해 봅시다.

**08** 위 실험 결과를 보고 묽은 수산화 나트륨 용액이 산성 용액인지 염기성 용액인지 써 봅시다.

(         )

---

**09** 위 **08**번에서 답한 용액에 넣었을 때 색깔이 붉은색으로 변하는 것을 보기 에서 골라 기호를 써 봅시다.

보기
ㄱ 페놀프탈레인 용액
ㄴ 붉은 양배추 지시약
ㄷ 푸른색 리트머스 종이

(         )

---

**[10~11]** 다음은 붉은 양배추 지시약을 넣은 묽은 염산 10 방울에 묽은 수산화 나트륨 용액의 방울 수를 각각 다르게 넣었을 때 지시약의 색깔이 변한 모습입니다. 물음에 답해 봅시다.

**10** 위 ㉠과 ㉡ 중 넣어 준 묽은 수산화 나트륨 용액의 방울 수가 더 많은 것을 골라 기호를 써 봅시다.

(         )

5
단원

공부한 날

월

일

**11** 다음은 위 **10**번에서 답한 것보다 묽은 수산화 나트륨 용액을 더 넣으면 지시약의 색깔은 어떻게 변할지에 대한 학생 (가)~(다)의 대화입니다. 옳게 말한 학생은 누구인지 써 봅시다.

(         )

---

**12** 다음은 오른쪽과 같이 하수구 세척액으로 막힌 하수구를 뚫는 모습에 대한 설명입니다. ( ) 안에 들어갈 알맞은 말에 ○표 해 봅시다.

( 산성, 염기성 ) 용액인 하수구 세척액으로 머리카락 등이 쌓여 막힌 하수구를 뚫는다.

## 서술형 문제

**13** 오른쪽은 석회수입니다. 눈으로 확인할 수 있는 석회수의 성질을 한 가지 설명해 봅시다.

석회수

............................................................

............................................................

**14** 다음과 같이 레몬즙, 사이다, 석회수, 묽은 염산, 유리 세정제, 묽은 수산화 나트륨 용액을 분류할 수 있는 분류 기준을 한 가지 설명해 봅시다.

분류 기준:
그렇다.        그렇지 않다.

............................................................

............................................................

**15** 오른쪽은 어떤 용액에 붉은 양배추 지시약을 넣었을 때 지시약의 색깔이 변한 모습입니다. 이 용액에 페놀프탈레인 용액을 넣었을 때 지시약의 색깔 변화와 그 까닭을 설명해 봅시다.

............................................................

............................................................

**16** 오른쪽은 묽은 염산에 대리암 조각을 넣고 충분한 시간이 지났을 때의 모습입니다. 이와 관련지어 산성을 띠는 비가 내리면 야외에 놓인 대리암으로 만든 탑은 어떻게 될지 설명해 봅시다.

묽은 염산과 대리암 조각
대리암 조각

............................................................

............................................................

**17** 다음과 같이 붉은 양배추 지시약을 넣은 묽은 수산화 나트륨 용액 10 방울에 묽은 염산을 넣을수록 지시약의 색깔이 변했습니다. 이 실험에서 알 수 있는 사실을 설명해 봅시다.

| 구분 | 넣어 준 묽은 염산의 방울 수 | | | |
|---|---|---|---|---|
| | 0 방울 | 5 방울 | 10 방울 | 15 방울 |
| 붉은 양배추 지시약의 색깔 변화 | | | | |

............................................................

............................................................

**18** 다음과 같이 우리 생활에서 산성 용액을 이용한 예를 한 가지 설명해 봅시다.

비린내가 나는 생선에 산성인 레몬즙을 뿌려 비린내를 없앤다.

............................................................

............................................................

**01** 다음은 요구르트와 물에 녹인 치약에 여러 가지 용액을 넣고 색깔 변화를 관찰하는 탐구 과정입니다.

[탐구 과정]
❶ 24 홈판의 세 개의 홈에 요구르트를 5 방울씩 넣고, 다른 세 개의 홈에 물에 녹인 치약을 5 방울씩 넣습니다.
❷ 요구르트와 물에 녹인 치약에 각각 붉은 양배추 지시약, 용액 (가)를 5 방울씩 넣고 색깔 변화를 관찰합니다.

[탐구 결과]

| 구분 | 붉은 양배추 지시약 | 용액 (가) |
|------|------------------|----------|
| 요구르트 | 붉은색 | 색깔이 변하지 않음. |
| 물에 녹인 치약 | 푸른색 | 붉은색 |

(1) 요구르트와 물에 녹인 치약이 산성 용액인지 염기성 용액인지 각각 써 봅시다.

㉠ 요구르트: (                    ), ㉡ 물에 녹인 치약: (                    )

(2) 용액 (가)로 알맞은 지시약은 무엇인지 쓰고, 그 까닭을 설명해 봅시다.

**성취 기준**
지시약을 이용하여 여러 가지 용액을 산성 용액과 염기성 용액으로 분류할 수 있다.

**출제 의도**
지시약을 이용해 산성 용액과 염기성 용액을 구분하는 문제예요.

**관련 개념**
지시약을 이용해 용액 분류하기
Ḡ 116 쪽

5
단원

공부한 날

월

일

**02** 오른쪽은 용액 ㉠에 삶은 달걀흰자를 넣고 충분한 시간이 지났을 때의 모습입니다.

용액 ㉠과
삶은 달걀흰자

(1) 용액 ㉠이 산성 용액인지 염기성 용액인지 써 봅시다.

(                    )

(2) 용액 ㉠에 푸른색 리트머스 종이를 넣었을 때 푸른색 리트머스 종이의 색깔 변화를 써 봅시다.

푸른색 → (                    )

(3) 용액 ㉠에 달걀 껍데기를 넣고 충분한 시간이 지났을 때, 달걀 껍데기의 변화를 설명해 봅시다.

**성취 기준**
산성 용액과 염기성 용액의 여러 가지 성질을 비교할 수 있다.

**출제 의도**
산성 용액과 염기성 용액의 여러 가지 성질에 따른 다양한 변화를 확인하는 문제예요.

**관련 개념**
산성 용액과 염기성 용액의 성질 확인하기
Ḡ 120 쪽

**01** 다음 중 여러 가지 용액에 대한 설명으로 옳지 <u>않은</u> 것은 어느 것입니까? ( )

① 사이다는 투명하다.

② 식초는 냄새가 난다.

③ 레몬즙은 노란색이다.

④ 묽은 염산은 연한 회색이다.

⑤ 빨랫비누 물은 흔들었을 때 거품이 5 초 이상 유지된다.

[02~03] 다음은 여러 가지 용액입니다. 물음에 답해 봅시다.

식초   사이다   석회수   묽은 수산화 나트륨 용액

**02** 위 사이다와 석회수의 공통점으로 옳은 것을 보기 에서 골라 기호를 써 봅시다.

> **보기**
> ㉠ 불투명하다.
> ㉡ 색깔이 없다.
> ㉢ 흔들었을 때 거품이 5 초 이상 유지된다.

( )

**03** 위의 여러 가지 용액을 분류하는 기준으로 적절하지 <u>않은</u> 것을 보기 에서 골라 기호를 써 봅시다.

> **보기**
> ㉠ 용액이 투명한가?
> ㉡ 용액에 색깔이 있는가?
> ㉢ 용액에서 냄새가 나는가?

( )

[04~05] 오른쪽은 어떤 용액에 붉은 양배추 지시약을 떨어뜨렸을 때 지시약의 색깔이 변한 모습입니다. 물음에 답해 봅시다.

**04** 위 용액이 산성 용액인지 염기성 용액인지 써 봅시다.

( )

**05** 위 용액에 의한 지시약의 색깔 변화로 옳은 것을 보기 에서 골라 기호를 써 봅시다.

> **보기**
> ㉠
> 붉은색 리트머스 종이 ➡ 푸른색으로 변함.
> ㉡
> 푸른색 리트머스 종이 ➡ 붉은색으로 변함.
> ㉢
> 페놀프탈레인 용액 ➡ 붉은색으로 변함.

( )

**06** 다음 중 여러 가지 용액에 대한 설명으로 옳은 것은 어느 것입니까? ( )

① 레몬즙은 붉은색 리트머스 종이를 푸른색으로 변하게 한다.

② 유리 세정제는 페놀프탈레인 용액의 색깔을 변하게 하지 않는다.

③ 사이다는 페놀프탈레인 용액의 색깔을 붉은색으로 변하게 한다.

④ 묽은 염산은 붉은 양배추 지시약의 색깔을 노란색 계열로 변하게 한다.

⑤ 빨랫비누 물은 붉은 양배추 지시약의 색깔을 푸른색 계열로 변하게 한다.

→ 바른답·알찬풀이 38 쪽

**07** 다음 여러 가지 물질 중 묽은 수산화 나트륨 용액에 넣었을 때 흐물흐물해지는 것 두 가지를 보기 에서 골라 기호를 써 봅시다.

보기
㉠ 두부 ㉡ 달걀 껍데기
㉢ 대리암 조각 ㉣ 삶은 달걀흰자

( , )

[08~09] 다음은 대리암 조각을 어떤 용액에 넣고 충분한 시간이 지나기 전과 후의 모습입니다. 물음에 답해 봅시다.

**08** 다음은 위 실험에 대한 설명입니다. ( ) 안에 들어갈 알맞은 말에 ○표 해 봅시다.

대리암 조각이 녹는 것으로 보아 대리암 조각을 넣은 용액은 ( 묽은 염산, 묽은 수산화 나트륨 용액)이다.

**09** 다음은 위 대리암 조각의 변화를 본 학생 (가)~(다)의 대화입니다. 옳게 말한 학생은 누구인지 써 봅시다.

대리암 조각을 산성 용액에 넣으면 녹아.

대리암 조각을 염기성 용액에 넣으면 녹아.

대리암 조각을 투명한 용액에 넣으면 녹아.

(가) (나) (다)

( )

[10~11] 다음은 붉은 양배추 지시약의 색깔 변화표입니다. 물음에 답해 봅시다.

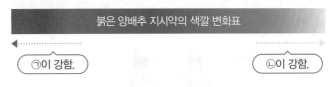

붉은 양배추 지시약의 색깔 변화표

㉠이 강함. ㉡이 강함.

**10** 위 붉은 양배추 지시약의 색깔 변화표에서 ㉠과 ㉡으로 알맞은 성질이 산성인지 염기성인지 각각 써 봅시다.

㉠: ( ), ㉡: ( )

**11** 다음은 위 붉은 양배추 지시약의 색깔 변화표를 참고하여 붉은 양배추 지시약을 넣은 묽은 수산화 나트륨 용액에 묽은 염산을 넣을 때 지시약의 색깔 변화를 설명한 학생 (가)~(다)의 대화입니다. 옳게 말한 학생은 누구인지 써 봅시다.

• (가): 붉은색에서 보라색, 녹색을 거쳐 노란색으로 변해.
• (나): 보라색에서 녹색, 노란색을 거쳐 붉은색으로 변해.
• (다): 노란색에서 녹색, 보라색을 거쳐 붉은색으로 변해.

( )

**12** 우리 생활에서 산성 용액과 염기성 용액을 이용한 예에서 이용하는 용액의 성질이 나머지와 다른 하나를 보기 에서 골라 기호를 써 봅시다.

보기
㉠ 표백제로 욕실의 때를 닦아 없앤다.
㉡ 변기용 세제로 화장실 변기를 청소한다.
㉢ 식초로 생선 비린내가 나는 도마를 닦는다.

( )

5
단원

공부한 날

월

일

 문제 ·······························

[13~14] 다음은 레몬즙과 유리 세정제입니다. 물음에 답해 봅시다.

레몬즙   유리 세정제

**13** 위의 두 용액을 눈으로 봤을 때 알 수 있는 공통점과 차이점을 각각 한 가지씩 설명해 봅시다.

·······························

·······························

**14** 위의 두 용액에 붉은색 리트머스 종이를 넣었을 때 지시약의 색깔 변화를 각각 설명해 봅시다.

·······························

·······························

**15** 다음 페놀프탈레인 용액과 같은 용액을 무엇이라고 하는지 쓰고, 어디에 이용하는지 설명해 봅시다.

페놀프탈레인
용액

**16** 다음은 달걀 껍데기를 어떤 용액에 넣고 충분한 시간이 지났을 때의 모습입니다. 이 용액에 붉은 양배추 지시약을 넣었을 때 지시약의 색깔 변화를 쓰고, 그렇게 생각한 까닭을 설명해 봅시다.

·······························

·······························

**17** 다음과 같이 실험할 때 묽은 수산화 나트륨 용액의 성질이 어떻게 변하는지 설명해 봅시다.

> 붉은 양배추 지시약을 넣은 묽은 수산화 나트륨 용액에 지시약의 색깔이 붉은색으로 변할 때까지 묽은 염산을 넣었다.

·······························

·······························

**18** 다음과 같이 우리 생활에서 염기성 용액을 이용한 예를 한 가지 설명해 봅시다.

차량용 이물질 제거제로 자동차에 묻은 더러운 물질을 닦는다.

차량용 이물질
제거제

**01** 다음과 같이 어떤 용액 (가)의 성질을 알아보기 위해 지시약의 색깔 변화를 관찰했습니다.

[탐구 결과]

| 지시약 | 붉은색 리트머스 종이 | ㉠ | 붉은 양배추 지시약 |
|---|---|---|---|
| 색깔 변화 | 색깔이 변하지 않음. | 색깔이 변하지 않음. | ㉡ |

(1) 위 ㉠과 ㉡에 들어갈 알맞은 말을 각각 써 봅시다.

㉠: (                   ), ㉡: (                   )

(2) ⑴과 같이 생각한 까닭을 설명해 봅시다.

_____

**성취 기준**
지시약을 이용하여 여러 가지 용액을 산성 용액과 염기성 용액으로 분류할 수 있다.

**출제 의도**
용액의 성질에 따른 지시약의 색깔 변화를 정확히 알고 있는지 확인하는 문제예요.

**관련 개념**
지시약을 이용해 용액 분류하기
G 116 쪽

**5** 단원

공부한 날

월

일

**02** 다음은 우리 생활에서 산성 용액과 염기성 용액을 이용한 예에 대한 학생 (가)~(다)의 대화입니다.

표백제로 욕실의 때를 닦아.
(가)

식초로 머리카락 등이 쌓여 막힌 하수구를 뚫어.
(나)

비린내가 나는 생선에 레몬즙을 뿌려 비린내를 없애.
(다)

(1) 위 (가)~(다) 중 잘못 말한 학생은 누구인지 써 봅시다.

(                   )

(2) ⑴에서 답한 학생의 말을 옳게 고쳐 설명해 봅시다.

_____

**성취 기준**
우리 생활에서 산성 용액과 염기성 용액을 이용하는 예를 찾아 발표할 수 있다.

**출제 의도**
우리 생활에서 산성 용액과 염기성 용액을 이용하는 예를 알고 있는지 확인하는 문제예요.

**관련 개념**
우리 생활에서 산성 용액과 염기성 용액 이용하기 G 122 쪽

# 여러 가지 실험 기구

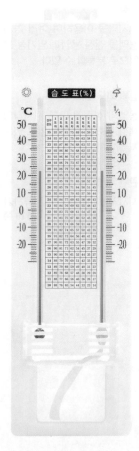

건습구 습도계

집기병

보안경

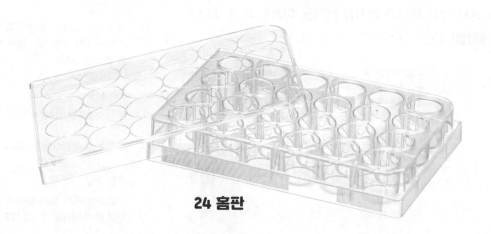

24 홈판

알코올 온도계

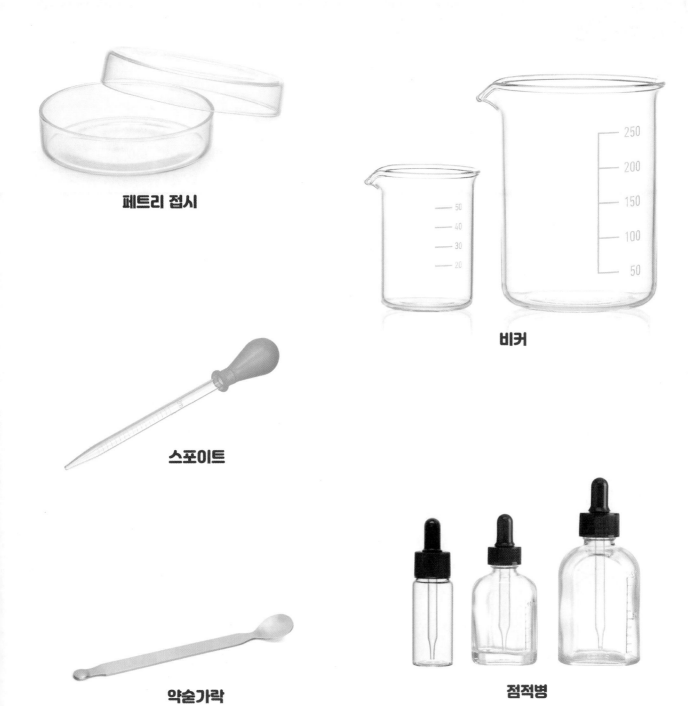

페트리 접시

비커

스포이트

약숟가락

점적병

유리 막대

Memo

# 문장제 해결력 강화

# 문제
# 해결의
# 길잡이

**문해길 시리즈**는

문장제 해결력을 키우는 상위권 수학 학습서입니다.

문해길은 8가지 문제 해결 전략을 익히며

수학 사고력을 향상하고,

수학적 성취감을 맛보게 합니다.

이런 성취감을 맛본 아이는

수학에 자신감을 갖습니다.

수학의 자신감, 문해길로 이루세요.

**문해길 원리를 공부하고, 문해길 심화에 도전해 보세요!**
**원리로 닦은 실력이 심화에서 빛이 납니다.**

| 문해길 원리 | 문해길 심화 |
|---|---|
| 문장제 해결력 강화 | 고난도 유형 해결력 완성 |
| 1~6학년 학기별 [총12책] | 1~6학년 학년별 [총6책] |

<image name="book 5-2">

상위권
수학 학습서
Steady Seller

수학 상위권 진입을 위한 문장제 해결력 강화

# 문제
# 해결의
# 길잡이  원리

## 수학 5-2

**문·해·길** 수학의 자신감!
① 문제 분석을 통한 수학 독해력 자신감 기르기
② 문제 해결 전략 수립으로 문장제 자신감 기르기
③ 문장제 유형 정복으로 고난도 수학 자신감 기르기

MiraeN 에듀
</image>

<image name="book 5-1">

상위권
수학 학습서
Steady Seller

수학 상위권 진입을 위한 문장제 해결력 강화

# 문제
# 해결의
# 길잡이  원리

## 수학 5-1

**문·해·길** 수학의 자신감!
① 문제 분석을 통한 수학 독해력 자신감 기르기
② 문제 해결 전략 수립으로 문장제 자신감 기르기
③ 문장제 유형 정복으로 고난도 수학 자신감 기르기

문제 풀이 동영상 제공

MiraeN 에듀
</image>

구성보기

원리 3-1    심화 3

# 초등 도서 목록

## 초코

### 교과서 달달 쓰기 · 교과서 달달 풀기
1~2학년 국어 · 수학 교과 학습력을 향상시키고
초등 코어를 탄탄하게 세우는 기본 학습서
[4책] 국어 1~2학년 학기별
[4책] 수학 1~2학년 학기별

### 미래엔 교과서 길잡이, 초코
초등 공부의 핵심[CORE]를 탄탄하게 해 주는
슬림 & 심플한 교과 필수 학습서
[8책] 국어 3~6학년 학기별, [8책] 수학 3~6학년 학기별
[8책] 사회 3~6학년 학기별, [8책] 과학 3~6학년 학기별

### 전과목 단원평가
빠르게 단원 핵심을 정리하고, 수준별 문제로 실전력을 키우는
교과 평가 대비 학습서
[8책] 3~6학년 학기별

## 문제 해결의 길잡이

**원리**   8가지 문제 해결 전략으로 문장제와 서술형 문제 정복
[12책] 1~6학년 학기별

**심화**   문장제 유형 정복으로 초등 수학 최고 수준에 도전
[6책] 1~6학년 학년별

초등 필수 어휘를 퍼즐로 재미있게 익히는 학습서
[3책] 사자성어, 속담, 맞춤법

## 하루한장 예비 초등

### 한글완성
초등학교 입학 전 한글 읽기·쓰기 동시에 끝내기
[3책] 기본 자모음, 받침, 복잡한 자모음

### 예비초등
기본 학습 능력을 향상하며 초등학교 입학을 준비하기
[2책] 국어, 수학

## 하루한장 독해

### 독해 시작편
초등학교 입학 전 기본 문해력 익히기 30일 완성
[2책] 문장으로 시작하기, 짧은 글 독해하기

### 어휘
문해력의 기초를 다지는 초등 필수 어휘 학습서
[6책] 1~6학년 단계별

### 독해
국어 교과서와 연계하여 문해력의 기초를 다지는 독해 기본서
[6책] 1~6학년 단계별

### 독해+플러스
본격적인 독해 훈련으로 문해력을 향상시키는 독해 실전서
[6책] 1~6학년 단계별

### 비문학 독해 (사회편·과학편)
비문학 독해로 배경지식을 확장하고 문해력을 완성시키는
독해 심화서
[사회편 6책, 과학편 6책] 1~6학년 단계별

초등
코어

# 초코

# 바른답·알찬풀이

# 과학
# 5·2

Mirae N 에듀

❶ 핵심 개념을 비주얼로 이해하는 **탄탄한 초코!**
❷ 기본부터 응용까지 공부가 즐거운 **달콤한 초코!**
❸ 온오프 학습 시스템으로 실력이 쌓이는 **신나는 초코!**

・**국어**　3~6학년　학기별 [총8책]
・**수학**　3~6학년　학기별 [총8책]
・**사회**　3~6학년　학기별 [총8책]
・**과학**　3~6학년　학기별 [총8책]

❶ 핵심 개념을 비주얼로 이해하는 **탄탄한 초코!**
❷ 기본부터 응용까지 공부가 즐거운 **달콤한 초코!**
❸ 온오프 학습 시스템으로 실력이 쌓이는 **신나는 초코!**

・**국어**　3~6학년　학기별 [총8책]
・**수학**　3~6학년　학기별 [총8책]
・**사회**　3~6학년　학기별 [총8책]
・**과학**　3~6학년　학기별 [총8책]

# 바른답 · 알찬풀이

**1** 재미있는 나의 탐구　　　2

**2** 생물과 환경　　　4

**3** 날씨와 우리 생활　　　14

**4** 물체의 운동　　　23

**5** 산과 염기　　　32

# 1 재미있는 나의 탐구

## 1 탐구 문제를 정해 볼까요

**문제로 개념 탄탄**        8 쪽

1 탐구 문제      2 (1) ○ (2) ×

1 우리 주변의 현상이나 도구를 관찰하면서 궁금했던 것 중에서 탐구를 하여 알아보고 싶은 것을 선택해 탐구 문제로 정합니다.

2 탐구 문제는 우리 스스로 해결할 수 있는 문제여야 합니다. 탐구하는 데 필요한 준비물은 주변에서 쉽게 구할 수 있어야 합니다.

## 2 탐구 계획을 세워 볼까요

**문제로 개념 탄탄**        9 쪽

1 진동판의 재료     2 준비물, 탐구 순서, 역할 분담

1 진동판 재료에 따른 청진기의 귀 꽂이를 통해 들리는 소리의 세기를 측정해야 하므로 진동판의 재료는 다르게 하고, 그 외의 조건은 모두 같게 해야 합니다.

2 탐구 계획을 세울 때에는 준비물, 탐구 순서, 예상 결과, 역할 분담, 주의할 점 등을 고려합니다. 탐구 결과는 탐구를 실행하여 얻습니다.

## 3 탐구를 실행해 볼까요

**문제로 개념 탄탄**        10~11 쪽

1 (1) ⓒ (2) ㉠      2 탐구 계획
3 (1) × (2) ○

1 간이 청진기의 진동판은 뚜껑이 있는 통의 뚜껑에 대고, 귀 꽂이는 스마트 기기의 마이크 부분에 닿게 해 소리의 세기를 측정합니다.

2 탐구 문제를 해결하기 위해 탐구 계획에 따라 탐구를 실행합니다.

3 (1) 탐구 결과는 사실대로 빠짐없이 기록합니다.
(2) 탐구를 실행할 때 사진이나 동영상을 찍어 탐구 활동 내용을 기록할 수 있습니다.

## 4 탐구 결과를 발표해 볼까요

**문제로 개념 탄탄**        12 쪽

1 (가) → (다) → (나) 2 탐구 문제

1 탐구 결과를 발표할 때에는 먼저 발표 방법을 정하고, 탐구 결과를 정리하여 발표 자료를 만든 뒤, 탐구 내용이 잘 드러나게 발표합니다.

2 탐구를 하면서 생긴 더 궁금한 것을 정리하여 새로운 탐구 문제를 정할 수 있습니다.

**단원 평가**        13~15 쪽

01 ②      02 (다)      03 ②
04 ㉠ 진동판의 재료, ㉡ 연결관의 길이, ㉢ 소리의 세기
05 ⑤      06 비닐 랩      07 ㉢
08 ⑤      09 (가)      10 ⑤

**서술형 문제**

11 예시 답안 청진기의 연결관이 짧을수록 소리가 더 크게 들릴까?
12 예시 답안 준비물, 역할 분담, 주의할 점 등을 추가해야 한다.
13 예시 답안 소리의 세기가 가장 큰 재료는 비닐 랩이고, 소리의 세기가 가장 작은 재료는 종이이다.
14 예시 답안 얇고 크게 떨리면서 원래 모습을 잘 유지하는
15 예시 답안 더 정확한 값을 얻을 수 있다.

01 ② 탐구 문제는 우리 스스로 탐구할 수 있어야 합니다.

**왜 틀린 답일까?**

① 탐구 문제는 탐구 내용이 잘 드러나야 합니다.
③ 간단한 조사를 통해 해결할 수 있는 탐구 문제는 피합니다.
④ 탐구하는 데 필요한 준비물을 쉽게 구할 수 있어야 합니다.
⑤ 탐구 문제는 우리 주변에서 관찰한 현상이나 도구를 관찰한 내용 중에서 궁금했던 것으로 정할 수 있습니다.

**02** (다): 탐구 내용이 분명하고, 청진기 진동판의 재료를 다르게 하여 소리의 세기를 측정하는 탐구를 스스로 실행할 수 있으므로 적절한 탐구 문제입니다.

**왜 틀린 답일까?**

(가): 탐구 내용이 분명하지 않으므로 적절하지 않은 탐구 문제입니다.

(나): 스스로 탐구할 수 없는 내용이므로 적절하지 않은 탐구 문제입니다.

**03** 준비물, 탐구 순서, 예상 결과, 역할 분담, 주의할 점 등을 고려하여 탐구 계획을 자세히 세웁니다. 탐구 계획을 발표하고 친구들과 의견을 나누며, 보완할 점이 있다면 그에 맞게 탐구 계획을 수정합니다.

**04** 제시된 탐구 문제를 해결하기 위해서는 진동판의 재료만 다르게 하고, 다른 조건은 모두 같게 해 주어야 합니다. 탐구에서 관찰하거나 측정해야 할 것은 청진기의 귀 꽂이를 통해 들리는 소리의 세기입니다.

**05** 탐구 계획이 적절한지 확인할 때 탐구에 필요한 준비물을 모두 썼는지 확인합니다.

**06**

| 진동판의 재료 | 고무 풍선 | 종이 | 비닐 랩 | 알루미늄박 |
|---|---|---|---|---|
| 소리의 세기 | 32.3 | 28.7 | 34.9 | 30.2 |

소리의 세기: 비닐 랩>고무풍선>알루미늄박>종이 순으로 커요.

탐구 결과 진동판의 재료로 비닐 랩을 사용했을 때 소리의 세기가 가장 큽니다.

**07** ⓒ 탐구를 할 때 소리의 세기를 여러 번 측정하면 더 정확한 값을 얻을 수 있습니다.

**왜 틀린 답일까?**

㉠ 다르게 한 것은 진동판의 재료이고, 그 외의 조건은 모두 같게 했습니다.

ⓛ 탐구 결과는 사실대로 빠짐없이 기록하고, 예상과 다르더라도 고치지 않습니다.

**08** 발표 자료에는 탐구 문제, 준비물, 탐구 순서, 예상 결과, 탐구 결과, 탐구를 통해 알게 된 것, 더 탐구하고 싶은 것 등이 들어갑니다.

**09** 탐구 결과를 발표하는 방법에는 시청각 설명, 포스터 전시, 시연, 동영상 발표 등이 있습니다.

**10** 과학 탐구 과정에서는 먼저 탐구 문제를 정하고, 탐구 문제를 해결할 계획을 세운 뒤, 탐구 계획에 따라 탐구를 실행합니다. 그다음 탐구 결과를 정리하여 발표합니다.

**11** 탐구 문제는 탐구 내용이 잘 드러나도록 구체적으로 쓰며, 스스로 탐구할 수 있어야 합니다.

| 채점 기준 | |
|---|---|
| 상 | 제시된 궁금한 점을 바탕으로 하여 스스로 탐구할 수 있는 탐구 문제를 구체적으로 쓴 경우 |
| 중 | '연결관의 길이를 다르게 하면 소리가 변할까?'와 같이 탐구 문제에서 탐구 내용이 잘 드러나지 않은 경우 |

**12** 준비물, 탐구 순서, 예상 결과, 역할 분담, 주의할 점 등을 고려하여 탐구 계획을 세웁니다.

| 채점 기준 | |
|---|---|
| 상 | 탐구 계획서에 추가해야 할 항목을 두 가지 모두 옳게 설명한 경우 |
| 중 | 추가해야 할 항목을 한 가지만 옳게 설명한 경우 |

**13** 소리의 세기를 나타내는 수치는 비닐 랩>고무풍선>알루미늄박>종이 순으로 큽니다.

| 채점 기준 | |
|---|---|
| 상 | 소리의 세기가 가장 큰 재료와 가장 작은 재료를 모두 옳게 설명한 경우 |
| 중 | 둘 중 한 가지만 옳게 설명한 경우 |

**14** 비닐 랩, 고무풍선처럼 얇고 크게 떨리면서 원래 모습을 잘 유지하는 재료를 사용했을 때 소리의 세기가 큽니다.

| 채점 기준 | |
|---|---|
| 상 | 탐구 결과를 바탕으로 하여 잘못된 점을 모두 옳게 고쳐 설명한 경우 |
| 중 | 잘못된 점을 일부만 고쳐 설명한 경우 |

**15** 결과를 여러 번 측정하면 더 정확한 값을 얻을 수 있습니다.

| 채점 기준 | |
|---|---|
| 상 | 더 정확한 값을 얻을 수 있다고 설명한 경우 |
| 중 | 더 좋은 결과를 얻을 수 있다고 설명한 경우 |

# 바른답·알찬풀이

## 2 생물과 환경

### 1 생태계는 무엇일까요

**스스로 확인해요**

**1** 생태계   **2** 예시 답안 바다 생태계가 있다. 바다 생태계에는 조개, 물고기 등의 생물 요소와 햇빛, 물, 온도 등의 비생물 요소가 있다.

**2** 바다에서 영향을 주고받는 생물 요소와 비생물 요소를 바다 생태계라고 합니다.

**문제로 개념 탄탄**

**1** (1) ○ (2) ○ (3) ×   **2** (1) ㉤ (2) ㉠ (3) ㉠ (4) ㉤
**3** 주고받는다   **4** ㉢

**1** 생태계 구성 요소 중 생물 요소는 동물과 식물처럼 살아 있는 것이고, 비생물 요소는 햇빛, 물, 온도처럼 살아 있지 않은 것입니다.

**2** 공기, 흙처럼 살아 있지 않은 것은 비생물 요소이고, 토끼, 소나무처럼 살아 있는 것은 생물 요소입니다.

**3** 생태계 구성 요소들은 서로 영향을 주고받습니다.

**4** 다람쥐(㉢)와 같이 다른 생물을 먹이로 하여 양분을 얻는 생물을 소비자라고 합니다. 버섯(㉠)은 분해자, 연꽃(㉤)은 생산자입니다.

### 2 생태계를 구성하는 생물의 먹고 먹히는 관계는 어떠할까요

**스스로 확인해요**

**1** 먹이 사슬, 먹이 그물   **2** 예시 답안 먹이 그물이다. 생물의 먹고 먹히는 관계가 여러 방향으로 연결되기 때문에 개구리가 사라지더라도 개구리를 먹는 생물이 다른 생물을 먹고 살 수 있다.

**2** 먹이 사슬에서는 개구리가 사라지면 뱀도 다른 먹이가 없어 사라질 수 있습니다. 하지만 먹이 그물에서는 개구리가 사라지더라도 뱀과 매는 개구리 대신 다른 먹이(다람쥐, 토끼 등)를 먹고 살 수 있습니다.

**문제로 개념 탄탄**

**1** 메뚜기, 뱀   **2** 먹이 그물   **3** ㉠
**4** (1) × (2) ○ (3) ○

**1** 메뚜기는 벼를 먹고, 개구리는 메뚜기를 먹고, 뱀은 개구리를 먹습니다.

**2** 생태계에서 여러 개의 먹이 사슬이 얽혀 그물처럼 연결된 것을 먹이 그물이라고 합니다.

**3** 문제의 먹이 그물에서 벼와 배추를 먹고 뱀과 매에게 먹히는 생물은 토끼입니다.

**4** (1) 먹이 사슬에서는 어느 한 종류의 먹이가 사라지면 그 먹이를 먹는 생물도 다른 먹이가 없어 사라질 수 있습니다. 하지만 먹이 그물에서는 어느 한 종류의 먹이가 사라지더라도 다른 먹이를 먹고 살 수 있으므로 생물이 살아가기에 유리합니다.
(2) 먹이 사슬과 먹이 그물은 모두 생물 사이의 먹고 먹히는 관계를 보여 줍니다.
(3) 생물의 먹고 먹히는 관계가 먹이 사슬은 한 방향으로만 연결되지만, 먹이 그물은 여러 방향으로 연결됩니다.

### 3 생태계는 어떻게 유지될까요

**스스로 확인해요**

**1** 생태계 평형   **2** 예시 답안 다람쥐의 먹이인 메뚜기의 수가 일시적으로 늘어나고, 메뚜기의 먹이인 벼의 양은 줄어들 것이다.

**2** 메뚜기를 먹이로 하는 다람쥐가 사라졌기 때문에 메뚜기의 수는 늘어나고, 메뚜기의 먹이가 되는 벼의 양은 줄어들 것입니다.

**1** ㉠ 늘어났고, ㉡ 줄어들었다     **2** 평형

**3** (1) ○ (2) ○ (3) ×            **4** ㉡

**1** 늑대가 사라진 뒤 사슴이 더 이상 늑대에게 잡아먹히지 않아 사슴의 수가 빠르게 늘어났고, 사슴의 수가 빠르게 늘어나면서 많은 수의 사슴이 강가의 풀과 나무를 먹어 강가의 풀과 나무의 양이 줄어들었습니다.

**2** 늑대가 사라진 뒤 국립 공원 생태계의 평형이 깨졌고, 늑대가 다시 나타난 뒤 국립 공원 생태계는 점점 평형을 되찾았습니다.

**3** (1) 특정 생물의 수나 양이 갑자기 늘어나거나 줄어들면서 생태계 평형이 깨지기도 합니다.
(2) 생태계는 평형이 깨지더라도 먹이 관계에 의해 다시 생물의 수나 양이 안정된 상태로 돌아가 생태계 평형이 유지됩니다.
(3) 깨진 생태계 평형을 다시 회복하려면 오랜 시간과 많은 노력이 필요하고, 원래 상태로 돌아가지 못하기도 합니다.

**4** 가뭄, 홍수, 태풍, 지진, 산불 등은 생태계 평형이 깨지는 원인 중 자연적인 요인입니다.

**01** ⑤         **02** 햇빛, 물, 흙

**03** 예시 답안 소나무가 햇빛을 받아 자란다. 흙 속 배설물에 곰팡이가 생긴다. 등

**04** ㉠ 생산자, ㉡ 분해자     **05** 먹이 사슬

**06** ㉡         **07** ⑤

**08** 예시 답안 먹이 사슬은 생물의 먹고 먹히는 관계가 한 방향으로만 연결되지만, 먹이 그물은 여러 방향으로 연결된다.     **09** ㉢     **10** ①, ④

**11** 예시 답안 사슴의 수가 늘어난 까닭은 사슴이 더 이상 늑대에게 잡아먹히지 않기 때문이고, 강가의 풀과 나무의 양이 줄어든 까닭은 사슴의 수가 빠르게 늘어나면서 많은 수의 사슴이 강가의 풀과 나무를 먹었기 때문이다.

**12** (다)

**01** 학교 화단, 연못처럼 규모가 작은 생태계도 있고 숲, 하천, 갯벌, 바다처럼 규모가 큰 생태계도 있습니다.

**02** 비생물 요소는 햇빛, 물, 흙, 공기, 온도처럼 살아 있지 않은 것입니다.

**03** 소나무는 햇빛을 이용해 양분을 만듭니다. 곰팡이는 흙 속의 배설물을 분해해 양분을 얻습니다.

| 채점 기준 | |
|---|---|
| 상 | 숲 생태계의 구성 요소들이 주고받는 영향을 두 가지 모두 옳게 설명한 경우 |
| 중 | 숲 생태계의 구성 요소들이 주고받는 영향을 한 가지만 옳게 설명한 경우 |

**04** 생물은 양분을 얻는 방법에 따라 생산자, 소비자, 분해자로 구분합니다. 연꽃은 햇빛, 물 등을 이용해 필요한 양분을 스스로 만드는 생산자입니다. 오리는 다른 생물을 먹이로 하여 양분을 얻는 소비자입니다. 세균은 주로 죽은 생물이나 배설물을 분해해 양분을 얻는 분해자입니다.

**05** 생태계에서 생물의 먹고 먹히는 관계가 사슬처럼 연결된 것을 먹이 사슬이라고 합니다.

**06** ㉡ 먹이 사슬은 생물의 먹고 먹히는 관계가 한 방향으로만 연결됩니다.

왜 틀린 답일까?

㉠ 개구리는 뱀에게 먹힙니다.
㉢ 먹이 사슬에서는 어느 한 종류의 먹이가 사라지면 그 먹이를 먹는 생물도 다른 먹이가 없어 사라질 수 있습니다.

**07**

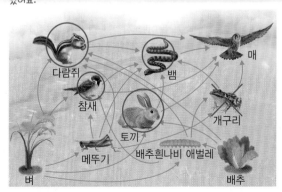

개구리가 사라지더라도 매는 다람쥐, 뱀, 참새, 토끼를 먹고 살 수 있어요.

① 뱀은 다람쥐, 참새, 메뚜기, 토끼, 개구리를 먹고 매에게 먹힙니다.

② 다람쥐는 벼, 메뚜기, 배추흰나비 애벌레, 배추를 먹고 뱀과 매에게 먹힙니다.

③ 배추흰나비 애벌레는 벼와 배추를 먹고 다람쥐, 참새, 개구리에게 먹힙니다.

④ 개구리는 메뚜기와 배추흰나비 애벌레를 먹고 뱀과 매에게 먹힙니다.

**왜 틀린 답일까?**

⑤ 개구리가 사라지더라도 매는 개구리 대신 다른 먹이를 먹고 살 수 있습니다.

**08** 먹이 그물은 여러 개의 먹이 사슬이 얽혀 그물처럼 연결된 것이므로, 생물의 먹고 먹히는 관계가 여러 방향으로 연결됩니다.

| 채점 기준 | |
|---|---|
| 상 | 먹이 사슬과 먹이 그물에서 생물의 먹고 먹히는 관계의 방향을 모두 옳게 설명한 경우 |
| 중 | 먹이 사슬과 먹이 그물 중 생물의 먹고 먹히는 관계의 방향을 한 가지만 옳게 설명한 경우 |

**09** 생태계 평형은 생태계를 구성하는 생물의 종류와 수 또는 양이 균형을 이루며 안정적인 상태를 유지하는 것입니다.

**10** 사슴을 잡아먹는 늑대가 사라져 사슴의 수는 빠르게 늘어났고, 사슴의 먹이가 되는 강가의 풀과 나무의 양은 줄어들었습니다.

**11** 늑대가 사라지자 사슴이 더 이상 늑대에게 잡아먹히지 않아 사슴의 수는 빠르게 늘어났으며, 사슴의 수가 빠르게 늘어나면서 많은 수의 사슴이 강가의 풀과 나무를 먹어 강가의 풀과 나무의 양은 줄어들었습니다.

| 채점 기준 | |
|---|---|
| 상 | 사슴의 수가 늘어난 까닭과 강가의 풀과 나무의 양이 줄어든 까닭을 모두 옳게 설명한 경우 |
| 중 | 사슴의 수가 늘어난 까닭과 강가의 풀과 나무의 양이 줄어든 까닭 중 한 가지만 옳게 설명한 경우 |

**12** (가), (나): 깨진 생태계 평형을 다시 회복하려면 오랜 시간과 많은 노력이 필요하고, 원래 상태로 돌아가지 못하기도 합니다.

**왜 틀린 답일까?**

(다): 특정 생물의 수나 양이 갑자기 늘어나거나 줄어들면 생태계 평형이 깨질 수 있습니다.

## 4 비생물 요소는 생물에 어떤 영향을 미칠까요

**스스로 확인해요** 26 쪽

**1** 햇빛 **2** 예시 답안 물이 부족하면 식물이 시든다. 물이 없으면 식물이 살 수 없다. 등

**1** 햇빛은 동물의 번식 시기와 식물의 꽃 피는 시기에 영향을 주고, 동물이 물체를 볼 때와 식물이 양분을 만드는 데 필요합니다.

**2** 식물은 물이 없으면 시들거나 말라 죽습니다.

**문제로 개념 탄탄** 27 쪽

**1** ⓒ **2** (라) **3** ⊙
**4** (1) ○ (2) × (3) ○

**1** 햇빛과 물이 콩나물의 자람에 미치는 영향을 알아보기 위해 콩나물이 받는 햇빛의 양과 콩나물에 주는 물의 양만 다르게 하고 나머지 조건(콩나물의 양, 콩나물의 길이와 굵기, 콩나물이 자라는 온도 등)은 모두 같게 했습니다.

**2** 어둠상자로 덮어 햇빛을 가리고 물을 주지 않은 콩나물(라)은 떡잎이 그대로 노란색이고, 떡잎 아래 몸통이 매우 가늘어지고 시듭니다.

**3** 어둠상자로 덮고 물을 주면서 실온에 둔 콩나물(⊙)은 떡잎이 그대로 노란색이고, 떡잎 아래 몸통이 길게 자랐습니다. 어둠상자로 덮고 물을 주면서 냉장고에 둔 콩나물(ⓒ)은 떡잎의 대부분이 노란색이지만 작은 검은색 반점이 생겼고, 떡잎 아래 몸통이 거의 자라지 않았습니다.

**4** (1) 햇빛은 동물의 번식 시기와 식물의 꽃 피는 시기에 영향을 줍니다. 또, 동물이 물체를 볼 때와 식물이 양분을 만드는 데 필요합니다.
(2) 온도는 생물의 생활에 영향을 줍니다.
(3) 선인장은 가시 모양의 잎으로 물의 손실을 최소화합니다.

## 5 생물은 환경에 어떻게 적응될까요

**1** 적응    **2** 예시 답안 위협을 느꼈을 때 몸을 둥글게 말고 가시를 세우는 행동은 적의 공격으로부터 몸을 보호하기에 유리하다.

**2** 고슴도치는 위협을 느끼면 몸을 둥글게 말고 가시를 세웁니다.

**1** (1) ㉡ (2) ㉠ (3) ㉢      **2** 생김새

**3** (1) ◯ (2) ◯ (3) ✕      **4** 건조한

**1** 털 색깔이 서식지 환경과 비슷하면 적으로부터 몸을 숨기거나 먹잇감에 접근하기 유리하여 잘 살아남을 수 있습니다.
(1) 흰 눈으로 덮인 매우 추운 북극에서는 하얀색 털로 덮여 있는 북극여우가 살아남기 유리합니다.
(2) 황토색의 마른풀과 회색 돌로 덮인 곳에서는 회색과 황토색 털이 있는 티베트모래여우가 살아남기 유리합니다.
(3) 모래로 덮인 매우 덥고 건조한 사막에서는 모래색 털로 덮여 있는 사막여우가 살아남기 유리합니다.

**2** 생물이 특정한 서식지에서 오랜 기간에 걸쳐 살아남기에 유리한 생김새와 생활 방식을 가지는 것을 적응이라고 합니다.

**3** (1) 대벌레의 가늘고 길쭉한 생김새는 주변 환경과 비슷합니다.
(2) 공벌레는 위협을 느꼈을 때 몸을 오므려 적의 공격으로부터 몸을 보호합니다.
(3) 다람쥐는 겨울잠을 자면서 몸에 저장된 양분을 천천히 사용하여 추운 겨울을 지냅니다.

**4** 선인장의 굵은 줄기와 뾰족한 가시는 물이 부족한 건조한 환경에 적응된 결과입니다.

## 6~7 환경 오염은 생물에 어떤 영향을 미칠까요 / 생태계 보전을 위해 우리는 무엇을 할 수 있을까요

**1** 보전하기    **2** 예시 답안 비닐이 없는 플라스틱 물병은 분리배출하기 쉬워 자원 재활용에 도움이 된다.

**2** 비닐이 없는 플라스틱 물병은 쓰레기 분리배출이 쉬워 자원 재활용에 도움이 됩니다.

**1** 환경 오염      **2** (1) ㉢ (2) ㉠ (3) ㉡

**3** (1) ◯ (2) ✕ (3) ◯      **4** ㉠ 생태계 복원, ㉡ 생태계 보전

**5** ㉠

**1** 사람들의 활동으로 자연환경이나 생활 환경이 훼손되는 것을 환경 오염이라고 합니다.

**2** (1) 대기 오염은 공장이나 자동차의 매연 등으로 공기가 오염되는 것입니다.
(2) 수질 오염은 폐수의 배출이나 기름 유출 등으로 물이 오염되는 것입니다.
(3) 토양 오염은 쓰레기 매립이나 농약의 지나친 사용 등으로 땅이 오염되는 것입니다.

**3** (1) 폐수의 배출로 물고기의 서식지가 파괴되어 물고기가 죽습니다.
(2) 쓰레기 매립으로 땅이 오염되면 식물이 잘 자랄 수 없습니다.
(3) 황사나 미세 먼지 등이 동물의 호흡 기관에 질병을 일으킵니다.

**4** 생태계 복원은 사람들이 훼손된 자연환경을 회복하고 생물이 살아가기에 적합한 환경으로 만들려는 노력입니다. 생태계 보전은 원래 상태의 생태계를 온전하게 보호하고 유지하는 것입니다.

**5** 일회용품을 사용하는 것은 생태계를 훼손하는 행동입니다. 생태계를 보전하기 위해서는 일회용품 사용을 줄여야 합니다.

# 바른답·알찬풀이

**01** ③     **02** ㉠

**03** 예시 답안 햇빛은 동물의 번식 시기와 식물의 꽃 피는 시기에 영향을 준다. 동물이 물체를 볼 때와 식물이 양분을 만드는 데 햇빛이 필요하다. 등    **04** 온도

**05** ㉡     **06** ③     **07** ㉢

**08** ①     **09** 예시 답안 대기 오염, 동물의 호흡 기관에 질병을 일으킨다.

**10** 수질 오염     **11** ㉢     **12** (다)

**01**

(가) 햇빛○ 물○    (나) 햇빛○ 물×

• 햇빛이 잘 드는 곳에서 물을 준 콩나물(가)은 떡잎과 떡잎 아래 몸통이 초록색으로 변했고, 떡잎 아래 몸통이 길어지고 굵어졌어요.
• 햇빛이 잘 드는 곳에서 물을 주지 않은 콩나물(나)은 떡잎이 연두색으로 변했고, 떡잎 아래 몸통이 가늘어지고 시들었어요.

③ (나)는 떡잎이 연두색으로 변했습니다.

**왜 틀린 답일까?**

① (가)는 떡잎이 초록색으로 변했습니다.
②, ④, ⑤ (가)는 떡잎 아래 몸통이 길어지고 굵어졌습니다. (나)는 떡잎 아래 몸통이 가늘어지고 시들었습니다.

**02** ㉠ 실험 결과 햇빛이 잘 드는 곳에서 물을 준 콩나물(가)이 햇빛이 잘 드는 곳에서 물을 주지 않은 콩나물(나)보다 잘 자란 것을 통해 콩나물이 자라는 데 물이 영향을 미친다는 것을 알 수 있습니다.

**왜 틀린 답일까?**

㉡, ㉢ 실험에서 콩나물에 주는 물의 양만 다르게 하고, 나머지 조건은 모두 같게 했으므로 콩나물이 자라는 데 공기와 온도가 영향을 미친다는 것은 알 수 없습니다.

**03** 햇빛은 동물의 번식 시기와 식물의 꽃 피는 시기에 영향을 줍니다. 또, 동물이 물체를 볼 때와 식물이 양분을 만드는 데 햇빛이 필요합니다.

| | 채점 기준 |
| --- | --- |
| 상 | 햇빛이 생물에 미치는 영향을 두 가지 모두 옳게 설명한 경우 |
| 중 | 햇빛이 생물에 미치는 영향을 한 가지만 옳게 설명한 경우 |

**04** 철새가 먹이를 구하거나 추위를 피해 이동하는 것은 비생물 요소 중 온도가 생물에 영향을 미치는 예입니다.

**05**

귀가 몸통과 머리에 비해 작아요.

몸 전체가 하얀색 털로 덮여 있어요.

북극여우는 하얀색 털이 흰 눈으로 덮인 서식지 환경과 비슷해 몸을 숨기기 쉽습니다. 또, 귀가 몸통과 머리에 비해 작아 몸속의 열이 덜 배출되어 추운 환경에서 살아남기에 유리합니다.

**06** 사막에서 사는 사막여우는 모래색 털이 모래가 많은 서식지 환경과 비슷해 몸을 숨기기 쉽습니다. 또, 귀가 몸통과 머리에 비해 커서 몸속의 열이 잘 배출되어 더운 환경에서 살아남기에 유리합니다.

**07** ㉢ 사마귀의 풀 색깔과 비슷한 몸 색깔은 주변 환경과 비슷해 몸을 숨기기에 유리합니다.

**왜 틀린 답일까?**

㉠ 다람쥐가 겨울잠을 자는 것은 몸에 저장된 양분을 천천히 사용하여 추운 겨울을 지내기에 유리합니다.
㉡ 공벌레가 위협을 느꼈을 때 몸을 오므리는 행동은 적의 공격으로부터 몸을 보호하기에 유리합니다.

**08** 폐수의 배출이나 기름 유출 등으로 수질 오염이 발생합니다. 공장의 매연은 대기 오염의 원인입니다.

**09** 황사나 미세 먼지 등의 대기 오염은 동물의 호흡 기관에 질병을 일으킵니다.

| | 채점 기준 |
| --- | --- |
| 상 | 대기 오염을 쓰고, 대기 오염이 생물에 미치는 영향을 옳게 설명한 경우 |
| 중 | 대기 오염이 생물에 미치는 영향만 옳게 설명한 경우 |
| 하 | 대기 오염만 쓴 경우 |

**10** 유조선의 기름 유출은 물이 오염되는 수질 오염을 일으킵니다.

**11** 유조선의 기름 유출로 파괴된 바다 생태계를 복원하기 위해서는 바다의 기름을 제거해야 합니다.

**12** 쓰레기를 아무 곳에나 버리는 것은 생태계를 훼손하는 행동입니다. 생태계를 보전하기 위해서는 쓰레기를 정해진 곳에 버려야 합니다.

## 단원 평가 1회

| | | |
|---|---|---|
| 01 ③ | 02 ㉠ | 03 ④ |
| 04 ③, ④ | 05 ㉠ | 06 ④ |
| 07 햇빛 | 08 ㉢ | 09 ㉡ |
| 10 (나) | 11 ③ | 12 ㉠ |

### 서술형 문제

**13** **예시 답안** 분해자, 주로 죽은 생물이나 배설물을 분해해 양분을 얻는다.

**14** **예시 답안** 먹이 그물에서는 어느 한 종류의 먹이가 사라지더라도 다른 먹이를 먹고 살 수 있기 때문이다.

**15** **예시 답안** 생태계를 구성하는 생물의 종류와 수 또는 양이 균형을 이루며 안정적인 상태를 유지하는 것이다.

**16** **예시 답안** 콩나물이 자라는 데 알맞은 온도가 필요하다.

**17** **예시 답안** 모래색 털이 모래가 많은 서식지 환경과 비슷해 몸을 숨기기 쉽다. 귀가 몸통과 머리에 비해 커서 몸속의 열이 잘 배출되어 더운 환경에서 살아남기에 유리하다. 등

**18** **예시 답안** 수질 오염, 폐수의 배출로 물고기의 서식지가 파괴되어 물고기가 죽는다.

---

**01** 붕어는 살아 있는 생물 요소이고, 햇빛은 살아 있지 않은 비생물 요소입니다.

**02** ㉠ 다람쥐는 다른 생물을 먹이로 하여 양분을 얻는 소비자입니다.

㉡ 주로 죽은 생물이나 배설물을 분해해 양분을 얻는 생물은 분해자입니다.

㉢ 햇빛, 물 등을 이용해 살아가는 데 필요한 양분을 스스로 만드는 생물은 생산자입니다.

**03**

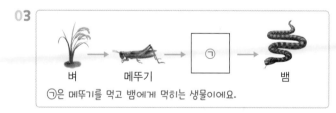

㉠은 메뚜기를 먹고 뱀에게 먹히는 생물이에요.

개구리는 메뚜기를 먹고, 뱀에게 먹힙니다.

**04** 먹이 그물은 생태계에서 여러 개의 먹이 사슬이 얽혀 그물처럼 연결된 것이며, 먹이 사슬과 먹이 그물은 모두 생물 사이의 먹고 먹히는 관계를 보여 줍니다.

**05** ㉡, ㉢ 가뭄으로 특정 생물이 사라지거나 도로 건설로 생물의 서식지가 파괴되면 생태계 평형이 깨질 수 있습니다.

㉠ 생물의 먹고 먹히는 관계는 생태계 평형이 깨지는 원인이 아닙니다.

**06** 물이 콩나물의 자람에 미치는 영향을 알아볼 때에는 콩나물에 주는 물의 양만 다르게 하고 나머지 조건은 모두 같게 해야 합니다.

**07** 햇빛은 동물의 번식 시기와 식물의 꽃 피는 시기에 영향을 주고, 동물이 물체를 볼 때와 식물이 양분을 만드는 데 필요합니다.

**08**

등 부분에는 황토색 털이 있어요.

배 부분에는 회색 털이 있어요.

티베트모래여우는 회색과 황토색 털이 황토색의 마른 풀과 회색 돌로 덮인 서식지 환경과 비슷해 몸을 숨기기 쉽습니다.

**09** 공벌레가 몸을 오므리는 행동은 적의 공격으로부터 몸을 보호하기에 유리합니다.

**10** 환경이 오염되면 그곳에 사는 생물의 종류나 수가 줄어들어 생태계 평형이 깨지기도 합니다.

**11** 많은 쓰레기로 땅이 오염되어 악취가 심하고 식물이 살지 못하는 쓰레기 매립지의 생태계를 복원하기 위해서는 쓰레기 배출량을 줄여야 합니다.

**12** ㉠ 대중교통을 이용하는 것은 우리가 실천할 수 있는 생태계 보전 방안입니다.

㉡, ㉢ 일회용품을 자주 사용하고 쓰레기 분리배출을 하지 않는 것은 생태계를 훼손하는 행동입니다.

**13** 곰팡이와 세균은 주로 죽은 생물이나 배설물을 분해하여 양분을 얻는 분해자입니다.

| 채점 기준 | |
|---|---|
| 상 | 분해자를 쓰고, 분해자가 양분을 얻는 방법을 옳게 설명한 경우 |
| 중 | 분해자가 양분을 얻는 방법만 옳게 설명한 경우 |
| 하 | 분해자만 쓴 경우 |

**14** 먹이 그물은 생물의 먹고 먹히는 관계가 여러 방향으로 연결되기 때문에 어느 한 종류의 먹이가 부족해지더라도 다른 먹이를 먹고 살 수 있으므로 생물이 살아가기에 유리합니다.

| 채점 기준 | |
| --- | --- |
| 상 | 어느 한 종류의 먹이가 부족해지더라도 다른 먹이를 먹고 살 수 있기 때문이라고 설명한 경우 |
| 중 | 생물의 먹고 먹히는 관계가 여러 방향으로 연결되기 때문이라고 설명한 경우 |

**15** 생태계를 구성하는 생물의 종류와 수 또는 양이 균형을 이루며 안정적인 상태를 유지하는 것을 생태계 평형이라고 합니다.

| 채점 기준 | |
| --- | --- |
| 상 | 생태계를 구성하는 생물의 종류와 수 또는 양이 균형을 이루며 안정적인 상태를 유지하는 것이라고 설명한 경우 |
| 중 | 생태계를 구성하는 생물의 종류와 수 또는 양이 균형을 이루는 상태라고 설명한 경우 |
| 하 | 생태계가 안정적인 상태라고만 설명한 경우 |

**16** 실험 결과 실온에 둔 콩나물은 떡잎이 그대로 노란색이고, 떡잎 아래 몸통이 길게 자랐습니다. 냉장고에 둔 콩나물은 떡잎의 대부분이 노란색이지만 작은 검은색 반점이 생겼고, 떡잎 아래 몸통이 거의 자라지 않았습니다. 이를 통해 콩나물이 자라는 데 알맞은 온도가 필요하다는 것을 알 수 있습니다.

| 채점 기준 | |
| --- | --- |
| 상 | 콩나물이 자라는 데 알맞은 온도가 필요하다고 설명한 경우 |
| 중 | 실온에 둔 콩나물이 냉장고에 둔 콩나물보다 잘 자란다고 설명한 경우 |

**17** 사막여우는 모래색 털이 모래가 많은 서식지 환경과 비슷해 몸을 숨기기 쉽습니다. 또, 몸집이 작으며, 귀가 커서 몸속의 열이 잘 배출되어 더운 환경에서 살아남기에 유리합니다.

| 채점 기준 | |
| --- | --- |
| 상 | 사막여우가 사막에서 살아남기에 유리한 특징을 두 가지 모두 옳게 설명한 경우 |
| 중 | 사막여우가 사막에서 살아남기에 유리한 특징을 한 가지만 옳게 설명한 경우 |

**18** 폐수의 배출로 수질 오염이 발생합니다. 수질 오염이 발생하면 물고기의 서식지가 파괴되고 물고기가 죽기도 합니다.

| 채점 기준 | |
| --- | --- |
| 상 | 수질 오염을 쓰고, 수질 오염이 생물에 미치는 영향을 옳게 설명한 경우 |
| 중 | 수질 오염이 생물에 미치는 영향만 옳게 설명한 경우 |
| 하 | 수질 오염만 쓴 경우 |

### 수행평가 1회 · 45 쪽

**01** (1) ㉠ 생물, ㉡ 비생물 (2) 예시답안 오리가 물에 사는 생물을 먹는다. 부들이 흙 속에 뿌리를 내리고 산다. 등
**02** (1) ㉠ (2) 예시답안 콩나물이 자라는 데 햇빛과 물이 필요하다.

**01** (1) 생태계는 동물과 식물처럼 살아 있는 생물 요소와 햇빛, 물, 온도처럼 살아 있지 않은 비생물 요소로 이루어져 있습니다.

> 만점 꿀팁 표에서 ㉠ 요소들을 보면 살아 있는 요소라는 것을 알 수 있고, ㉡ 요소들을 보면 살아 있지 않은 요소라는 것을 알 수 있어요.

(2) 오리는 다른 생물을 먹어 양분을 얻습니다. 부들은 흙 속에 뿌리를 내리고 삽니다.

> 만점 꿀팁 연못 생태계에서 생태계 구성 요소들이 주고받는 영향에는 무엇이 있었는지 떠올려 보아요.

| 채점 기준 | |
| --- | --- |
| 상 | 연못 생태계의 구성 요소들이 주고받는 영향을 두 가지 모두 옳게 설명한 경우 |
| 중 | 연못 생태계의 구성 요소들이 주고받는 영향을 한 가지만 옳게 설명한 경우 |

**02** (1) 햇빛이 잘 드는 곳에 두고 물을 준 콩나물(㉠)이 가장 잘 자랍니다.

> 만점 꿀팁 햇빛과 물이 콩나물의 자람에 미치는 영향을 떠올려 보아요.

(2) 콩나물이 자라는 데 햇빛과 물이 필요합니다.

> **만점 꿀팁** 실험에서 다르게 한 조건을 살펴보면 콩나물이 받는 햇빛의 양과 콩나물에 주는 물의 양이라는 것을 알 수 있어요.

| 채점 기준 | |
|---|---|
| 상 | 콩나물이 자라는 데 햇빛과 물이 필요하다고 설명한 경우 |
| 중 | 콩나물이 자라는 데 햇빛과 물 중 한 가지만 필요하다고 설명한 경우 |

## 단원 평가 2회
46~48 쪽

| | | |
|---|---|---|
| 01 ㉠ 생물 요소, ㉡ 비생물 요소 | | 02 ② |
| 03 ㉡ | 04 ㉠ | 05 ⑤ |
| 06 ①, ⑤ | 07 ㉡ | 08 ㉠ |
| 09 ㉠ | 10 ㉠ | 11 ① |
| 12 ② | | |

### 서술형 문제

13 **예시 답안** 어떤 공간에서 영향을 주고받는 모든 생물 요소와 비생물 요소이다.

14 **예시 답안** 사슴의 수는 늘어나고, 강가의 풀과 나무의 양은 줄어들 것이다.

15 **예시 답안** 특정 생물의 종류나 수 또는 양에 변화가 생겨 생태계 평형이 깨질 수 있다.

16 **예시 답안** 철새는 먹이를 구하거나 새끼를 기르기에 온도가 적절한 장소를 찾아 이동한다.

17 **예시 답안** 사마귀의 풀 색깔과 비슷한 몸 색깔은 주변 환경과 비슷해 몸을 숨기기에 유리하다.

18 **예시 답안** 훼손된 생태계가 원래 상태로 회복하는 데에는 오랜 시간과 많은 노력이 필요하기 때문이다.

01 생태계 구성 요소 중 동물과 식물처럼 살아 있는 것은 생물 요소이고, 햇빛, 물, 온도처럼 살아 있지 않은 것은 비생물 요소입니다.

02 햇빛, 물 등을 이용해 필요한 양분을 스스로 만드는 생물을 생산자라고 합니다.
② 연꽃은 생산자입니다.

> **왜 틀린 답일까?**

①, ③ 버섯과 곰팡이는 주로 죽은 생물이나 배설물을 분해해 양분을 얻는 분해자입니다.
④ 다람쥐는 다른 생물을 먹이로 하여 양분을 얻는 소비자입니다.

03 메뚜기는 벼를 먹고 개구리는 메뚜기를 먹으므로, 먹이 사슬은 벼 → 메뚜기 → 개구리로 나타내야 합니다.

04 ㉠ 먹이 사슬과 먹이 그물은 모두 생물 사이의 먹고 먹히는 관계를 보여 줍니다.

> **왜 틀린 답일까?**

㉡ 생물의 먹고 먹히는 관계가 한 방향으로만 연결되는 것은 먹이 사슬입니다.
㉢ 생물의 먹고 먹히는 관계가 여러 방향으로 연결되는 것은 먹이 그물입니다.

05 가뭄, 산불, 지진, 홍수는 생태계 평형이 깨지는 원인 중 자연적인 요인이고, 도로 건설은 인위적인 요인입니다.

06 햇빛이 잘 드는 곳에 두고 물을 주지 않은 콩나물은 떡잎이 연두색으로 변하고, 떡잎 아래 몸통이 가늘어지고 시듭니다.

07

떡잎이 그대로 노란색이고, 떡잎 아래 몸통이 길게 자라요.

떡잎의 대부분이 노란색이지만 작은 검은색 반점이 생기고, 떡잎 아래 몸통이 거의 자라지 않아요.

어둠상자로 덮고 물을 주면서 실온에 둔 콩나물(㉠)은 떡잎이 그대로 노란색이고, 떡잎 아래 몸통이 길게 자랍니다. 어둠상자로 덮고 물을 주면서 냉장고에 둔 콩나물(㉡)은 떡잎의 대부분이 노란색이지만 작은 검은색 반점이 생기고, 떡잎 아래 몸통이 거의 자라지 않습니다.

08 물이 부족한 곳에서 사는 선인장은 가시 모양의 잎으로 물의 손실을 최소화하며 삽니다.

# 바른답·알찬풀이

**09**

사막여우 / 북극여우

대부분 모래색 털로 덮여 있고, 꼬리 끝부분은 검은색 털로 덮여 있어요. → 모래색 털이 모래가 많은 서식지 환경과 비슷해 몸을 숨기기 쉬워요.

몸 전체가 하얀색 털로 덮여 있어요. → 하얀색 털이 흰 눈으로 덮인 서식지 환경과 비슷해 몸을 숨기기 쉬워요.

모래가 많은 사막에서는 서식지 환경과 비슷한 모래색 털을 가진 사막여우가 잘 살아남을 수 있습니다.

**10** ㉠ 대벌레의 가늘고 길쭉한 생김새는 주변 환경과 비슷해 몸을 숨기기에 유리합니다.

### 왜 틀린 답일까?

㉡ 공벌레가 위협을 느꼈을 때 몸을 오므리는 행동은 적의 공격으로부터 몸을 보호하기에 유리합니다.
㉢ 철새는 계절에 따라 온도가 적절한 서식지를 찾아 다른 곳으로 이동합니다.

**11** ① 쓰레기 매립으로 토양 오염이 발생하면 주변에 악취가 심해 사람들의 생활 환경이 훼손됩니다.

### 왜 틀린 답일까?

② 황사나 미세 먼지로 질병이 증가하는 것은 대기 오염이 생물에 미치는 영향입니다.
③, ④ 폐수의 배출이나 기름 유출 등으로 물고기가 죽고 생물 서식지가 파괴되는 것은 수질 오염이 생물에 미치는 영향입니다.

**12** ② 환경 오염을 적게 일으키는 친환경 제품을 사용하여 생태계 보전을 실천할 수 있습니다.

### 왜 틀린 답일까?

①, ③, ④, ⑤는 모두 생태계를 훼손하는 행동입니다.

**13** 생태계는 어떤 공간에서 영향을 주고받는 모든 생물 요소와 비생물 요소입니다.

| 채점 기준 | |
|---|---|
| 상 | 어떤 공간에서 영향을 주고받는 모든 생물 요소와 비생물 요소라고 설명한 경우 |
| 중 | 모든 생물 요소와 비생물 요소라고만 설명한 경우 |

**14** 늑대가 사라진 뒤 사슴의 수는 빠르게 늘어나고, 사슴의 수가 빠르게 늘어나면서 많은 수의 사슴이 강가의 풀과 나무를 먹어 강가의 풀과 나무의 양은 줄어들 것입니다.

| 채점 기준 | |
|---|---|
| 상 | 사슴의 수와 강가의 풀과 나무의 양이 어떻게 변할지 모두 옳게 설명한 경우 |
| 중 | 사슴의 수와 강가의 풀과 나무의 양이 어떻게 변할지 한 가지만 옳게 설명한 경우 |

**15** 댐이나 건물 건설과 같은 개발을 하면서 특정 생물의 종류나 수 또는 양에 변화가 생겨 생태계 평형이 깨질 수 있습니다.

| 채점 기준 | |
|---|---|
| 상 | 특정 생물의 종류나 수 또는 양에 변화가 생겨 생태계 평형이 깨질 수 있다고 설명한 경우 |
| 중 | 생태계 평형이 깨질 수 있다고만 설명한 경우 |

**16** 비생물 요소는 생물이 살아가는 데 다양한 방식으로 영향을 줍니다. 비생물 요소 중 온도는 생물의 생활에 영향을 줍니다. 철새는 먹이를 구하거나 새끼를 기르기에 온도가 적절한 장소를 찾아 이동합니다.

| 채점 기준 | |
|---|---|
| 상 | 철새는 먹이를 구하거나 새끼를 기르기에 온도가 적절한 장소를 찾아 이동한다고 설명한 경우 |
| 중 | 철새의 생활에 영향을 준다고만 설명한 경우 |

**17** 생물은 생김새와 생활 방식 등을 통해 환경에 적응됩니다. 사마귀는 주변 환경과 몸 색깔이 비슷해 몸을 숨기기에 유리합니다.

| 채점 기준 | |
|---|---|
| 상 | 사마귀의 몸 색깔이 주변 환경과 비슷해 몸을 숨기기에 유리하다고 설명한 경우 |
| 중 | 사마귀의 몸 색깔이 주변 환경과 비슷하다고만 설명한 경우 |

**18** 사람들이 자연환경을 이용하고 개발하면서 생태계가 훼손될 수 있습니다. 훼손된 생태계가 원래 상태로 회복하는 데에는 오랜 시간과 많은 노력이 필요하므로 생태계 보전과 개발을 균형 있게 하는 것이 중요합니다.

| 채점 기준 | |
|---|---|
| 상 | 훼손된 생태계가 원래 상태로 회복하는 데에는 오랜 시간과 많은 노력이 필요하기 때문이라고 설명한 경우 |
| 중 | 지나친 개발은 생태계를 훼손시킬 수 있기 때문이라고 설명한 경우 |

**수행평가 2회**

01 (1) ㉠ 먹이 사슬, ㉡ 먹이 그물 (2) [예시 답안] 먹이 사슬(㉠)에서는 다른 먹이가 없어 개구리가 사라질 수 있다. 먹이 그물(㉡)에서는 개구리가 다른 먹이를 먹고 살 수 있다.

02 (1) ㉡ (2) [예시 답안] 하얀색 털이 흰 눈으로 덮인 서식지 환경과 비슷해 몸을 숨기기 쉽기 때문이다.

01 (1) 생태계에서 생물의 먹고 먹히는 관계가 사슬처럼 연결된 것은 먹이 사슬이고, 여러 개의 먹이 사슬이 얽혀 그물처럼 연결된 것은 먹이 그물입니다.

> **만점 꿀팁** 생물의 먹고 먹히는 관계가 첫 번째 그림에서는 한 방향으로만 연결되고, 두 번째 그림에서는 여러 방향으로 연결된다는 것을 알 수 있어요.

(2) 먹이 사슬(㉠)은 한 방향으로 연결되기 때문에 메뚜기가 사라지면 개구리도 다른 먹이가 없어 사라질 수 있습니다. 하지만 먹이 그물(㉡)은 여러 방향으로 연결되기 때문에 메뚜기가 사라지더라도 개구리는 배추흰나비 애벌레를 먹고 살 수 있습니다.

> **만점 꿀팁** 먹이 사슬(㉠)에서는 개구리가 메뚜기만 먹지만, 먹이 그물(㉡)에서는 개구리가 메뚜기뿐만 아니라 배추흰나비 애벌레도 먹을 수 있어요.

| 채점 기준 | |
|---|---|
| 상 | 먹이 사슬(㉠)과 먹이 그물(㉡)에서 메뚜기가 사라졌을 때 개구리가 어떻게 될지 각각 옳게 설명한 경우 |
| 중 | 먹이 사슬(㉠)과 먹이 그물(㉡)에서 메뚜기가 사라졌을 때 개구리가 어떻게 될지 한 가지만 옳게 설명한 경우 |

02

| ㉠ | ㉡ | ㉢ |
|---|---|---|
| 티베트모래여우 | 북극여우 | 사막여우 |

• 티베트모래여우(㉠)는 배 부분에는 회색 털이 있고 등 부분에는 황토색 털이 있으며, 귀가 몸통과 머리에 비해 비교적 작아요.
→ 회색과 황토색 털이 황토색의 마른풀과 회색 돌로 덮인 서식지 환경과 비슷해 몸을 숨기기 쉬워요.
• 북극여우(㉡)는 몸 전체가 하얀색 털로 덮여 있고, 귀가 몸통과 머리에 비해 작아요.
→ 하얀색 털이 흰 눈으로 덮인 서식지 환경과 비슷해 몸을 숨기기 쉬워요.
• 사막여우(㉢)는 모래색 털로 덮여 있고 꼬리 끝부분에 검은색 털이 있으며, 귀가 몸통과 머리에 비해 커요.
→ 모래색 털이 모래가 많은 서식지 환경과 비슷해 몸을 숨기기 쉬워요.

(1) 몸 전체가 하얀색 털로 덮여 있고, 귀가 몸통과 머리에 비해 작은 북극여우가 흰 눈으로 덮인 서식지 환경에서 살아남기에 유리합니다.

> **만점 꿀팁** 서식지 환경과 비슷한 털색을 가지고 있으면 몸을 숨기기 유리해서 잘 살아남을 수 있어요.

(2) 북극여우는 하얀색 털이 흰 눈으로 덮인 서식지 환경과 비슷해 몸을 숨기기 쉽습니다.

> **만점 꿀팁** 북극여우가 흰 눈으로 덮인 서식지 환경에서 살아남기에 유리한 까닭을 털 색깔과 관련지어 설명해요.

| 채점 기준 | |
|---|---|
| 상 | 하얀색 털이 흰 눈으로 덮인 서식지 환경과 비슷해 몸을 숨기기 쉽기 때문이라고 설명한 경우 |
| 중 | 하얀색 털로 덮여 있기 때문이라고만 설명한 경우 |

# 바른답·알찬풀이

## 3 날씨와 우리 생활

### 1~2 습도는 어떻게 측정할까요 / 습도는 우리 생활에 어떤 영향을 줄까요

**스스로 확인해요**
52 쪽

**1** 습도    **2** [예시 답안] 습구 온도는 더 낮아진다.

**2** 건구 온도가 일정할 때 습도가 더 낮아진다면 습구 온도는 더 낮아집니다.

**스스로 확인해요**
52 쪽

**1** 높으면, 낮으면    **2** [예시 답안] 가습기를 켠다. 실내에 빨래를 넌다. 등

**2** 집 안의 습도가 낮을 때 습도를 높일 수 있는 방법으로는 가습기 켜기, 빨래 널기 등이 있습니다.

**문제로 개념 탄탄**
53 쪽

**1** (1) × (2) ○ (3) ○ (4) ○      **2** 83
**3** 습도      **4** ㉢

**1** (1) 습도를 구하기 위해서는 건구 온도와 습구 온도를 모두 알아야 합니다.
(2) 습구 온도계의 액체샘 부분은 헝겊으로 둘러싸여 있고, 헝겊은 물통과 연결되어 있습니다.
(3) 건습구 습도계는 건구 온도계와 습구 온도계로 이루어져 있습니다.
(4) 건습구 습도계를 사용할 때는 습구 온도계의 온도가 변하지 않을 때까지 기다린 후 건구 온도와 습구 온도를 측정해야 합니다.

**2** 건구 온도가 20 ℃이고, 건구 온도와 습구 온도의 차가 2 ℃이므로 현재 습도는 83 %입니다.

**3** 습도가 높으면 물이 증발하기 어려워 빨래가 잘 마르지 않습니다.

**4** 습도가 높을 때에는 빨래가 잘 마르지 않으며, 곰팡이가 잘 피고, 음식물이 부패하기 쉽습니다.

## 3 이슬, 안개, 구름은 어떻게 만들어질까요

**스스로 확인해요**
54 쪽

**1** 응결    **2** [예시 답안] 차가운 물이 담긴 컵에 물방울이 맺히는 것은 이슬이 만들어지는 것과 비슷하다. 추운 날, 욕실에서 따뜻한 물로 씻은 뒤에 창문이나 문을 열었을 때 욕실 안이 뿌옇게 흐려지는 것은 안개가 만들어지는 것과 비슷하다. 등

**1** 이슬, 안개, 구름은 모두 공기 중의 수증기가 응결해 나타나는 자연 현상입니다.

**문제로 개념 탄탄**
55 쪽

**1** ㉡      **2** (1) ○ (2) ○ (3) ×
**3** 구름      **4** 응결

**1** 집기병 안이 뿌옇게 흐려지는 것과 비슷한 자연 현상은 안개입니다.

**2** (1) 안개는 공기 중의 수증기가 응결해 작은 물방울로 지표면 근처에 떠 있는 것입니다.
(2) 이슬은 차가운 풀잎, 나뭇가지 같은 물체 주변에서 공기의 온도가 낮아지면 공기 중의 수증기가 응결해 물체의 표면에 물방울로 맺힌 것입니다.
(3) 이슬과 안개는 공기 중의 수증기가 응결해 만들어집니다.

**3** 구름은 공기 중의 수증기가 응결해 작은 물방울이 되거나, 얼음 알갱이로 얼어 하늘에 떠 있는 것입니다.

**4** 이슬과 안개는 모두 공기 중의 수증기가 응결해 나타나는 현상입니다.

## 4 비와 눈은 어떻게 만들어질까요

**스스로 확인해요**
56 쪽

**1** 비    **2** [예시 답안] 식물이 자랄 수 있게 한다. 강이나 호수로 흘러들어 우리가 생활하는 데 필요한 물을 제공한다. 등

**1** 구름을 이루는 작은 물방울이 서로 합쳐지면서 크기가 커지면 무거워져 아래로 떨어져 비가 됩니다.

**1** 커져                    **2** ㉠ 비, ㉡ 눈
**3** (1) × (2) ○ (3) ○              **4** ㉠

**1** 구름을 이루는 작은 물방울이 서로 합쳐지면서 크기가 커져 무거워지면 아래로 떨어져 비가 됩니다.

**2** 구름을 이루는 얼음 알갱이의 크기가 커져 무거워지면 아래로 떨어지다가 녹아서 비가 되고, 녹지 않고 그대로 떨어지면 눈이 됩니다.

**3**

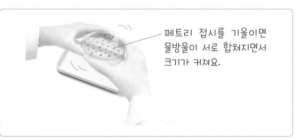

페트리 접시를 기울이면 물방울이 서로 합쳐지면서 크기가 커져요.

(1) 비가 내리는 과정에 대한 실험입니다.
(2) 페트리 접시를 여러 방향으로 기울이면 물방울이 합쳐지면서 크기가 커집니다.
(3) 페트리 접시에 떨어뜨린 물방울은 구름을 이루는 작은 물방울과 비슷합니다.

**4** ㉠은 비가 내리는 모습, ㉡은 눈이 내리는 모습입니다. 위 실험에서 나타나는 결과와 비슷한 자연 현상은 비입니다.

**01** ㉠ 건구 온도계, ㉡ 습구 온도계        **02** ②
**03** ㉡          **04** ②          **05** 이슬
**06** ①          **07** ㉠          **08** ④
**09** 예시 답안 주변의 온도가 낮아져 집기병 안의 수증기가 응결하기 때문이다.
**10** 예시 답안 공기 중의 수증기가 응결해 나타나는 현상이다.          **11** ③          **12** ㉡

**01** ㉠은 건구 온도계, ㉡은 습구 온도계입니다.

**02** 건구 온도가 24 ℃, 습구 온도가 22 ℃이므로 현재 습도는 84 %입니다.

**03** ㉠ 건습구 습도계는 건구 온도계와 습구 온도계로 이루어져 있습니다.
㉢ 습도를 구하기 위해서는 건구 온도와 습구 온도를 모두 알아야 합니다.
왜 틀린 답일까?
㉡ 건습구 습도계에서 건구 온도와 습구 온도의 차이가 클수록 습도가 낮습니다.

**04** 습도가 높을 때에는 빨래가 잘 마르지 않으며, 곰팡이가 잘 피고, 음식물이 부패하기 쉽습니다. 습도가 낮을 때에는 목이 따가워지거나 피부가 건조해지며, 빨래가 금방 마르고, 산불이 발생하기 쉽습니다.

**05** 얼린 음료수 캔의 표면에 물방울이 맺히는 현상은 자연 현상 중 이슬이 만들어지는 것과 비슷합니다.

**06** ②, ⑤ 이슬은 풀잎이나 나뭇가지 같은 차가운 물체의 표면에 수증기가 응결해 물방울로 맺힌 것입니다.
③ 안개는 공기의 온도가 낮아지면 공기 중의 수증기가 응결해 작은 물방울로 지표면 근처에 떠 있는 것입니다.
④ 구름은 공기가 지표면에서 하늘로 올라가면 온도가 낮아져 공기 중의 수증기가 응결해 만들어집니다.
왜 틀린 답일까?
① 안개는 공기 중의 수증기가 응결해 작은 물방울로 지표면 근처에 떠 있는 것이고, 하늘 높이 떠 있는 것은 구름입니다.

**07** 얼린 음료수 캔을 따뜻한 물이 담겨 있었던 집기병 위에 올리면 집기병 안이 뿌옇게 흐려집니다.

**08** 집기병 안이 뿌옇게 흐려지는 현상은 안개가 만들어지는 것과 비슷합니다.

**09** 얼린 음료수 캔을 따뜻한 물이 담겨 있었던 집기병 위에 올리면 주변의 온도가 낮아져 집기병 안의 수증기가 응결해 집기병 안이 뿌옇게 흐려집니다.

| 채점 기준 | |
|---|---|
| 상 | 주변의 온도가 낮아지면서 수증기가 응결하기 때문이라고 설명한 경우 |
| 중 | 집기병 안에서 수증기가 물방울이 되었기 때문이라고 설명한 경우 |

**10** 이슬, 안개, 구름은 모두 수증기가 응결하여 나타나는 현상입니다.

| | 채점 기준 |
|---|---|
| 상 | 수증기와 응결을 모두 언급하여 이슬, 안개, 구름의 공통점을 옳게 설명한 경우 |
| 중 | 이슬, 안개, 구름은 수증기가 물방울이 되어 만들어졌다고 설명한 경우 |
| 하 | 이슬, 안개, 구름은 물방울로 이루어졌다고만 설명한 경우 |

**11** 구름을 이루는 작은 물방울이 서로 합쳐지면서 크기가 커져서 무거워지면 아래로 떨어져 비가 됩니다. 또, 구름을 이루는 얼음 알갱이의 크기가 커져서 무거워지면 아래로 떨어지다가 녹아서 비가 되기도 합니다. 크기가 커진 얼음 알갱이가 떨어질 때 녹지 않고 그대로 떨어지면 눈이 됩니다.

**12** 구름을 이루는 작은 물방울이 서로 합쳐지면서 무거워져 아래로 떨어지면 비가 됩니다.

## 5 바람이 부는 까닭은 무엇일까요

**스스로 확인해요** 60 쪽

**1** 고기압, 저기압   **2** 예시 답안 온도가 낮은 육지 위의 차가운 공기는 고기압이 되고 온도가 높은 바다 위의 따뜻한 공기는 저기압이 되어 육지에서 바다로 바람이 분다.

**2** 공기의 온도가 낮아지면 같은 크기의 공간에 있는 공기의 양이 많아져서 무거워지고, 온도가 높아지면 같은 크기의 공간에 있는 공기의 양이 적어져서 가벼워집니다. 따라서 온도가 낮은 육지 위의 차가운 공기는 고기압이 되고, 온도가 높은 바다 위의 따뜻한 공기는 저기압이 되어 육지에서 바다 방향으로 바람이 불게 됩니다.

## 문제로 개념 탄탄 61 쪽

**1** ㉠ 고기압, ㉡ 저기압   **2** (1) ◯ (2) × (3) ◯ (4) ×
**3** ㉠ 모래, ㉡ 물   **4** ㉠

**1** 기압은 공기의 무게로 생기는 누르는 힘이므로 같은 크기의 공간에 있는 공기의 양이 많아 상대적으로 무거운 것은 고기압, 같은 크기의 공간에 있는 공기의 양이 적어 상대적으로 가벼운 것은 저기압입니다.

**2** (1) 기압은 공기의 무게로 생기는 누르는 힘입니다.
(2) 따뜻한 공기는 차가운 공기보다 상대적으로 가벼우므로 기압이 낮습니다.
(3) 공기가 무거울수록 기압은 높아지므로 무거운 공기는 기압이 높고, 가벼운 공기는 기압이 낮습니다.
(4) 같은 크기의 공간에 있는 공기의 무게를 비교하여 상대적으로 공기가 무거운 것을 고기압, 가벼운 것을 저기압이라고 합니다.

**3** 물과 모래를 같은 시간 동안 전등으로 가열하면 모래가 물보다 온도가 높아집니다.

**4** 물과 모래를 같은 시간 동안 가열하면 물 위의 공기보다 모래 위의 공기가 온도가 높아져 물 위는 고기압이 되고, 모래 위는 저기압이 되어 향 연기는 물 위에서 모래 위 방향으로 이동합니다.

## 6 우리나라의 계절별 날씨는 어떤 특징이 있을까요

**스스로 확인해요** 62 쪽

**1** 공기 덩어리   **2** 예시 답안 고드름은 겨울에 볼 수 있다. 겨울에는 차갑고 건조한 공기 덩어리가 우리나라에 영향을 준다.

**2** 고드름을 볼 수 있는 계절은 겨울로, 겨울에는 북서쪽의 차갑고 건조한 공기 덩어리가 우리나라에 영향을 주기 때문에 날씨가 춥고 건조합니다.

**1** 건조하다　　　　　　**2** ㉣
**3** (1) ㉣ (2) ㉡ (3) ㉠ (4) ㉢　　　　　**4** ㉣

**1** 봄, 가을에 우리나라의 날씨는 남서쪽 공기 덩어리의 영향을 받아 따뜻하고 건조합니다.

**2** 우리나라는 겨울에 북서쪽의 차갑고 건조한 공기 덩어리의 영향으로 날씨가 춥고 건조합니다.

**3** (1) 북쪽의 공기 덩어리는 차가운 성질을 가지고 있습니다.
(2) 남쪽의 공기 덩어리는 따뜻한 성질을 가지고 있습니다.
(3) 대륙을 덮고 있는 공기 덩어리는 건조한 성질을 가지고 있습니다.
(4) 바다를 덮고 있는 공기 덩어리는 습한 성질을 가지고 있습니다.

**4**

겨울 날씨에 영향을 주는 북서쪽의 차갑고 건조한 공기 덩어리 ㉠

초여름 날씨에 영향을 주는 공기 덩어리 ㉡

봄, 가을 날씨에 영향을 주는 남서쪽의 따뜻하고 건조한 공기 덩어리 ㉢

여름 날씨에 영향을 주는 남동쪽의 덥고 습한 공기 덩어리 ㉣

우리나라의 여름 날씨에 영향을 주는 공기 덩어리는 남동쪽의 덥고 습한 공기 덩어리입니다.

**01** ③　　　　　**02** ㉠ 고기압, ㉡ 저기압
**03** ②　　　　　**04** ①　　　　　**05** ㉡
**06** 예시 답안 공기가 고기압인 물 위에서 저기압인 모래 위로 이동하므로 향 연기는 물 위에서 모래 위로 이동할 것이다.　　**07** ㉡　　　　**08** ①
**09** ㉠　　　　　**10** ④　　　　　**11** ⑤
**12** 예시 답안 봄, 가을, 봄과 가을은 남서쪽의 따뜻하고 건조한 공기 덩어리의 영향을 받아 따뜻하고 건조한 날씨이다.

**01** ① 기압은 공기의 무게로 생기는 누르는 힘입니다.
② 공기는 무거울수록 기압이 높아집니다.
④ 공기의 온도가 높아지면 같은 크기의 공간에 있는 공기의 양은 적어져서 가벼워집니다.
⑤ 공기의 온도가 낮아지면 같은 크기의 공간에 있는 공기의 양은 많아져서 무거워집니다.

왜 틀린 답일까?
③ 공기의 온도가 낮아지면 같은 크기의 공간에 있는 공기의 양이 많아져 무거워지므로 차가운 공기는 따뜻한 공기보다 무게가 무겁습니다.

**02** 기압은 공기의 무게로 생기는 힘입니다. 같은 크기의 공간에 있는 공기의 무게를 비교하였을 때 공기의 양이 많아 상대적으로 무거운 것을 고기압, 공기의 양이 적어 상대적으로 가벼운 것을 저기압이라고 합니다.

**03** ① 육지는 바다보다 빨리 데워집니다.
③ 육지는 바다보다 빨리 데워져 바다 위는 고기압이 되고 육지 위는 저기압이 됩니다. 따라서 바람은 바다에서 육지 방향으로 불게 됩니다.
④ 육지는 바다보다 빨리 데워지므로 육지 위 공기의 온도는 바다 위 공기의 온도보다 높습니다.
⑤ 같은 크기의 공간에 있는 공기의 무게는 온도가 낮을수록 무겁습니다. 바다는 육지보다 천천히 데워지기 때문에 바다 위의 공기는 육지 위의 공기보다 온도가 낮아 공기의 무게가 무겁습니다.

왜 틀린 답일까?
② 육지는 바다보다 빨리 데워져 육지 위의 공기는 바다 위의 공기보다 온도가 높아집니다. 공기의 온도가 높아지면 같은 크기의 공간에 있는 공기의 양이 적어져 가벼워지고 공기는 무게가 가벼울수록 기압이 낮아집니다. 따라서 육지 위는 바다 위보다 기압이 낮습니다.

**04** 물은 바다, 모래는 육지, 전등은 태양을 나타냅니다.

**05** 같은 시간 동안 가열하면 모래가 물보다 온도가 높습니다. 온도가 높아질수록 공기의 무게는 가벼워지므로 모래 위의 공기는 물 위의 공기보다 가볍고, 물 위는 고기압, 모래 위는 저기압이 됩니다.

**06** 물과 모래를 같은 시간 동안 가열하면 물 위의 공기보다 모래 위의 공기 온도가 높아져 물 위는 고기압, 모래 위는 저기압이 됩니다. 공기는 고기압에서 저기압으로 이동하므로 향 연기는 물 위에서 모래 위 방향으로 이동하게 됩니다.

# 바른답·알찬풀이

| 채점 기준 | |
|---|---|
| 상 | 공기가 고기압에서 저기압으로 이동하기 때문에 향 연기가 물 위에서 모래 위로 이동한다고 설명한 경우 |
| 중 | 향 연기가 물 위에서 모래 위로 이동한다고만 설명한 경우 |

**07** ㉠ 우리나라 주변에는 대륙이나 바다를 덮고 있는 큰 공기 덩어리들이 있습니다.
㉢ 우리나라 주변의 공기 덩어리들은 우리나라의 계절별 날씨에 각각 다른 영향을 줍니다.

**왜 틀린 답일까?**
㉡ 우리나라 주변의 대륙이나 바다를 덮고 있는 큰 공기 덩어리들은 온도나 습도가 달라 우리나라의 계절별 날씨에 각각 다른 영향을 줍니다.

**08** 우리나라 남동쪽의 공기 덩어리는 덥고 습한 성질을 가지며 우리나라의 여름 날씨에 영향을 줍니다.

**09** ㉠은 겨울, ㉡은 초여름, ㉢은 봄, 가을, ㉣은 여름에 우리나라의 날씨에 영향을 줍니다. ㉠은 북서쪽의 차갑고 건조한 공기 덩어리로 ㉠의 영향을 받아 우리나라의 겨울 날씨는 춥고 건조합니다.

**10** 대륙을 덮고 있는 ㉠과 ㉢은 건조한 성질을 가지고, 바다를 덮고 있는 ㉡과 ㉣은 습한 성질을 가집니다.

**11** ① ㉠은 우리나라의 겨울 날씨에 영향을 주는 북서쪽의 차갑고 건조한 공기 덩어리입니다.
② ㉡은 우리나라의 초여름 날씨에 영향을 주는 공기 덩어리입니다.
③, ④ ㉢은 우리나라의 봄, 가을 날씨에 영향을 주는 남서쪽의 따뜻하고 건조한 공기 덩어리입니다.

**왜 틀린 답일까?**
⑤ ㉣은 우리나라의 여름 날씨에 영향을 주는 남동쪽의 덥고 습한 공기 덩어리입니다.

**12** ㉢이 영향을 미치는 계절은 봄과 가을입니다. ㉢은 남서쪽 대륙을 덮고 있는 공기 덩어리로 따뜻하고 건조한 성질을 가집니다. 따라서 봄과 가을의 날씨는 남서쪽 공기 덩어리의 영향을 받아 따뜻하고 건조합니다.

| 채점 기준 | |
|---|---|
| 상 | ㉢이 영향을 주는 계절과 그 계절의 날씨를 공기 덩어리의 성질과 관련지어 모두 옳게 설명한 경우 |
| 중 | 공기 덩어리가 따뜻하고 건조하다고만 설명한 경우 |
| 하 | ㉢이 영향을 주는 계절만 옳게 쓴 경우 |

**01** ②
**02** 75
**03** (1) ㉠, ㉣ (2) ㉡, ㉢
**04** ㉠
**05** ④
**06** 응결
**07** (가)
**08** ㉡
**09** ㉡
**10** ㉠ 바다, ㉡ 육지
**11** ㉠
**12** ⑤

**서술형 문제**

**13** 예시 답안 (다), 건구 온도와 습구 온도를 모두 알고 있어야 습도표에서 습도를 찾을 수 있어.
**14** 예시 답안 빨래가 잘 마른다. 피부가 건조해지거나 목이 따갑다. 등
**15** 예시 답안 캔의 표면에 물방울이 맺힌다. 캔 주변에 있는 공기 중의 수증기가 응결해 캔의 표면에 물방울로 맺히기 때문이다.
**16** 예시 답안 구름을 이루는 얼음 알갱이의 크기가 커져 무거워지면 아래로 떨어지는데, 이때 녹지 않고 그대로 떨어지면 눈이 된다.
**17** 예시 답안 바다 위의 차가운 공기는 고기압이 되고, 육지 위의 따뜻한 공기는 저기압이 되어 고기압에서 저기압 방향으로 바람이 불기 때문이다.
**18** 예시 답안 ㉠, ㉢, 건조한 성질을 가진다.

**01** 공기 중에 수증기가 포함된 정도를 습도라고 합니다.

**02**

(단위: %)

| 건구 온도 (℃) | 건구 온도와 습구 온도의 차(℃) | | | |
|---|---|---|---|---|
| | 1 | 2 | ③ | 4 |
| 18 | 91 | 82 | 73 | 64 |
| 19 | 91 | 82 | 74 | 65 |
| 20 | 91 | 83 | 74 | 66 |
| ㉑ | 91 | 83 | →75 | 67 |

세로줄에서 건구 온도를 찾고 가로줄에서 건구 온도와 습구 온도의 차를 찾은 후 두 값이 만나는 곳의 숫자가 현재 습도예요.

건구 온도가 21 ℃, 습구 온도가 18 ℃이므로 건구 온도와 습구 온도의 차는 3 ℃입니다. 따라서 현재 습도는 75 %입니다.

**03** 습도가 높으면 곰팡이가 잘 피고, 음식물이 부패하기 쉽습니다. 습도가 낮으면 산불이 발생하기 쉽고, 피부가 건조해지거나 목이 따갑기도 합니다.

**04** 추운 날 따뜻한 물로 씻은 후 창문을 열었을 때 욕실이 뿌옇게 흐려지는 것은 안개가 만들어지는 것과 비슷한 현상입니다.

**05** 이슬은 차가운 풀잎, 나뭇가지 같은 물체 주변에서 공기의 온도가 낮아지면 공기 중의 수증기가 응결해 물체의 표면에 물방울로 맺힌 것입니다.

**06** 안개는 공기의 온도가 낮아지면 공기 중의 수증기가 응결해 작은 물방울로 지표면 근처에 떠 있는 것이고, 구름은 공기 중의 수증기가 응결해 작은 물방울이 되거나, 얼음 알갱이로 얼어 하늘에 떠 있는 것입니다.

**07** (나): 구름을 이루는 작은 물방울이 서로 합쳐지면서 크기가 점점 커져 무거워지면 아래로 떨어져서 비가 됩니다.
(다): 공기가 지표면에서 하늘로 올라가면 온도가 점점 낮아집니다. 이때 공기 중의 수증기가 응결해 작은 물방울이 되거나, 얼음 알갱이로 얼어 하늘에 떠 있는 것을 구름이라고 합니다.

**왜 틀린 답일까?**

(가): 비가 내리다가 지표면 근처에서 얼면 어는 비 또는 진눈깨비가 됩니다. 눈은 구름을 이루는 얼음 알갱이가 녹지 않고 그대로 떨어진 것입니다.

**08** 공기의 온도가 높아지면 같은 크기의 공간에 있는 공기의 양이 적어져서 가벼워집니다. 따라서 무게가 가벼운 ㉡이 무게가 무거운 ㉠보다 온도가 더 높은 공기 덩어리입니다.

**09** ㉡ 공기의 온도가 낮을수록 같은 크기의 공간에 있는 공기의 양은 많아져 공기의 무게가 무거워집니다.

**왜 틀린 답일까?**

㉠ 공기의 온도가 높을수록 같은 크기의 공간에 있는 공기의 양이 적어져 공기의 무게는 가벼워집니다.
㉢ 같은 크기의 공간에 있는 공기의 양이 많아지면 공기의 무게는 무거워집니다.

**10** 맑은 날 낮에 바닷가에서는 육지가 바다보다 빨리 데워져 바다는 고기압, 육지는 저기압이 됩니다. 바람은 고기압에서 저기압 방향으로 불므로 바다에서 육지 방향으로 바람이 붑니다.

**11** ㉠은 겨울에 우리나라의 날씨에 영향을 주는 북서쪽의 공기 덩어리로 차갑고 건조한 성질을 가지고 있습니다.

**12** ㉠은 겨울, ㉡은 초여름, ㉢은 봄, 가을, ㉣은 여름에 우리나라의 날씨에 영향을 줍니다.

**13** 건구 온도와 습구 온도의 차를 습도표에서 찾아야 하므로 두 가지 온도를 모두 알고 있어야 습도표에서 습도를 찾을 수 있습니다.

| 채점 기준 | |
| --- | --- |
| 상 | 잘못 말한 학생을 쓰고, 잘못 말한 내용도 옳게 고쳐 설명한 경우 |
| 중 | 잘못 말한 내용만 옳게 고쳐 설명한 경우 |
| 하 | 잘못 말한 학생만 쓴 경우 |

**14** 습도가 낮은 날에는 빨래가 잘 마르고, 피부가 건조해지며 목이 따갑기도 합니다.

| 채점 기준 | |
| --- | --- |
| 상 | 습도가 낮을 때 일어날 수 있는 현상을 두 가지 모두 옳게 설명한 경우 |
| 중 | 습도가 낮을 때 일어날 수 있는 현상을 한 가지만 옳게 설명한 경우 |

**15** 얼린 음료수 캔의 표면을 마른 수건으로 닦은 후 관찰하면 캔의 표면에 물방울이 맺힌 것을 볼 수 있는데, 이는 캔 주변에 있는 공기 중의 수증기가 응결해 캔의 표면에 물방울로 맺히기 때문입니다.

| 채점 기준 | |
| --- | --- |
| 상 | 캔의 표면에서 나타나는 현상과 그 까닭을 모두 옳게 설명한 경우 |
| 중 | 캔의 표면에 물방울이 맺히는 현상이 나타나는 까닭만 옳게 설명한 경우 |
| 하 | 캔의 표면에서 나타나는 현상만 옳게 설명한 경우 |

**16** 구름을 이루는 얼음 알갱이의 크기가 커져 무거워지면 아래로 떨어지다가 녹아서 비가 됩니다. 크기가 커진 얼음 알갱이가 떨어질 때 녹지 않고 그대로 떨어지면 눈이 됩니다.

| 채점 기준 | |
| --- | --- |
| 상 | 구름을 이루는 얼음 알갱이가 무거워져 아래로 떨어지는 과정에서 녹지 않고 그대로 떨어지면 눈이 된다고 설명한 경우 |
| 중 | 구름을 이루는 얼음 알갱이가 무거워져 아래로 떨어진다고만 설명한 경우 |

**17** 맑은 날 낮에 바닷가에서는 바다보다 육지가 더 빨리 뜨거워져 바다 위의 공기는 고기압이 되고, 육지 위의 공기는 저기압이 됩니다. 고기압에서 저기압 방향으로 바람이 불기 때문에 맑은 날 낮에 바닷가에서는 바다에서 육지 방향으로 바람이 불게 됩니다.

| 채점 기준 | |
| --- | --- |
| 상 | 바다 위의 공기는 온도가 낮아 고기압이 되고, 육지 위의 공기는 온도가 높아 저기압이 되기 때문이라고 설명한 경우 |
| 중 | 고기압에서 저기압 방향으로 바람이 불기 때문이라고만 설명한 경우 |

**18** ㉠과 ㉢은 대륙을 덮고 있는 공기 덩어리로 건조한 성질을 가지고, ㉡과 ㉣은 바다를 덮고 있는 공기 덩어리로 습한 성질을 가집니다.

| 채점 기준 | |
| --- | --- |
| 상 | 대륙을 덮고 있는 공기 덩어리를 옳게 쓰고, 공기 덩어리의 성질을 옳게 설명한 경우 |
| 중 | 공기 덩어리의 성질만 옳게 설명한 경우 |
| 하 | 대륙을 덮고 있는 공기 덩어리만 옳게 쓴 경우 |

**수행평가 1회**             77 쪽

**01** (1) 예시 답안 습도가 높기 때문이다. (2) 예시 답안 에어컨의 제습 기능을 작동한다. 신발장이나 옷장 안에 제습제를 넣는다. 등
**02** (1) 예시 답안 물 위에서 모래 위 방향으로 움직인다.
(2) 예시 답안 모래 위의 공기가 물 위의 공기보다 온도가 높아져 물 위는 고기압이 되고, 모래 위는 저기압이 되어 공기가 고기압에서 저기압 방향으로 이동하기 때문이다.

**01** (1) 비가 오는 날과 같이 습도가 높은 경우에는 빨래가 잘 마르지 않습니다. 또, 곰팡이가 생기거나 음식물이 부패하기 쉽습니다.

> **만점 꿀팁** 습도가 높거나 낮은 경우 우리 생활에 어떤 영향을 주는지 정리해 두면 문제를 해결하는 데 도움이 될 수 있어요.

(2) 실내 습도가 높을 때에는 제습기를 사용하거나 에어컨의 제습 기능을 작동합니다. 또, 옷장이나 신발장의 습도를 낮추기 위해 제습제를 사용하기도 합니다. 반면 실내 습도가 낮을 때에는 가습기를 켜거나 실내에 빨래를 널어 습도를 높일 수 있습니다. 그 외에 식물을 기르거나 숯과 같은 천연 재료를 두어 습도를 조절하는 방법도 있습니다.

> **만점 꿀팁** 습도가 높은 경우와 습도가 낮은 경우 생활 속에서 습도를 조절하는 방법을 알아 두어요.

| 채점 기준 | |
| --- | --- |
| 상 | 습도가 높은 경우 습도를 조절하는 방법을 두 가지 모두 옳게 설명한 경우 |
| 중 | 습도가 높은 경우 습도를 조절하는 방법을 한 가지만 옳게 설명한 경우 |

**02** (1) 향 연기는 물 위에서 모래 위 방향으로 움직입니다.

> **만점 꿀팁** 향 연기가 이동하는 방향은 공기가 이동하는 방향과 같기 때문에 향 연기가 이동하는 방향을 알면 공기의 이동 방향도 알 수 있어요.

(2) 물과 모래를 같은 시간 동안 가열하면 물보다 모래의 온도가 높아집니다. 따라서 모래 위의 공기는 물 위의 공기보다 온도가 높아져 물 위는 고기압, 모래 위는 저기압이 됩니다. 공기는 고기압에서 저기압으로 이동하므로 향 연기도 이와 같은 방향으로 움직이게 됩니다.

> **만점 꿀팁** 물과 모래를 같은 시간 동안 가열하면 물보다 모래의 온도가 높아져 물 위는 고기압, 모래 위는 저기압이 된다는 것을 알아 두어요.

| 채점 기준 | |
| --- | --- |
| 상 | 물과 모래 위 공기의 온도와 이에 따른 기압 차에 의해 향 연기가 움직인다고 설명한 경우 |
| 중 | 물과 모래 위 공기의 기압 차에 의해 향 연기가 움직인다고만 설명한 경우 |
| 하 | 고기압에서 저기압으로 움직인다고만 설명한 경우 |

| 01 ⓒ | 02 ① | 03 (가) |
|------|------|--------|
| 04 ㉠ 수증기, ⓒ 응결 | | 05 ① |
| 06 (나) → (가) → (다) | | 07 ⓒ |
| 08 물 | 09 ⓒ | |
| 10 ㉠ 모래, ⓒ 물 | 11 (다), (라) | 12 ⓒ |

**서술형 문제**

13 [예시 답안] 가습기를 켠다. 실내에 빨래를 널어둔다. 등

14 [예시 답안] 안개는 지표면 근처에서, 구름은 하늘 위에서 만들어진다.

15 [예시 답안] 얼음 알갱이가 떨어질 때 녹지 않고 그대로 떨어지는 것이 눈, 떨어지는 과정에서 녹은 것이 비이다.

16 [예시 답안] ㉠, 공기의 온도가 낮아지면 같은 크기의 공간에 있는 공기의 양이 많아져서 무거워지기 때문이다.

17 [예시 답안] 물보다 모래의 온도가 더 높아진다.

18 [예시 답안] 여름에는 남동쪽 바다를 덮고 있는 덥고 습한 공기 덩어리의 영향을 받기 때문이다.

01 습구 온도계의 액체샘 부분은 물통과 연결된 헝겊으로 싸여 있습니다. 따라서 헝겊과 연결된 ⓒ이 습구 온도계입니다.

02 ② 건구 온도와 습구 온도의 차이가 작을수록 습도가 높습니다.
③ 건구 온도와 습구 온도의 차를 알아야 습도표를 이용해 습도를 구할 수 있습니다.
④ 건습구 습도계는 건구 온도계와 습구 온도계로 이루어져 있습니다.
⑤ 건습구 습도계를 사용할 때에는 습구 온도계의 온도가 변하지 않을 때까지 기다린 후 건구 온도와 습구 온도를 측정합니다.

**왜 틀린 답일까?**
① 액체샘 부분이 헝겊으로 둘러싸여 있는 것은 습구 온도계입니다.

03 습도가 높으면 음식물이 빨리 상하고, 습도가 낮으면 빨래가 잘 마릅니다. 습도를 높이기 위해서는 실내에 빨래를 널거나 가습기를 작동합니다.

04 이슬, 안개, 구름은 모두 공기 중의 수증기가 응결하여 나타나는 현상입니다.

05 공기 중의 수증기가 차가운 창문 표면에 응결해 나타난 현상으로 이와 비슷한 자연 현상은 이슬입니다.

06 공기가 지표면에서 하늘로 올라가면 온도가 점점 낮아지고, 이때 공기 중의 수증기가 응결해 작은 물방울이 되면 구름이 됩니다. 구름을 이루는 작은 물방울이 서로 합쳐지면서 크기가 커져 무거워지면 아래로 떨어져 비가 됩니다.

07 ㉠ 기압은 공기의 무게로 생기는 누르는 힘입니다.
ⓒ 같은 크기의 공간에 있는 공기의 양은 고기압이 저기압보다 많습니다.

**왜 틀린 답일까?**
ⓒ 공기의 온도가 낮아지면 같은 크기의 공간에 있는 공기의 양이 많아져서 공기의 무게는 무거워지고, 공기의 온도가 높아지면 같은 크기의 공간에 있는 공기의 양이 적어져서 공기의 무게는 가벼워집니다.

08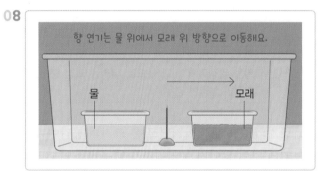

전등으로 5 분~6 분 동안 가열하면 모래가 물보다 빨리 데워져 물 위의 공기는 온도가 낮으므로 고기압, 모래 위의 공기는 온도가 높으므로 저기압이 됩니다.

09 향 연기의 이동 방향은 물 위에서 모래 위 방향으로 공기의 이동 방향과 같습니다.

10 전등으로 같은 시간 동안 가열한 후 온도가 더 높은 쪽이 모래, 온도가 더 낮은 쪽이 물입니다.

11 습한 성질을 가지고 있는 (다)와 (라)가 바다를 덮고 있는 공기 덩어리이고, 건조한 성질을 가지고 있는 (가)와 (나)가 대륙을 덮고 있는 공기 덩어리입니다.

12 (가)는 차갑고 건조한 성질을 가지고 있고 우리나라의 겨울 날씨에 영향을 주는 북서쪽의 대륙을 덮고 있는 공기 덩어리입니다.

13 습도가 낮을 때에는 가습기를 켜거나 빨래를 널어 습도를 높일 수 있습니다.

| 채점 기준 | |
|------|------|
| 상 | 습도를 높이는 방법을 두 가지 모두 옳게 설명한 경우 |
| 중 | 습도를 높이는 방법을 한 가지만 옳게 설명한 경우 |

## 바른답·알찬풀이

**14** 안개는 밤에 공기의 온도가 낮아지면 지표면 근처에서 수증기가 응결하여 만들어지고, 구름은 하늘 위에서 수증기가 응결하여 만들어집니다.

| 채점 기준 | |
|---|---|
| 상 | 안개와 구름의 생성 위치를 모두 옳게 설명한 경우 |
| 중 | 안개는 지표면 근처에서 만들어진다고만 설명하거나 구름은 하늘 위에서 만들어진다고만 설명한 경우 |

**15** 구름을 이루는 얼음 알갱이의 크기가 커져 무거워지면 아래로 떨어지다가 녹아서 비가 됩니다. 크기가 커진 얼음 알갱이가 떨어질 때 녹지 않고 그대로 떨어지면 눈이 됩니다.

| 채점 기준 | |
|---|---|
| 상 | 얼음 알갱이가 비와 눈으로 내리는 과정의 차이점을 옳게 설명한 경우 |
| 중 | 얼음 알갱이가 비와 눈으로 내리는 과정 중 한 가지 과정만 설명한 경우 |

**16** 공기의 온도가 낮아지면 같은 크기의 공간에 있는 공기의 양이 많아져 무거워지기 때문에 ㉠이 온도가 더 낮은 공기 덩어리입니다.

| 채점 기준 | |
|---|---|
| 상 | ㉠을 쓰고, ㉠이 ㉡보다 온도가 낮은 까닭을 옳게 설명한 경우 |
| 중 | 공기 덩어리의 온도가 낮은 까닭만 옳게 설명한 경우 |
| 하 | ㉠만 쓴 경우 |

**17** 물과 모래를 5 분~6 분 동안 가열하면 물보다 모래의 온도가 더 높아집니다.

| 채점 기준 | |
|---|---|
| 상 | 물보다 모래의 온도가 더 높아진다고 설명한 경우 |
| 중 | 물과 모래의 온도가 다르다고만 설명한 경우 |

**18** 여름에는 남동쪽 바다를 덮고 있는 덥고 습한 공기 덩어리의 영향을 받아 날씨가 덥고 습합니다.

| 채점 기준 | |
|---|---|
| 상 | 남동쪽 바다를 덮고 있는 덥고 습한 공기 덩어리의 영향을 받았다고 설명한 경우 |
| 중 | 남동쪽 공기 덩어리의 영향을 받았다고만 설명한 경우 |

### 수행평가 2회

**01** (1) 예시 답안 집기병 안이 뿌옇게 흐려진다. (2) 예시 답안 주변의 온도가 낮아져 집기병 안에 있는 수증기가 응결하기 때문이다.

**02** (1) ㉢ (2) 예시 답안 봄과 가을에는 모두 남서쪽의 따뜻하고 건조한 공기 덩어리 ㉢의 영향을 받기 때문이다.

**01** (1) 집기병 안은 수증기가 응결하여 뿌옇게 흐려집니다.

> **만점 꿀팁** 집기병 안이 뿌옇게 흐려진 까닭은 향 연기 때문이 아니라 수증기가 응결하기 때문이에요. 집기병 안에 향 연기를 넣고 입구를 막은 뒤 시간이 지나면 향 연기가 보이지 않는 것을 알 수 있어요.

(2) 얼린 음료수 캔을 집기병 위에 올리면 주변의 온도가 낮아져 집기병 안에 있는 수증기가 응결합니다.

> **만점 꿀팁** 공기의 온도가 낮아지면 공기 중의 수증기가 응결한다는 사실을 알고 있다면 이 실험에서 나타나는 현상을 설명할 수 있어요.

| 채점 기준 | |
|---|---|
| 상 | 얼린 음료수 캔 때문에 주변의 온도가 낮아져 수증기가 응결하기 때문이라고 설명한 경우 |
| 중 | 수증기가 응결하기 때문이라고만 설명한 경우 |

**02** (1) 봄, 가을에 영향을 주는 공기 덩어리는 남서쪽의 대륙을 덮고 있는 ㉢입니다.

> **만점 꿀팁** 계절별로 우리나라의 날씨에 영향을 주는 공기 덩어리는 무엇인지 정리해 두면 문제를 해결하는 데 도움이 될 수 있어요.

(2) 봄과 가을에는 모두 남서쪽의 따뜻하고 건조한 공기 덩어리 ㉢의 영향을 받아 날씨가 따뜻하고 건조합니다.

> **만점 꿀팁** 계절별 날씨의 특징을 우리나라에 영향을 주는 공기 덩어리의 성질과 연관 지어 정리해 두어요.

| 채점 기준 | |
|---|---|
| 상 | 봄과 가을에는 모두 따뜻하고 건조한 공기 덩어리의 영향을 받는다고 설명한 경우 |
| 중 | 같은 공기 덩어리의 영향을 받기 때문이라고만 설명한 경우 |

# 4 물체의 운동

## 1~2 물체의 운동은 어떻게 나타낼까요 / 여러 가지 물체의 운동은 어떻게 다를까요

**스스로 확인해요** 84 쪽

**1** 시간, 이동 거리  **2** 예시 답안 나는 12 초 동안 50 m 이동했다.

**2** 걸린 시간과 이동 거리를 모두 언급해야 합니다.

**스스로 확인해요** 84 쪽

**1** 변하는, 일정한  **2** 예시 답안 올라갈 때 점점 느려진다. 높은 곳으로 갈 때 점점 느려진다. 내려갈 때 점점 빨라진다. 낮은 곳으로 갈 때 점점 빨라진다. 등

**2** 롤러코스터는 낮은 곳에서 높은 곳으로 올라갈 때에는 빠르기가 점점 느려지고, 높은 곳에서 낮은 곳으로 내려갈 때에는 빠르기가 점점 빨라집니다.

**문제로 개념 탄탄** 85 쪽

**1** (1) × (2) ○ (3) ×
**2** ㉠ 했다, ㉡ 하지 않았다, ㉢ 했다
**3** ㉠ 일정한, ㉡ 변하는
**4** (1) 변함 (2) 일정 (3) 변함 (4) 일정

**1** 시간이 지남에 따라 물체의 위치가 변할 때 물체가 운동한 것입니다.

**2** 자전거는 1 초 동안 2 m를 이동하여 위치가 변했으므로 운동을 했습니다. 사람은 1 초 동안 위치가 변하지 않았으므로 운동을 하지 않았습니다. 고양이는 1 초 동안 1 m를 이동하여 위치가 변했으므로 운동을 했습니다.

**3** 자동계단과 리프트는 빠르기가 일정한 운동을 하고, 날아오르는 새와 정거장을 출발하는 버스는 빠르기가 변하는 운동을 합니다.

**4** 개와 스키 점프 선수는 빠르기가 변하는 운동을 하고, 수하물 컨베이어와 케이블카는 빠르기가 일정한 운동을 합니다.

## 3 물체의 빠르기는 어떻게 비교할까요

**스스로 확인해요** 87 쪽

**1** 짧은, 긴  **2** 예시 답안 봅슬레이에서 같은 거리의 경주로를 썰매를 타고 완주하는 시간이 얼마나 짧은지를 측정해서 빠르기를 겨룬다. 마라톤에서 42.195 km의 같은 거리를 먼저 완주하는 선수, 즉 더 짧은 시간 동안 완주하는 선수를 가려 빠르기를 겨룬다. 등

**2** 달리기, 허들, 수영, 조정, 스피드 스케이팅 등 빠르기를 겨루는 다양한 운동 경기는 대부분 같은 거리를 얼마나 짧은 시간 동안 완주하는지를 통해 그 빠르기를 겨룹니다.

**문제로 개념 탄탄** 86~87 쪽

**1** (1) ○ (2) ○    **2** >
**3** ㉠ 이동한 거리, ㉡ 길수록    **4** <

**1** (1) 같은 거리를 이동한 물체의 빠르기는 물체가 이동하는 데 걸린 시간으로 비교합니다.
(2) 수영, 스피드 스케이팅, 마라톤은 같은 거리를 이동하는 데 걸린 시간으로 빠르기를 비교하는 운동 경기의 예입니다.

**2** 같은 거리를 이동하는 데 걸린 시간이 짧은 물체가 걸린 시간이 긴 물체보다 더 빠릅니다.

**3** 같은 시간 동안 이동한 물체의 빠르기는 물체가 이동한 거리로 비교하며, 같은 시간 동안 긴 거리를 이동한 물체가 짧은 거리를 이동한 물체보다 더 빠릅니다.

**4** 같은 시간 동안 긴 거리를 이동한 물체가 짧은 거리를 이동한 물체보다 더 빠릅니다.

**01** 위치     **02** ③     **03** ⓒ, ⓒ

**04** (다)     **05** ③

**06** [예시 답안] ㉠의 새와 롤러코스터는 빠르기가 변하는 운동을 하고, ㉡의 자동계단과 리프트는 빠르기가 일정한 운동을 하므로 빠르기가 변하는 운동을 하는 물체와 빠르기가 일정한 운동을 하는 물체로 분류하였다.

**07** 이동 거리     **08** [예시 답안] (나)의 비행 고깔이 가장 빠르고, (라)의 비행 고깔이 가장 느리다. 그 까닭은 걸린 시간이 (나)가 가장 짧고, (라)가 가장 길기 때문이다.

**09** ①     **10** ㉠, ㉡     **11** ㉣

**12** 기차 → 배 → 자동차 → 자전거

**01** 시간이 지남에 따라 물체의 위치가 변할 때 물체가 운동한다고 합니다.

**02** 시간이 지남에 따라 위치가 변한 새와 사람은 운동을 했고, 시간이 지남에 따라 위치가 변하지 않은 공과 가로등은 운동을 하지 않았습니다.

**03** ⓒ 사람은 1 초 동안 2 m를 이동했습니다.
ⓒ 공과 가로등은 1 초 동안 이동하지 않았습니다.

> **왜 틀린 답일까?**
>
> ㉠ 새는 1 초 동안 4 m를 이동했습니다.

**04** 자동계단, 케이블카는 빠르기가 일정한 운동을 하고, 떠오르는 비행기는 빠르기가 변하는 운동을 합니다.

**05** ③ 수하물 컨베이어는 빠르기가 일정한 운동을 합니다.

> **왜 틀린 답일까?**
>
> ①, ②, ④ 치타, 버스, 스키 점프 선수는 빠르기가 변하는 운동을 합니다.

**06** 새와 롤러코스터는 빠르기가 변하는 운동을 하고, 자동계단과 리프트는 빠르기가 일정한 운동을 합니다.

| 채점 기준 | |
|---|---|
| 상 | 예시 답안과 같이 설명한 경우 |
| 중 | 빠르기가 변하고, 변하지 않는다고만 설명한 경우 |

**07** 비행 고깔의 빠르기를 비교하기 위해서는 비행 고깔의 이동 거리를 같게 한 후 비행 고깔이 이동하는 데 걸린 시간을 측정해야 합니다.

**08** 비행 고깔이 이동한 거리가 같을 때, 걸린 시간이 짧을수록 비행 고깔이 빠릅니다.

| 채점 기준 | |
|---|---|
| 상 | 가장 빠른 비행 고깔과 가장 느린 비행 고깔을 쓰고, 그 까닭을 옳게 설명한 경우 |
| 중 | 가장 빠른 비행 고깔과 가장 느린 비행 고깔만 쓴 경우 |

**09** ②, ③, ④ 수영, 봅슬레이, 스피드 스케이팅은 같은 거리를 이동하는 데 걸린 시간으로 빠르기를 비교하는 운동 경기입니다.

> **왜 틀린 답일까?**
>
> ① 양궁은 화살을 표적의 중심에 맞혀서 점수의 합계를 비교하는 운동 경기입니다.

**10** ㉠, ㉡ 같은 시간 동안 이동한 물체의 빠르기는 물체가 이동한 거리로 비교하며, 이때 긴 거리를 이동한 물체가 짧은 거리를 이동한 물체보다 더 빠릅니다.

> **왜 틀린 답일까?**
>
> ㉢ 100 m 달리기는 같은 거리를 이동하는 데 걸린 시간을 측정해 빠르기를 비교하는 운동 경기입니다.

**11** 비행 고깔이 같은 시간 동안 이동했을 때, 이동 거리가 길수록 빠른 비행 고깔입니다.

**12**

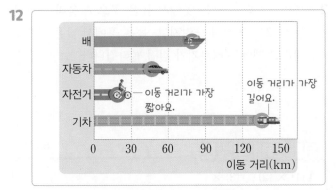

같은 시간 동안 이동한 거리가 길수록 빠르므로 기차, 배, 자동차, 자전거 순서로 빠릅니다.

## 4 물체의 속력은 어떻게 나타낼까요

### 스스로 확인해요

90 쪽

**1** 이동 거리, 걸린 시간     **2** [예시 답안] 오후 12 시~1 시에 바람의 속력이 5 m/s로 가장 빠르고, 새벽 3 시~4 시에 바람의 속력이 0 m/s로 가장 느리다.

**2** 기상청 날씨누리 누리집에서 일기 예보를 볼 수 있습니다.

**1** ㉠ 이동 거리, ㉡ 걸린 시간
**2** (1) 오십 킬로미터 매 시 (2) 3 m/s
**3** (1) ◯ (2) × (3) ◯ (4) × 　**4** ㉠ 빠르다, ㉡ 긴, ㉢ 짧은
**5** (1) ◯ (2) ◯ (3) ◯ (4) ×

**1** 속력은 단위 시간 동안 물체가 이동한 거리로, 이동 거리를 걸린 시간으로 나누어 구합니다. 단위는 km/h, m/s 등을 사용합니다.

**2** 50 km/h는 '오십 킬로미터 매 시'로 읽고, 1 시간 동안 50 km를 이동한 것입니다. '삼 미터 매 초'는 3 m/s의 속력이고, 1 초 동안 3 m를 이동한 것입니다.

**3** 속력은 이동 거리를 걸린 시간으로 나누어 구합니다. (1)은 25 km/h, (2)는 40 km/h, (3)은 30 km/h이므로 속력은 (2), (3), (1) 순서로 큽니다.

**4** 속력이 크다는 것은 물체가 빠르다는 것을 의미합니다. 같은 시간 동안 긴 거리를 이동할수록 속력이 크며, 같은 거리를 이동하는 데 걸린 시간이 짧을수록 속력이 큽니다.

**5** 여러 동물들이 얼마나 빠르게 달리는지 비교하기 위해서 동물의 빠르기를 속력으로 나타냅니다.

---

**5　속력과 관련된 안전 수칙과 안전장치에는 무엇이 있을까요**

**스스로 확인해요** 　　　　　92 쪽

**1** 빠르게 　**2** 예시 답안 머리를 보호하는 안전모가 필요하다. 무릎과 팔꿈치를 보호하는 보호대가 필요하다. 등

**2** 빠른 속력으로 달리다가 넘어질 때 크게 다칠 수 있는 머리, 무릎, 팔꿈치 등을 보호 장구로 보호해야 합니다.

---

**1** 교통안전 수칙 　**2** (1) × (2) × (3) ◯ (4) ◯
**3** ㉡ 　　　　　**4** ㉢ 　　　　　**5** ㉠
**6** ②

**1** 교통안전 수칙은 도로 주변에서 안전을 위해 지켜야 하는 규칙으로, 교통수단이나 교통 시설을 이용할 때 교통안전 수칙을 실천하면 안전사고를 예방할 수 있습니다.

**2** 횡단보도를 건널 때 스마트 기기를 보면서 건너면 큰 속력으로 다가오는 자동차를 보지 못해 위험할 수 있으며, 신호등이 초록불로 바뀌어도 바로 건너지 않고 좌우를 살피면서 자동차가 오지 않는지 살핀 후 건너야 합니다.

**3** 과속 방지 턱은 운전자가 자동차의 속력을 줄이도록 하여 사고를 예방합니다.

**4** 어린이 보호 구역 표지판은 자동차가 정해진 속력으로 다닐 것을 알려 사고를 예방합니다.

**5** 자동차의 안전띠는 큰 속력으로 달리던 자동차가 충돌할 때 자동차에 탄 사람의 몸을 고정해서 사람이 받는 피해를 줄여 줍니다.

**6** 여러 가지 안전장치들은 속력을 줄이거나 속력을 일정하게 유지하고, 큰 속력으로 달리다 충돌할 때 피해를 줄이는 장치이므로 속력과 관련이 있습니다.

---

**01** ㉠ 걸린 시간, ㉡ 나누어 　　**02** ⑤
**03** 예시 답안 (가), 속력이 크다는 것은 물체가 빠르다는 의미야. 　　**04** 45 　　**05** ③
**06** < 　　**07** 예시 답안 자동차 운전석의 계기판에서 자동차의 속력을 나타낸다. 동물이 얼마나 빠르게 달리는지 속력으로 나타낸다. 등 　　**08** ⑤
**09** ㉡, ㉢ 　　**10** 예시 답안 ㉡의 학생은 횡단보도를 건널 때 스마트 기기를 보지 않고 좌우를 살피면서 건너야 한다. ㉢의 학생은 횡단보도가 아닌 곳에서 차도를 건너지 않고 안전하게 횡단보도로 차도를 건너야 한다.
**11** ① 　　　　**12** ㉢ 　　　　**13** 속력

**01** 속력은 이동 거리를 걸린 시간으로 나누어 구합니다.

**02** 30 km/h는 '삼십 킬로미터 매 시'로 읽으며, 1 시간 동안 30 km를 이동함을 의미합니다.

**03** 속력이 크다는 것은 물체가 빠르다는 의미입니다. 물체가 이동하는 데 걸린 시간과 이동 거리가 모두 다를 때 속력을 구해서 빠르기를 비교하며, 2 m/s는 '이 미터 매 초'라고 읽습니다.

| 채점 기준 | |
|---|---|
| 상 | (가)라고 쓰고, 속력이 크다는 것은 물체가 빠르다는 의미라고 옳게 고쳐 쓴 경우 |
| 중 | 잘못 말한 학생인 (가)만 쓴 경우 |

**04** 배의 속력은 90 km÷2 h=45 km/h입니다.

**05** 기차의 속력은 100 km/h, 버스의 속력은 300 km÷3 h=100 km/h, 자전거의 속력은 15 km/h, 배의 속력은 90 km÷2 h=45 km/h입니다. 따라서 기차와 버스의 속력은 100 km/h로 같습니다.

**06** 말의 속력은 40 km÷1 h=40 km/h이고, 오토바이의 속력은 120 km÷2 h=60 km/h이므로 오토바이의 속력이 말의 속력보다 빠릅니다.

**07** 양궁 경기에서는 선수가 쏜 화살과 경기장에 부는 바람의 속력을 나타냅니다. 도로에는 자동차의 현재 속력을 표시하는 안내판이 있는 곳이 있습니다. 야구 경기에서 전광판에 투수가 던진 공의 속력을 나타냅니다. 일기 예보에서 바람의 속력을 나타냅니다.

| 채점 기준 | |
|---|---|
| 상 | 일상생활에서 속력을 나타내는 예를 두 가지 모두 옳게 설명한 경우 |
| 중 | 일상생활에서 속력을 나타내는 예를 한 가지만 옳게 설명한 경우 |

**08** ① 책을 보면서 횡단보도를 건너면 달려오는 차를 볼 수 없으므로 위험합니다.
②, ④ 신호등이 초록불일 때 횡단보도를 건너며, 이때 좌우를 살핀 뒤, 손을 들고 건넙니다.
③ 횡단보도가 아닌 곳에서는 길을 건너지 않습니다.

**왜 틀린 답일까?**
⑤ 도로 옆 인도를 지날 때에는 공놀이를 하지 않고, 공을 공 주머니에 넣어 들고 갑니다.

**09**

ⓒ 스마트 기기를 보면서 횡단보도를 건너면 큰 속력으로 다가오는 자동차를 보지 못해 위험합니다. ⓜ 횡단보도가 아닌 곳에서 차도를 건너면 큰 속력으로 다가오는 자동차에 부딪칠 위험이 있습니다.

**10** 도로 주변에서는 안전을 위해 지켜야 하는 규칙인 교통안전 수칙이 있으며, 교통수단이나 교통 시설을 이용할 때 교통안전 수칙을 지켜 안전사고를 예방 해야 합니다.

| 채점 기준 | |
|---|---|
| 상 | 교통안전 수칙을 지키지 않은 학생이 지켜야 할 교통안전 수칙은 무엇인지 모두 옳게 설명한 경우 |
| 중 | 교통안전 수칙을 지키지 않은 학생이 지켜야 할 교통안전 수칙 중 하나만 옳게 설명한 경우 |

**11** ① 안전띠는 자동차가 갑자기 멈추거나 다른 차와 충돌할 때 탑승자의 몸을 고정해 충격을 줄여 줍니다.

**왜 틀린 답일까?**
② 에어백은 충돌 사고가 났을 때 탑승자의 몸에 가해지는 충격을 줄여 줍니다.
③ 자동차의 멈추개 페달은 자동차의 속력을 줄여 줍니다.
④ 과속 방지 턱은 운전자가 자동차의 속력을 줄이도록 합니다.

**12** ⓒ 어린이 보호 구역 표지판은 자동차가 정해진 속력으로 다닐 것을 안내하여 사고를 예방합니다.

**왜 틀린 답일까?**
⊙ 과속 방지 턱은 운전자가 자동차의 속력을 줄이도록 하여 사고를 예방합니다.
ⓒ 횡단보도는 보행자가 안전하게 길을 건널 수 있도록 보행자를 보호하며, 자동차는 보행자를 주의하면서 다닐 수 있습니다.

**13** 안전띠, 과속 방지 턱, 에어백, 어린이 보호 구역 표지판은 자동차의 속력이 클 때 발생하는 피해를 줄이기 위한 것입니다.

**01** ④  **02** ②  **03** (다)

**04** ⑤  **05** ㉡

**06** ㉠ 이동 거리, ㉡ 시간

**07** 강아지  **08** ③

**09** ㉠ 100, ㉡ 300  **10** ㉢

**11** ③, ⑤  **12** ②

### 서술형 문제

**13** 예시 답안 개, 개는 1 초 동안 1 m를 이동하여 시간이 지남에 따라 위치가 변했으므로 운동을 했다.

**14** 예시 답안 자동계단과 리프트는 빠르기가 일정한 운동을 하는 물체이고, 스키 점프 선수와 롤러코스터는 빠르기가 변하는 운동을 하는 물체이다.

**15** 예시 답안 경주할 시간을 정하고, 같은 시간 동안 이동한 거리를 측정한다. 이때 비행 고깔의 이동 거리가 길수록 더 빠른 것이다.

**16** 예시 답안 토끼의 속력은 15 km/h, 늑대의 속력은 30 km/h, 독수리의 속력은 40 km/h이다. 따라서 속력이 가장 큰 독수리가 가장 빠른 동물이다.

**17** 예시 답안 공이 차도로 갑자기 굴러가면 큰 속력으로 달리던 자동차의 운전자가 놀라 위험할 수 있다. 따라서 공을 공 주머니에 넣어 들고 가는 (가)는 교통안전 수칙을 잘 지켰으며, 도로 주변에서 공놀이를 하는 (나)는 교통안전 수칙을 잘 지키지 않았다.

**18** 예시 답안 어린이 보호 구역 표지판은 자동차가 정해진 속력으로 다닐 것을 안내하여 사고를 예방한다.

---

**01** 시간이 지남에 따라 물체의 위치가 변할 때 물체가 운동한다고 합니다.

**02** 사람은 1 초 동안 2 m를 이동하였습니다.

**03** (다): 1 초 동안 1 m를 이동한 공은 시간이 지남에 따라 위치가 변했으므로 운동을 했습니다.

왜 틀린 답일까?

(가): 1 초 동안 위치가 변하지 않은 의자는 운동을 하지 않았습니다.

(나): 나무가 높이 자라는 것은 위치가 변한 것이 아니므로 나무는 운동을 하지 않았습니다.

**04** 리프트, 자동계단, 케이블카, 수하물 컨베이어는 빠르기가 일정한 운동을 하는 물체이고, 버스, 스키 점프 선수, 롤러코스터는 빠르기가 변하는 운동을 하는 물체입니다.

**05** ㉠ 같은 거리를 이동한 물체의 빠르기는 걸린 시간으로 비교하며, 걸린 시간이 짧은 물체일수록 빠릅니다.

㉢ 수영, 쇼트 트랙, 마라톤은 같은 거리를 이동하는 데 걸린 시간으로 빠르기를 비교하는 운동 경기입니다.

왜 틀린 답일까?

㉡ 같은 거리를 이동하는 데 걸린 시간이 짧은 물체가 걸린 시간이 긴 물체보다 더 빠릅니다.

**06** 같은 거리를 이동한 물체의 빠르기를 비교하기 위한 비행 고깔 경주 실험 설계에서 비행 고깔의 이동 거리는 같게 해야 하고, 비행 고깔이 이동하는 데 걸린 시간을 측정해야 합니다.

**07**

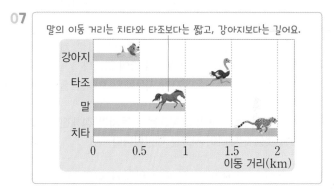

같은 시간 동안 이동한 물체의 빠르기는 긴 거리를 이동한 물체가 짧은 거리를 이동한 물체보다 빠르므로 치타, 타조, 말, 강아지 순서로 빠릅니다.

**08** ③ 물체의 속력은 120 m÷30 s=4 m/s이며, '사 미터 매 초'라고 읽습니다.

왜 틀린 답일까?

① 물체의 속력은 120 m÷30 s=4 m/s입니다.

② 물체의 속력은 4 m/s이므로 속력이 7 m/s인 자전거보다 느립니다.

④ 물체의 속력은 4 m/s이므로 속력이 60 m÷20 s=3 m/s인 공보다 빠릅니다.

⑤ 물체의 속력은 4 m/s이므로 속력이 2 m÷1 s=2 m/s인 오리보다 빠릅니다.

**09** 버스의 속력은 ( ㉠ ) km÷2 h=50 km/h이므로 이동 거리 ㉠은 100입니다. 비행기의 속력은 900 km ÷3 h=( ㉡ ) km/h이므로 ㉡은 300입니다.

**10** ㉠ 일기 예보에서는 바람의 속력을 표시해 나타냅니다.

㉡ 야구 경기에서는 투수가 던진 공의 속력을 전광판에 나타냅니다.

왜 틀린 답일까?

㉢ 신호등은 사람이 횡단보도에서 정지하거나 지나가도록 알려주지만 사람이 길을 건너는 속력을 나타내지 않습니다.

**11** ③ 횡단보도를 건널 때에는 좌우를 살핀 후, 손을 들고 건넙니다.

⑤ 인도나 횡단보도에서 빠른 속력으로 자전거를 타고 가다 지나다니는 사람과 부딪치면 크게 다칠 수 있으므로 자전거를 타지 않고, 내려서 자전거를 끌고 갑니다.

> **왜 틀린 답일까?**
>
> ① 신호등이 초록불일 때 횡단보도를 건넙니다.
> ② 횡단보도를 건너면서 스마트 기기를 보면 달려오는 차가 있어도 보지 못하므로 스마트 기기를 보면서 건너지 않습니다.
> ④ 횡단보도가 아닌 곳에서는 차도를 건너지 않습니다.

**12** ② 에어백은 충돌 사고가 났을 때 탑승자의 몸에 가해지는 충격을 줄여서 크게 다치는 것을 방지합니다.

> **왜 틀린 답일까?**
>
> ① 안전띠는 자동차가 갑자기 멈추거나 다른 차와 충돌할 때 탑승자의 몸을 고정해 충격을 줄여 줍니다.
> ③ 과속 방지 턱은 운전자가 자동차의 속력을 줄이도록 하여 사고를 예방합니다.
> ④ 어린이 보호 구역 표지판은 자동차가 정해진 속력으로 다닐 것을 안내하여 사고를 예방합니다.

**13** 시간이 지남에 따라 물체의 위치가 변할 때 운동한다고 합니다. 개는 1초 동안 1 m를 이동하여 시간이 지남에 따라 위치가 변했으므로 운동을 했습니다.

| | 채점 기준 |
| --- | --- |
| 상 | 예시 답안과 같이 설명한 경우 |
| 중 | 운동한 물체만 옳게 쓴 경우 |

**14** 자동계단, 수하물 컨베이어, 리프트, 케이블카 등은 빠르기가 일정한 운동을 하고, 스키 점프 선수, 롤러코스터, 정거장에 정지하는 버스 등은 빠르기가 변하는 운동을 합니다.

| | 채점 기준 |
| --- | --- |
| 상 | 예시 답안과 같이 설명한 경우 |
| 중 | 분류를 일부만 옳게 한 경우 |

**15** 같은 시간 동안 물체가 이동한 거리를 비교하면 물체의 빠르기를 비교할 수 있습니다.

| | 채점 기준 |
| --- | --- |
| 상 | 예시 답안과 같이 설명한 경우 |
| 중 | 같은 시간 동안 이동한 거리를 비교한다고 설명한 경우 |
| 하 | 이동한 거리를 측정한다고만 설명한 경우 |

**16** 물체의 속력은 이동 거리를 걸린 시간으로 나누어 구합니다.

| | 채점 기준 |
| --- | --- |
| 상 | 세 동물의 속력을 구하여 가장 빠른 동물을 옳게 설명한 경우 |
| 중 | 세 동물의 속력만 구한 경우 |
| 하 | 세 동물의 속력은 구하지 않고 가장 빠른 동물만 쓴 경우 |

**17** 도로 주변에서 안전을 위해 지켜야 하는 규칙을 교통안전 수칙이라고 합니다. 교통수단이나 교통 시설을 이용할 때 교통안전 수칙을 지켜 안전사고를 예방합니다.

| | 채점 기준 |
| --- | --- |
| 상 | 두 학생이 교통안전 수칙을 잘 실천했는지 모두 옳게 설명한 경우 |
| 중 | 두 학생이 교통안전 수칙을 잘 실천했는지 한 학생만 옳게 설명한 경우 |
| 하 | 교통안전 수칙을 잘 실천한 학생만 쓴 경우 |

**18** 어린이 보호 구역 표지판은 자동차가 정해진 속력으로 천천히 다닐 것을 알려 줍니다.

| | 채점 기준 |
| --- | --- |
| 상 | 어린이 보호 구역 표지판의 역할을 옳게 설명한 경우 |
| 중 | 속력을 줄이게 한다고만 설명한 경우 |
| 하 | 사고를 예방한다고만 쓴 경우 |

**수행 평가 1회** 107 쪽

**01** (1) ㉠ 시간, ㉡ 위치 (2) **예시 답안** 시간이 지남에 따라 물체의 위치가 변할 때 물체가 운동한 것이므로, 1초 동안 위치가 변한 (가), (나), (라)는 운동을 했고, 1초 동안 위치가 변하지 않은 (다)는 운동을 하지 않았다.

**02** (1) **예시 답안** ㉠에서는 초록불로 바뀌어도 자동차가 오는지 확인 후 횡단보도를 건너야 한다. ㉡에서는 버스가 도착하여 정지한 후 차도에 내려가 버스를 타야 한다. ㉢의 어린이 보호 구역에서는 일정한 속력으로 천천히 다녀야 한다. (2) **예시 답안** 과속 방지 턱, 횡단보도 앞에 과속 방지 턱을 설치하면 운전자가 자동차의 속력을 줄여야 하므로 사고를 예방할 수 있다.

**01** (1) 시간이 지남에 따라 물체의 위치가 변할 때 물체가 운동한다고 합니다.

> **만점 꿀팁** 물체의 운동은 물체가 이동하는 데 걸린 시간과 이동 거리로 나타내요.

(2) (가)는 1초 동안 1 m를 이동하였습니다. (나)는 1초 동안 2 m를 이동하였습니다. (다)는 1초 동안 위치가 변하지 않았습니다. (라)는 1초 동안 1 m를 이동하였습니다.

> **만점 꿀팁** 시간이 지남에 따라 물체의 위치가 변하면 물체가 운동을 한 것이고, 시간이 지남에 따라 물체의 위치가 변하지 않으면 물체가 운동을 하지 않은 거예요.

| 채점 기준 | |
|---|---|
| 상 | 예시 답안과 같이 설명한 경우 |
| 중 | 위치가 변한 (가), (나), (라) 중 일부만 운동을 한 것이라고 설명하고, 위치가 변하지 않은 (다)는 운동을 하지 않은 것이라고 설명한 경우 |
| 하 | (가)~(라)의 운동 여부만 옳게 쓴 경우 |

**02** (1) 도로 주변에서 안전을 위해 지켜야 하는 규칙을 교통안전 수칙이라고 합니다. 초록불로 바뀌어도 바로 건너지 않고 자동차가 오는지 확인 후 건너야 하고, 버스가 도착하여 정지한 후 차도에 내려가 버스에 탑승해야 합니다. 어린이 보호 구역에서는 일정한 속력으로 천천히 다녀야 합니다.

> **만점 꿀팁** 교통수단이나 교통 시설을 이용할 때 교통안전 수칙을 잘 지켜야 안전사고를 예방할 수 있어요. 횡단보도를 건널 때는 좌우를 살핀 후, 운전하는 사람의 눈에 잘 띄게 손을 들고 건너야 해요.

| 채점 기준 | |
|---|---|
| 상 | 세 가지 상황 모두 옳게 설명한 경우 |
| 중 | 두 가지 상황만 옳게 설명한 경우 |
| 하 | 한 가지 상황만 옳게 설명한 경우 |

(2) 횡단보도 앞에서 자동차가 천천히 다니지 않았으므로, 과속 방지 턱을 설치해 횡단보도 앞에서 천천히 다니도록 해야 합니다.

> **만점 꿀팁** 과속 방지 턱은 운전자가 자동차의 속력을 줄이도록 하여 사고를 예방해요.

| 채점 기준 | |
|---|---|
| 상 | 예시 답안과 같이 설명한 경우 |
| 중 | 과속 방지 턱을 설치해야 한다고 쓰고, 과속 방지 턱의 역할을 일부만 설명한 경우 |
| 하 | 과속 방지 턱을 설치해야 한다고만 쓴 경우 |

## 단원 평가 2회

| **01** 위치 | **02** ㉢ | **03** ④ |
|---|---|---|
| **04** (다) | **05** (마) | **06** ② |
| **07** ㉠ | **08** 기차 → 배 → 버스 → 자전거 | |
| **09** ③ | **10** ⑤ | **11** 에어백 |
| **12** ㉡ | | |

### 서술형 문제

**13** 【예시 답안】 정지해 있는 (가)는 위치가 변하지 않았으므로 운동을 하지 않았으며, (나)와 (다)는 숨을 곳을 찾아 움직여 위치가 변했으므로 운동을 했다.

**14** 【예시 답안】 그네가 낮은 곳에서 높은 곳으로 올라갈 때에는 빠르기가 느려지고, 그네가 높은 곳에서 낮은 곳으로 내려올 때에는 빠르기가 빨라진다.

**15** 【예시 답안】 기차, 같은 시간 동안 이동한 물체의 빠르기는 이동 거리로 비교할 수 있으며, 이동 거리가 길수록 빠른 물체이다. 따라서 이동 거리가 가장 긴 기차가 가장 빠르다.

**16** 【예시 답안】 이동 거리와 걸린 시간이 모두 다른 물체의 빠르기는 속력으로 비교할 수 있으며, 속력은 이동 거리를 걸린 시간으로 나누어 구한다. 이때 속력이 클수록 빠른 물체이다.

**17** 【예시 답안】 버스가 도착하기 전에 미리 차도에 내려가 있는 것은 위험한 행동이므로 버스가 도착해 정지한 후 차도에 내려가 버스에 승차해야 한다.

**18** 【예시 답안】 빠른 속력으로 달리는 자동차 안에서 안전띠를 하지 않으면 충돌할 때 몸이 고정되지 않아 큰 충격을 받아 위험하므로 안전띠를 반드시 착용해야 한다.

**01** 시간이 지남에 따라 물체의 위치가 변할 때 물체가 운동을 한다고 합니다.

**02** 물체의 운동은 물체가 이동하는 데 걸린 시간과 이동 거리로 나타냅니다.

# 바른답·알찬풀이

**03** 움직이다가 멈추는 개, 날아가다가 물 위에 앉는 새, 롤러코스터는 속력이 변하는 운동을 하고, 케이블카는 속력이 일정한 운동을 합니다.

**04** (가), (다), (바)의 이동 거리가 40 m로 같고, 이동 거리가 같을 때, 걸린 시간이 짧은 학생일수록 빠릅니다. 따라서 걸린 시간이 가장 짧은 (다)가 가장 빠릅니다.

**05** (나), (라), (마)의 걸린 시간이 3 초로 같고, 걸린 시간이 같을 때, 이동 거리가 짧은 학생일수록 느립니다. 따라서 이동 거리가 가장 짧은 (마)가 가장 느립니다.

**06** 학생들이 물체의 빠르기를 이동한 거리로 비교하므로 같은 시간 동안 이동한 물체의 빠르기를 비교하는 것입니다. 따라서 시간이 같아야 합니다.

**07** ⓛ 걸린 시간과 이동 거리가 모두 다른 물체의 빠르기는 속력을 구해서 비교합니다. 이때 속력은 이동 거리를 걸린 시간으로 나누어 구합니다.
ⓒ 20 km/h는 '이십 킬로미터 매 시'로 읽고, 1 시간 동안 20 km를 이동함을 의미합니다.

> **왜 틀린 답일까?**
> ㉠ 속력은 물체의 이동 거리를 걸린 시간으로 나누어 구할 수 있습니다.

**08** 버스의 속력은 45 km/h, 자전거의 속력은 30 km/h, 배의 속력은 50 km/h, 기차의 속력은 80 km/h입니다. 따라서 속력은 기차, 배, 버스, 자전거의 순서로 빠릅니다.

**09** ③ 인도에서 자전거를 타지 않고, 끌고 가고 있으므로 교통안전 수칙을 지키고 있습니다.

> **왜 틀린 답일까?**
> ① 횡단보도가 아닌 곳에서는 차도를 건너지 않아야 하므로 교통안전 수칙을 지키지 않고 있습니다.
> ② 도로 주변에서는 공놀이를 하면서 가지 않아야 하므로 교통안전 수칙을 지키지 않고 있습니다.
> ④ 빨간불일 때에는 횡단보도를 건너지 않아야 하므로 교통안전 수칙을 지키지 않고 있습니다.

**10** ⑤ 횡단보도를 건너면서 스마트 기기를 보면 달려오는 차를 볼 수 없으므로 스마트 기기를 보지 않습니다.

> **왜 틀린 답일까?**
> ①, ③ 횡단보도를 건널 때에는 좌우를 살핀 후, 손을 들고 건너갑니다.
> ② 신호등이 초록불일 때 횡단보도를 건너야 합니다.
> ④ 횡단보도가 아닌 곳에서 차도를 건너면 큰 속력으로 다가오는 자동차에 부딪칠 위험이 있기 때문에 횡단보도가 아닌 곳에서는 차도를 건너지 않습니다.

**11** 에어백은 충돌 사고가 났을 때 탑승자의 몸에 가해지는 충격을 줄여서 몸을 보호하는 안전장치입니다.

**12** ㉠ 과속 방지 턱은 운전자가 자동차의 속력을 줄이도록 하여 사고를 예방합니다.
ⓒ 횡단보도는 보행자가 안전하게 길을 건널 수 있도록 보행자를 보호하는 역할을 합니다.

> **왜 틀린 답일까?**
> ⓛ 어린이 보호 구역 표지판은 자동차가 정해진 속력으로 다닐 것을 안내하여 사고를 예방합니다.

**13** 시간이 지남에 따라 물체의 위치가 변할 때 물체가 운동한다고 합니다.

| 채점 기준 | |
|---|---|
| 상 | 예시 답안과 같이 설명한 경우 |
| 중 | 두 명의 운동만 옳게 설명한 경우 |
| 하 | 한 명의 운동만 옳게 설명한 경우 |

**14** 그네는 올라갈 때와 내려갈 때 속력이 변하는 운동을 합니다.

| 채점 기준 | |
|---|---|
| 상 | 예시 답안과 같이 설명한 경우 |
| 중 | 한 가지 경우만 빠르기를 옳게 설명한 경우 |
| 하 | 빠르기가 변한다고만 설명한 경우 |

**15** 같은 시간 동안 이동한 물체의 빠르기는 물체가 이동한 거리로 비교합니다. 이때 이동 거리가 길수록 빠릅니다.

| 채점 기준 | |
|---|---|
| 상 | 예시 답안과 같이 설명한 경우 |
| 중 | 가장 빠른 교통수단을 썼지만 설명이 미흡한 경우 |
| 하 | 가장 빠른 교통수단만 쓴 경우 |

**16** 걸린 시간과 이동 거리가 모두 다른 물체의 빠르기는 속력으로 비교할 수 있으며, 속력은 이동 거리를 걸린 시간으로 나누어 구합니다.

| 채점 기준 | |
|---|---|
| 상 | 예시 답안과 같이 설명한 경우 |
| 중 | 물체의 빠르기는 속력으로 비교하며, 속력이 클수록 빠른 물체라고만 설명한 경우 |
| 하 | 속력을 구해 비교한다고만 설명한 경우 |

**17** 교통안전 수칙은 도로 주변에서 안전을 위해 지켜야 하는 규칙입니다.

| 채점 기준 | |
|---|---|
| 상 | 예시 답안과 같이 설명한 경우 |
| 중 | 학생의 위험한 행동은 썼지만 교통안전 수칙을 지키는 안전한 행동에 대해서는 설명이 미흡한 경우 |
| 하 | 학생의 위험한 행동만 쓴 경우 |

**18** 빠른 속력으로 달리는 자동차 안에서는 안전을 위해서 안전띠를 해야 합니다.

| 채점 기준 | |
|---|---|
| 상 | 예시 답안과 같이 설명한 경우 |
| 중 | 안전띠를 하지 않았다고 쓰고, 안전띠를 안 하면 충돌할 때 위험하다고만 설명한 경우 |
| 하 | 안전띠를 하지 않았다고만 쓴 경우 |

**수행평가 2회**                                                   111 쪽

**01** (1) ㉠ 이동 거리, ㉡ 걸린 시간 (2) **예시 답안** 경주할 거리를 정하고, 같은 거리를 이동하는 데 걸린 시간을 측정한다. 이때 비행 고깔이 이동하는 데 걸린 시간이 짧을수록 더 빠른 것이다.
**02** (1) **예시 답안** 자동차의 속력＝이동 거리÷걸린 시간 ＝180 km÷2 h＝90 km/h이다. (2) **예시 답안** 제한 속도가 100 km/h인 고속도로에서 자동차의 속력은 90 km/h이므로 과속을 하지 않았다. (3) **예시 답안** 자동차의 속력이 크면 바로 멈출 수 없어 위험하며, 충돌 사고가 발생하면 큰 충격이 가해져 탑승자가 크게 다칠 수 있기 때문에 일정한 속력 이상으로 다니지 못하게 제한하여 사고를 예방하기 위해서이다.

**01** (1) 같은 거리를 이동한 비행 고깔의 빠르기 비교를 위한 실험 설계에서는 실이 수평을 이루고, 팽팽한 정도가 같아야 하며, 비행 고깔의 이동 거리가 같아야 합니다. 그리고 비행 고깔이 같은 거리를 이동하는 데 걸린 시간을 측정해야 합니다.

> **만점 꿀팁** 같은 거리를 이동한 물체의 빠르기는 걸린 시간으로 비교해요.

(2) 같은 거리를 이동하는 데 걸린 시간을 측정하고, 걸린 시간으로 빠르기를 비교합니다.

> **만점 꿀팁** 같은 거리를 이동하는 데 걸린 시간이 짧을수록 빠른 물체예요.

| 채점 기준 | |
|---|---|
| 상 | 예시 답안과 같이 설명한 경우 |
| 중 | 같은 거리를 이동하는 데 걸린 시간을 측정한다고만 설명한 경우 |
| 하 | 경주할 거리를 정한다고만 설명한 경우 |

**02** (1) 물체의 속력은 이동 거리를 걸린 시간으로 나누어 구합니다.

> **만점 꿀팁** 걸린 시간과 이동 거리가 모두 다른 물체의 빠르기는 속력으로 비교해요. 이때 속력은 이동 거리를 걸린 시간으로 나누어 구해요.

| 채점 기준 | |
|---|---|
| 상 | 예시 답안과 같이 설명한 경우 |
| 중 | 속력을 구하는 공식은 쓰지 않고, 물체의 속력만 옳게 구한 경우 |
| 하 | 속력을 구하는 공식만 쓴 경우 |

(2) 속력이 큰 물체가 속력이 작은 물체보다 빠릅니다.

> **만점 꿀팁** 속력이 큰 물체가 빠른 물체이므로 자동차의 속력이 100 km/h보다 작으면 과속을 하지 않은 거예요.

| 채점 기준 | |
|---|---|
| 상 | 예시 답안과 같이 설명한 경우 |
| 중 | 속력의 크기를 비교하지 않고, 과속하지 않았다고만 쓴 경우 |

(3) 물체의 속력이 크면 위험 상황에 바로 대처하기 어렵고, 바로 멈출 수 없어 위험합니다. 그리고 다른 물체와 충돌할 경우 큰 충격을 받습니다.

> **만점 꿀팁** 속력이 큰 물체는 멈추기 어렵고, 충돌 시 큰 충격을 받아 위험해요.

| 채점 기준 | |
|---|---|
| 상 | 예시 답안과 같이 설명한 경우 |
| 중 | 속력이 크면 위험하다고만 쓴 경우 |

## 5 산과 염기

### 1 여러 가지 용액을 어떻게 분류할까요

**스스로 확인해요**

114 쪽

**1** 성질  **2** 예시 답안 성질을 모르는 용액은 함부로 냄새를 맡을 수 없어 분류하기 어렵다. 색깔이 없고 투명한 용액은 쉽게 구분되지 않아 분류하기 어렵다. 등

**1** 여러 가지 용액을 분류할 때 분류 기준은 용액의 색깔, 냄새, 투명도 등의 성질을 이용하여 정합니다.

**2** 성질을 모르는 용액의 냄새를 함부로 맡는 것은 위험합니다. 또한, 색깔이 없고 투명하며 냄새가 나지 않는 용액들은 구분하기 어렵습니다.

**문제로 개념 탄탄**

115 쪽

**1** (1) ○ (2) × (3) ○  **2** 레몬즙, 빨랫비누 물

**3** (1) ㉡ (2) ㉠  **4** ㉠ 없고, ㉡ 투명

**1**

식초 / 사이다 / 묽은 수산화 나트륨 용액

연한 노란색이고 냄새가 나며 투명해요. / 색깔이 없고 냄새가 나며 투명해요. / 색깔이 없고 냄새가 나지 않으며 투명해요.

(1) 식초는 연한 노란색이고 냄새가 나며 투명합니다.
(2) 사이다는 색깔이 없고 냄새가 나며 투명합니다.
(3) 묽은 수산화 나트륨 용액은 색깔이 없고 냄새가 나지 않으며 투명합니다.

**2** 주어진 여러 가지 용액 중 불투명한 용액은 레몬즙과 빨랫비누 물입니다.

**3** 사이다는 색깔이 없지만, 유리 세정제는 푸른색입니다.

**4** 석회수와 묽은 염산은 색깔이 없고, 투명하다는 공통점이 있습니다.

### 2 지시약을 이용해 용액을 어떻게 분류할까요

**스스로 확인해요**

116 쪽

**1** 산성 용액, 염기성 용액  **2** 예시 답안 식초를 떨어뜨리면 천이 붉은색 계열로 변하고, 빨랫비누 물을 떨어뜨리면 천이 푸른색 계열로 변한다.

**1** 산성 용액은 푸른색 리트머스 종이를 붉은색으로 변하게 하고, 염기성 용액은 페놀프탈레인 용액을 붉은색으로 변하게 합니다.

**2** 산성 용액은 붉은 양배추 지시약의 색깔을 붉은색 계열로 변하게 하고, 염기성 용액은 붉은 양배추 지시약의 색깔을 푸른색이나 노란색 계열로 변하게 합니다.

**문제로 개념 탄탄**

117 쪽

**1** (1) 빨랫비누 물, 유리 세정제 (2) 사이다, 묽은 염산

**2** (1) × (2) ○ (3) ○  **3** (1) ㉡ (2) ㉠

**4** ㉠ 염기성, ㉡ 산성

**1** (1) 빨랫비누 물과 유리 세정제는 붉은색 리트머스 종이를 푸른색으로 변하게 합니다.
(2) 사이다와 묽은 염산은 푸른색 리트머스 종이를 붉은색으로 변하게 합니다.

**2** (1) 레몬즙은 페놀프탈레인 용액의 색깔을 붉은색으로 변하게 하지 않습니다.
(2) 석회수는 페놀프탈레인 용액의 색깔을 붉은색으로 변하게 합니다.
(3) 묽은 수산화 나트륨 용액은 페놀프탈레인 용액의 색깔을 붉은색으로 변하게 합니다.

**3** (1) 식초는 붉은 양배추 지시약의 색깔을 붉은색 계열로 변하게 합니다.
(2) 빨랫비누 물은 붉은 양배추 지시약의 색깔을 푸른색 계열로 변하게 합니다.

**4** 염기성 용액은 페놀프탈레인 용액의 색깔을 붉은색으로 변하게 합니다. 또, 산성 용액은 붉은 양배추 지시약의 색깔을 붉은색 계열로 변하게 합니다.

## 문제로 실력 쑥쑥

**01** ②　　　　　**02** 유리 세정제　　**03** ⓒ

**04** 예시 답안 투명하다. 냄새가 난다. 용액을 흔들었을 때 거품이 5 초 이상 유지되지 않는다. 중 두 가지

**05** ㉠ 산성, ㉡ 염기성　　　　　**06** 레몬즙

**07** ③　　　　　**08** ㉠　　　　　**09** (나)

**10** ③　　　　　**11** 요구르트

**12** 예시 답안 산성 용액은 붉은 양배추 지시약의 색깔을 붉은색 계열로 변하게 한다. 요구르트와 물에 녹인 치약 중 요구르트가 붉은 양배추 지시약의 색깔을 붉은색 계열로 변하게 하므로 산성 용액이다.

---

**01** ② 묽은 염산은 색깔이 없습니다.

왜 틀린 답일까?

① 빨랫비누 물은 불투명합니다.
③ 유리 세정제는 냄새가 납니다.
④ 묽은 수산화 나트륨 용액은 투명합니다.
⑤ 식초는 흔들었을 때 거품이 5 초 이상 유지되지 않습니다.

**02** 유리 세정제는 푸른색이고 투명하며 흔들었을 때 거품이 5 초 이상 유지됩니다.

**03** 레몬즙과 사이다는 냄새가 나지만, 석회수는 냄새가 나지 않습니다.

**04** 식초와 사이다는 투명하고, 냄새가 나며, 용액을 흔들었을 때 거품이 5 초 이상 유지되지 않습니다.

| 채점 기준 | |
|---|---|
| 상 | 식초와 사이다의 공통점 두 가지를 모두 옳게 설명한 경우 |
| 중 | 한 가지만 설명한 경우 |

**05** 푸른색 리트머스 종이를 붉은색으로 변하게 하는 레몬즙, 사이다, 묽은 염산은 산성 용액이고, 붉은색 리트머스 종이를 푸른색으로 변하게 하는 유리 세정제와 묽은 수산화 나트륨 용액은 염기성 용액입니다.

**06** 염기성 용액인 유리 세정제와 묽은 수산화 나트륨 용액은 페놀프탈레인 용액의 색깔을 붉은색으로 변하게 하고, 산성 용액인 레몬즙, 사이다, 묽은 염산은 페놀프탈레인 용액의 색깔을 변하게 하지 않습니다.

**07** 식초는 푸른색 리트머스 종이를 붉은색으로 변하게 하므로 산성 용액입니다.

**08** ㉡ 석회수와 빨랫비누 물은 염기성 용액이므로 붉은색 리트머스 종이를 푸른색으로 변하게 합니다.
ⓒ 석회수와 빨랫비누 물은 염기성 용액이므로 붉은 양배추 지시약의 색깔을 푸른색 계열로 변하게 합니다.

왜 틀린 답일까?

㉠ 석회수와 빨랫비누 물은 염기성 용액이므로 페놀프탈레인 용액의 색깔을 붉은색으로 변하게 합니다.

**09** (가), (다): 푸른색 리트머스 종이와 페놀프탈레인 용액은 어떤 용액에 넣었을 때 그 용액의 성질에 따라 색깔이 변하는 지시약으로 용액을 분류하는 데 이용할 수 있습니다.

왜 틀린 답일까?

(나): 푸른색 리트머스 종이는 산성 용액에서 붉은색으로 변하지만, 페놀프탈레인 용액의 색깔은 산성 용액이 아닌 염기성 용액에서 붉은색으로 변합니다.

**10** ③ 산성 용액은 붉은 양배추 지시약의 색깔을 붉은색 계열로 변하게 합니다.

왜 틀린 답일까?

① 레몬즙은 산성 용액입니다.
② 묽은 수산화 나트륨 용액은 염기성 용액입니다.
④ 산성 용액은 붉은 양배추 지시약의 색깔을 붉은색 계열로 변하게 합니다.
⑤ 염기성 용액은 붉은 양배추 지시약의 색깔을 푸른색이나 노란색 계열로 변하게 합니다.

**11** 붉은 양배추 지시약의 색깔은 산성 용액에서 붉은색 계열로 변하므로 붉은 양배추 지시약의 색깔을 붉은색 계열로 변하게 한 요구르트가 산성 용액입니다.

**12** 산성 용액은 붉은 양배추 지시약의 색깔을 붉은색 계열로 변하게 합니다. 요구르트가 붉은 양배추 지시약의 색깔을 붉은색 계열로 변하게 하므로 산성 용액입니다.

| 채점 기준 | |
|---|---|
| 상 | 산성 용액이 붉은 양배추 지시약의 색깔을 붉은색 계열로 변하게 함을 언급하고, 요구르트가 붉은 양배추 지시약의 색깔을 붉은색 계열로 변하게 하므로 산성 용액임을 설명한 경우 |
| 중 | 요구르트가 붉은 양배추 지시약의 색깔을 붉은색 계열로 변하게 하므로 산성 용액이라고만 설명한 경우 |
| 하 | 붉은 양배추 지시약의 색깔 변화를 언급하지 않고 요구르트가 산성 용액이라고만 설명한 경우 |

## 3 산성 용액과 염기성 용액은 어떤 성질이 있을까요

### 스스로 확인해요
120 쪽

**1** 산성 용액, 염기성 용액　**2** 예시 답안 산성 용액은 대리암을 녹이는 성질이 있기 때문에 대리암으로 만든 석탑이나 조각상이 훼손된다.

**1** 산성 용액은 달걀 껍데기와 대리암 조각을 녹이고, 염기성 용액은 삶은 달걀흰자와 두부를 녹입니다.

**2** 산성 용액은 대리암을 녹이는 성질이 있습니다.

### 문제로 개념 탄탄
121 쪽

**1** (1) ○ (2) ○ (3) ×　**2** 묽은 수산화 나트륨 용액

**3** ㉡, ㉢　**4** ㉠, ㉣

**1** (1) 묽은 수산화 나트륨 용액에 넣은 대리암 조각은 아무런 변화가 없습니다.

(2) 묽은 염산에 넣은 달걀 껍데기는 기포가 발생하면서 바깥쪽이 녹습니다.

(3) 묽은 수산화 나트륨 용액에 넣은 두부는 녹아서 흐물흐물해지고 용액이 뿌옇게 흐려집니다.

대리암 조각은 아무런 변화가 없어요.　달걀 껍데기는 기포가 발생하면서 바깥쪽이 녹아요.　두부는 녹아서 흐물흐물해지고, 용액이 뿌옇게 흐려져요.

**2** 묽은 수산화 나트륨 용액에 넣은 삶은 달걀흰자는 녹아서 흐물흐물해지지만, 묽은 염산에 넣은 삶은 달걀흰자는 아무런 변화가 없습니다.

**3** 산성 용액은 달걀 껍데기와 대리암 조각을 녹이지만, 삶은 달걀흰자와 두부는 녹이지 못합니다.

**4** 염기성 용액은 삶은 달걀흰자와 두부를 녹이지만, 달걀 껍데기와 대리암 조각은 녹이지 못합니다.

## 4~5 산성 용액과 염기성 용액을 섞으면 어떻게 될까요 / 우리 생활에서 산성 용액과 염기성 용액을 어떻게 이용할까요

### 스스로 확인해요
122 쪽

**1** ○　**2** 예시 답안 산성 용액인 염산에 염기성을 띠는 소석회를 뿌리면 염산의 산성이 약해지기 때문이다.

**2** 염산에 소석회를 뿌려 염산의 산성을 약하게 하고, 염산의 독성이 공기 중으로 날아가지 못하게 할 수 있습니다.

### 스스로 확인해요
122 쪽

**1** 산성, 염기성　**2** 예시 답안 생선 비린내를 일으키는 물질의 성질은 염기성이다.

**1** 화장실 변기의 때와 냄새를 없앨 때 이용하는 변기용 세제는 산성 용액이고, 머리카락 등이 쌓여 막힌 하수구를 뚫을 때 이용하는 하수구 세척액은 염기성 용액입니다.

**2** 생선 비린내를 식초나 레몬즙과 같은 산성 용액을 이용해 없애는 것으로 보아 생선 비린내를 일으키는 물질은 염기성을 띠는 것을 알 수 있습니다.

### 문제로 개념 탄탄
123 쪽

**1** ㉡　**2** ㉠ 붉은색, ㉡ 염기성, ㉢ 산성

**3** 산성 용액　**4** (1) ㉠ (2) ㉡

**1** 붉은 양배추 지시약을 넣은 묽은 염산에 묽은 수산화 나트륨 용액을 넣을수록 지시약의 색깔이 붉은색에서 보라색, 녹색을 거쳐 노란색으로 변합니다.

붉은 양배추 지시약을 넣은 묽은 염산에 묽은 수산화 나트륨 용액을 넣을수록 지시약의 색깔이 붉은색 → 보라색 → 녹색 → 노란색으로 변해요.

**2** 붉은 양배추 지시약을 넣은 묽은 수산화 나트륨 용액에 묽은 염산을 넣을수록 지시약의 색깔이 노란색 계열에서 붉은색 계열로 변합니다. 이와 같이 염기성 용액에 산성 용액을 넣을수록 염기성이 약해지다가 산성 용액으로 변합니다.

**3** 산성 용액인 식초로 생선 비린내가 나는 도마를 닦아 비린내를 없앱니다.

**4** 변기용 세제로 화장실 변기의 때와 냄새를 없애는 것은 산성 용액을 이용한 예이고, 하수구 세척액으로 머리카락 등이 쌓여 막힌 하수구를 뚫는 것은 염기성 용액을 이용한 예입니다.

### 문제로 실력 쑥쑥
124~125 쪽

**01** ㉡      **02** ㉡

**03** [예시 답안] 묽은 수산화 나트륨 용액에 넣은 두부는 녹아서 흐물흐물해지고, 용액이 뿌옇게 흐려진다.

**04** ①      **05** ②

**06** ㉡ → ㉢ → ㉣ → ㉠

**07** ㉠      **08** [예시 답안] ㉠에서 ㉡으로 변한다. 산성 용액에 염기성 용액을 넣을수록 산성이 약해지다가 염기성 용액으로 변하기 때문이다.

**09** 염기성, 산성      **10** ㉠

**11** (1) 산성, (2) 염기성      **12** (가)

**01** 묽은 염산에 넣은 달걀 껍데기는 기포가 발생하면서 바깥쪽이 녹아 점차 사라집니다.

**02** ㉠은 두부가 녹지 않는 모습, ㉡은 두부가 녹아서 흐물흐물해지고 용액이 뿌옇게 흐려진 모습입니다. 따라서 묽은 수산화 나트륨 용액에 두부를 넣고 충분한 시간이 지났을 때의 모습은 ㉡입니다.

**03** 두부는 염기성인 묽은 수산화 나트륨 용액에 넣으면 녹아 흐물흐물해지고, 용액이 뿌옇게 흐려집니다.

| 채점 기준 | |
| --- | --- |
| 상 | 묽은 수산화 나트륨 용액에 넣은 두부에 나타나는 변화 두 가지를 모두 설명한 경우 |
| 중 | 묽은 수산화 나트륨 용액에 넣은 두부에 나타나는 변화 중 한 가지만 설명한 경우 |

**04** ① 산성 용액은 대리암 조각을 녹입니다.

② 염기성 용액은 달걀 껍데기를 녹이지 못합니다.
③ 산성 용액에 넣은 두부는 녹거나 색깔이 변하지 않습니다.
④, ⑤ 염기성 용액에 넣은 삶은 달걀흰자는 녹아서 흐물흐물해집니다.

**05** 산성 용액인 식초에 넣은 대리암 조각은 녹지만, 염기성 용액인 석회수, 유리 세정제, 묽은 수산화 나트륨 용액에 넣은 대리암 조각은 녹지 않습니다.

**06** 붉은 양배추 지시약을 넣은 묽은 수산화 나트륨 용액에 묽은 염산을 넣을수록 지시약의 색깔이 노란색에서 녹색, 보라색을 거쳐 붉은색으로 변합니다.

**07** 붉은 양배추 지시약은 산성 용액에서 붉은색 계열, 염기성 용액에서 푸른색 또는 노란색 계열로 변합니다.

**08** 붉은 양배추 지시약을 넣은 묽은 염산에 묽은 수산화 나트륨 용액을 넣을수록 산성이 약해지다가 염기성 용액으로 변하므로 지시약의 색깔은 붉은색에서 보라색, 녹색을 거쳐 노란색으로 변하는 것입니다.

| 채점 기준 | |
| --- | --- |
| 상 | 붉은 양배추 지시약을 넣은 묽은 염산에 묽은 수산화 나트륨 용액을 넣을수록 산성이 약해지다가 염기성 용액으로 변하므로 지시약의 색깔은 붉은색 계열(㉠)에서 노란색 계열(㉡)로 변함을 설명한 경우 |
| 중 | 붉은 양배추 지시약을 넣은 묽은 염산에 묽은 수산화 나트륨 용액을 넣을수록 지시약의 색깔은 붉은색 계열(㉠)에서 노란색 계열(㉡)로 변하는 것만 설명한 경우 |
| 하 | 붉은 양배추 지시약을 넣은 묽은 염산에 묽은 수산화 나트륨 용액을 넣을수록 산성이 약해지다가 염기성 용액으로 변함만 설명하고 지시약의 색깔 변화는 설명하지 않은 경우 |

**09** 붉은 양배추 지시약을 넣은 묽은 수산화 나트륨 용액은 염기성이므로 지시약의 색깔이 노란색 계열이고 묽은 염산 같은 산성 용액을 넣을수록 염기성이 약해지다가 산성 용액으로 변해 지시약의 색깔이 붉은색 계열로 변합니다.

**10** 염기성인 생선 비린내를 일으키는 물질을 없애기 위해서는 레몬즙 같은 산성 용액이 필요합니다. 석회수와 유리 세정제는 염기성 용액입니다.

**11** 변기용 세제는 산성 용액이고, 차량용 이물질 제거제는 염기성 용액입니다.

**12** 하수구 세척액으로 머리카락 등이 쌓여 막힌 하수구를 뚫는 것은 염기성 용액인 하수구 세척액을 이용한 예이고, 비린내가 나는 생선에 레몬즙을 뿌려 비린내를 없애는 것은 산성 용액인 레몬즙을 이용한 예입니다.

## 단원 평가 1회

134~136 쪽

| 01 ㉠ | 02 식초, 유리 세정제 |
| --- | --- |
| 03 묽은 수산화 나트륨 용액 | 04 지시약 |
| 05 ② | 06 ㉢ | 07 ③, ④ |
| 08 염기성 용액 | 09 ㉠ | 10 ㉡ |
| 11 (다) | 12 염기성 |

### 서술형 문제

**13** 예시 답안 석회수는 색깔이 없다. 투명하다. 중 한 가지

**14** 예시 답안 용액에 색깔이 있는가?

**15** 예시 답안 페놀프탈레인 용액을 넣었을 때 지시약의 색깔이 붉은색으로 변한다. 붉은 양배추 지시약의 색깔이 노란색 계열로 변한 용액은 염기성 용액이기 때문이다.

**16** 예시 답안 산성 용액은 대리암 조각을 녹이는 성질이 있으므로 산성을 띠는 비가 내리면 대리암으로 만든 탑이 녹는다.

**17** 예시 답안 염기성 용액에 산성 용액을 넣을수록 염기성이 약해지다가 산성 용액으로 변한다.

**18** 예시 답안 식초로 생선 비린내가 나는 도마를 닦아 비린내를 없앤다. 변기용 세제로 화장실 변기의 때와 냄새를 없앤다. 중 한 가지

**01** ㉠ 빨랫비누 물은 냄새가 납니다.

> 왜 틀린 답일까?

㉡ 유리 세정제는 푸른색입니다.
㉢ 묽은 염산은 흔들었을 때 거품이 5 초 이상 유지되지 않습니다.

**02** 식초는 연한 노란색이고 냄새가 나며 투명합니다. 유리 세정제는 푸른색이고 냄새가 나며 투명합니다.

**03** 식초, 유리 세정제, 묽은 염산, 묽은 수산화 나트륨 용액은 투명하고, 빨랫비누 물은 불투명합니다.

**04** 어떤 용액에 넣었을 때 그 용액의 성질에 따라 색깔이 변하는 물질을 지시약이라고 합니다.

**05**

(붉은색으로 변한 경우: ●, 변화가 없는 경우: ○)

| 구분 | 석회수 | 레몬즙 | 빨랫비누 물 | 유리 세정제 | 묽은 수산화 나트륨 용액 |
| --- | --- | --- | --- | --- | --- |
| 푸른색 리트머스 종이 | ○ | ● | ○ | ○ | ○ |

푸른색 리트머스 종이는 산성 용액에서 붉은색으로 변해요.

산성인 레몬즙은 푸른색 리트머스 종이를 붉은색으로 변하게 하고, 염기성인 석회수, 빨랫비누 물, 유리 세정제, 묽은 수산화 나트륨 용액은 푸른색 리트머스 종이를 붉은색으로 변하게 하지 않습니다.

**06** ㉢ 산성 용액인 레몬즙은 붉은 양배추 지시약의 색깔을 붉은색 계열로 변하게 합니다.

> 왜 틀린 답일까?

㉠ 산성 용액인 레몬즙은 페놀프탈레인 용액의 색깔을 변하게 하지 않습니다.
㉡ 산성 용액인 레몬즙은 붉은 양배추 지시약의 색깔을 노란색 계열로 변하게 하지 않습니다.

**07** ③, ④ 묽은 염산에 넣은 삶은 달걀흰자는 변화가 없고, 묽은 염산에 넣은 달걀 껍데기는 기포가 발생하고 바깥쪽이 녹아 점차 사라집니다.

> 왜 틀린 답일까?

①, ⑤ 묽은 염산에 넣은 두부는 변화가 없습니다.
② 묽은 염산에 넣은 대리암 조각은 기포가 발생하고 녹습니다.

**08** 염기성 용액은 달걀 껍데기를 녹이지 못하므로 염기성 용액에 넣은 달걀 껍데기는 변화가 없습니다. 산성 용액에 넣은 달걀 껍데기는 기포가 발생하고, 바깥쪽이 녹아 점차 사라집니다.

**09** 염기성 용액은 푸른색 리트머스 종이의 색깔을 변하게 하지 않지만, 페놀프탈레인 용액의 색깔을 붉은색으로 변하게 하고, 붉은 양배추 지시약의 색깔을 푸른색 또는 노란색 계열로 변하게 합니다.

**10** 붉은 양배추 지시약을 넣은 묽은 염산에 묽은 수산화 나트륨 용액을 넣을수록 지시약의 색깔이 붉은색에서 보라색, 녹색을 거쳐 노란색으로 변합니다.

**11** 용액 ⓒ에 묽은 수산화 나트륨 용액을 더 넣으면 염기성이 더 강해져 지시약의 색깔이 노란색 계열로 변합니다.

**12** 염기성 용액인 하수구 세척액을 이용하여 머리카락 등이 쌓여 막힌 하수구를 뚫습니다.

**13** 석회수는 색깔이 없고, 투명합니다.

| 채점 기준 | |
| --- | --- |
| 상 | 눈으로 확인할 수 있는 석회수의 성질을 설명한 경우 |
| 중 | 색깔, 투명도라고만 쓴 경우 |

**14** 레몬즙, 유리 세정제는 색깔이 있지만, 사이다, 석회수, 묽은 염산, 묽은 수산화 나트륨 용액은 색깔이 없습니다.

| 채점 기준 | |
| --- | --- |
| 상 | 분류 결과에 정확히 맞는 분류 기준을 제시한 경우 |
| 중 | 분류 결과에 일부만 맞는 분류 기준을 제시한 경우 |

**15** 용액에 붉은 양배추 지시약을 넣었을 때 지시약의 색깔이 노란색 계열로 변하므로 용액은 염기성 용액입니다. 염기성 용액은 페놀프탈레인 용액의 색깔을 붉은색으로 변하게 합니다.

| 채점 기준 | |
| --- | --- |
| 상 | 붉은 양배추 지시약의 색깔 변화로 용액이 염기성 용액임을 판단하고, 이 용액에 페놀프탈레인 용액을 넣었을 때 지시약의 색깔 변화를 옳게 설명한 경우 |
| 중 | 용액에 페놀프탈레인 용액을 넣었을 때 지시약의 색깔 변화만 옳게 설명한 경우 |
| 하 | 붉은 양배추 지시약의 색깔 변화로 용액이 염기성 용액임만을 옳게 설명한 경우 |

**16** 산성 용액은 대리암 조각을 녹이므로 산성을 띠는 비가 내리면 대리암으로 만든 탑이 녹습니다.

| 채점 기준 | |
| --- | --- |
| 상 | 산성 용액은 대리암 조각을 녹이는 성질이 있음을 설명하고 산성을 띠는 비가 내리면 대리암으로 만든 탑이 녹음을 설명한 경우 |
| 중 | 산성을 띠는 비가 내리면 대리암으로 만든 탑이 녹음만을 설명한 경우 |
| 하 | 산성 용액은 대리암 조각을 녹이는 성질이 있음만을 설명한 경우 |

**17** 염기성 용액은 붉은 양배추 지시약의 색깔을 노란색 또는 푸른색 계열로 변하게 하고, 산성 용액은 붉은 양배추 지시약의 색깔을 붉은색 계열로 변하게 합니다. 따라서 주어진 붉은 양배추 지시약의 색깔 변화로 염기성 용액인 묽은 수산화 나트륨 용액에 산성 용액인 묽은 염산을 넣을수록 염기성이 약해지다가 산성 용액으로 변함을 알 수 있습니다.

| 채점 기준 | |
| --- | --- |
| 상 | 산성 용액을 넣을수록 염기성이 약해지다가 산성 용액으로 변한다고 설명한 경우 |
| 중 | 염기성이 약해진다는 언급 없이 산성 용액으로 변한다고만 설명한 경우 |

**18** 우리 생활에서 산성 용액인 식초나 변기용 세제를 적절히 이용할 수 있습니다.

| 채점 기준 | |
| --- | --- |
| 상 | 우리 생활에서 산성 용액을 이용한 예를 설명한 경우 |
| 중 | 우리 생활에서 이용하는 산성 용액만을 제시한 경우 |

**수행 평가** 1회                          137 쪽

**01** (1) ⊙ 산성 용액, ⓒ 염기성 용액 (2) **예시 답안** 페놀프탈레인 용액, 산성 용액은 페놀프탈레인 용액의 색깔을 변하게 하지 않고, 염기성 용액은 페놀프탈레인 용액의 색깔을 붉은색으로 변하게 하기 때문이다.
**02** (1) 산성 용액 (2) 붉은색 (3) **예시 답안** 달걀 껍데기는 기포가 발생하면서 바깥쪽이 녹아 점차 사라진다.

**01** (1) 요구르트는 붉은 양배추 지시약의 색깔을 붉은색으로 변하게 하므로 산성 용액이고, 물에 녹인 치약은 붉은 양배추 지시약의 색깔을 푸른색으로 변하게 하므로 염기성 용액입니다.

**만점 꿀팁** 붉은 양배추 지시약의 색깔 변화를 통해 요구르트와 물에 녹인 치약의 성질을 알 수 있어요.

(2) 염기성 용액인 물에 녹인 치약에서 붉은색으로 변하는 것은 페놀프탈레인 용액입니다.

페놀프탈레인 용액은 염기성 용액에서 붉은색으로 변해요.

> **만점 꿀팁** 용액의 성질에 따른 지시약의 색깔 변화를 생각해요.

| 채점 기준 | |
|---|---|
| 상 | 용액 (가)로 알맞은 지시약으로 페놀프탈레인 용액을 쓰고, 그 까닭을 옳게 설명한 경우 |
| 중 | 용액 (가)로 알맞은 지시약으로 페놀프탈레인 용액만 쓴 경우 |

**02** (1) 삶은 달걀흰자를 녹이지 못하는 용액 ㉠은 산성 용액입니다.

삶은 달걀 흰자는 산성 용액에서 아무런 변화가 없고, 염기성 용액에서 녹아서 흐물흐물해져요.

> **만점 꿀팁** 삶은 달걀흰자를 산성 용액과 염기성 용액에 각각 넣었을 때 일어나는 변화를 정확히 알아야 해요.

(2) 산성 용액인 용액 ㉠은 푸른색 리트머스 종이를 붉은색으로 변하게 합니다.

> **만점 꿀팁** 푸른색 리트머스 종이를 산성 용액과 염기성 용액에 각각 넣었을 때 일어나는 변화를 생각해요.

(3) 산성 용액에 달걀 껍데기를 넣으면 달걀 껍데기는 기포가 발생하면서 바깥쪽이 녹아 점차 사라집니다.

> **만점 꿀팁** 산성 용액에 달걀 껍데기를 넣었을 때 달걀 껍데기에 일어나는 변화를 설명해요.

| 채점 기준 | |
|---|---|
| 상 | 산성 용액에 달걀 껍데기를 넣었을 때 달걀 껍데기에 일어나는 변화 두 가지를 모두 쓴 경우 |
| 중 | 산성 용액에 달걀 껍데기를 넣었을 때 달걀 껍데기에 일어나는 변화 중 한 가지만 쓴 경우 |

---

## 단원 평가 2회
138~140 쪽

| | | |
|---|---|---|
| **01** ④ | **02** ㉡ | **03** ㉠ |
| **04** 산성 용액 | **05** ㉡ | **06** ⑤ |
| **07** ㉠, ㉣ | **08** 묽은 염산 | **09** (가) |
| **10** ㉠ 산성, ㉡ 염기성 | | **11** (다) |
| **12** ㉠ | | |

### 서술형 문제

**13** **예시 답안** 공통점은 색깔이 있다는 것이고, 차이점은 레몬즙은 불투명하지만 유리 세정제는 투명하다는 것이다.

**14** **예시 답안** 레몬즙은 붉은색 리트머스 종이를 변하게 하지 않는다. 유리 세정제는 붉은색 리트머스 종이를 푸른색으로 변하게 한다.

**15** **예시 답안** 지시약. 지시약은 용액의 성질에 따라 다른 색깔을 나타내므로 용액을 분류하는 데 이용할 수 있다.

**16** **예시 답안** 붉은 양배추 지시약의 색깔이 붉은색 계열로 변한다. 달걀 껍데기를 넣었을 때 기포가 발생하고 바깥쪽이 녹아 점차 사라지는 용액은 산성 용액이기 때문이다.

**17** **예시 답안** 염기성 용액인 묽은 수산화 나트륨 용액에 산성 용액인 묽은 염산을 넣을수록 염기성이 약해지다가 산성 용액으로 변한다.

**18** **예시 답안** 하수구 세척액으로 머리카락 등이 쌓여 막힌 하수구를 뚫는다. 표백제로 욕실의 때를 닦아 없앤다. 중 한 가지

**01** ① 사이다는 투명합니다.
② 식초는 냄새가 납니다.
③ 레몬즙은 노란색입니다.
⑤ 빨랫비누 물은 흔들었을 때 거품이 5초 이상 유지됩니다.

> **왜 틀린 답일까?**
④ 묽은 염산은 색깔이 없고 투명합니다.

**02** ㉡ 사이다와 석회수는 모두 색깔이 없습니다.

> **왜 틀린 답일까?**
㉠ 사이다와 석회수는 모두 투명합니다.
㉢ 사이다와 석회수는 모두 흔들었을 때 거품이 5초 이상 유지되지 않습니다.

**03** 식초, 사이다, 석회수, 묽은 수산화 나트륨 용액은 모두 투명합니다.

**04** 산성 용액은 붉은 양배추 지시약의 색깔을 붉은색 계열로 변하게 합니다.

**05** ㉡ 산성 용액은 푸른색 리트머스 종이를 붉은색으로 변하게 합니다.

> **왜 틀린 답일까?**
>
> ㉠, ㉢ 산성 용액은 붉은색 리트머스 종이와 페놀프탈레인 용액의 색깔을 변하게 하지 않습니다.

**06** ⑤ 염기성 용액인 빨랫비누 물은 붉은 양배추 지시약의 색깔을 푸른색 계열로 변하게 합니다.

> **왜 틀린 답일까?**
>
> ① 산성 용액인 레몬즙은 붉은색 리트머스 종이를 변하게 하지 않습니다.
>
> ② 염기성 용액인 유리 세정제는 페놀프탈레인 용액의 색깔을 붉은색으로 변하게 합니다.
>
> ③ 산성 용액인 사이다는 페놀프탈레인 용액의 색깔을 변하게 하지 않습니다.
>
> ④ 산성 용액인 묽은 염산은 붉은 양배추 지시약의 색깔을 붉은색 계열로 변하게 합니다.

**07** 묽은 수산화 나트륨 용액에 삶은 달걀흰자와 두부를 넣으면 녹아서 흐물흐물해집니다. 묽은 수산화 나트륨 용액은 달걀 껍데기와 대리암 조각을 녹이지 못합니다.

**08** 묽은 염산에 대리암 조각을 넣으면 기포가 발생하고, 녹습니다.

**09** (가): 묽은 염산과 같은 산성 용액에 대리암 조각을 넣으면 기포가 발생하고, 녹습니다.

> **왜 틀린 답일까?**
>
> (나): 대리암 조각을 염기성 용액에 넣으면 녹지 않고 변화가 없습니다.
>
> (다): 대리암 조각은 투명한 용액 중 산성을 띠는 용액에서만 녹습니다.

**10** 산성 용액에서 붉은 양배추 지시약의 색깔은 붉은색 계열로 변하고, 염기성 용액에서 붉은 양배추 지시약의 색깔은 푸른색 또는 노란색 계열로 변합니다. 따라서 붉은 양배추 지시약의 색깔표에서 ㉠은 산성, ㉡은 염기성입니다.

**11** 일정한 양의 붉은 양배추 지시약을 넣은 염기성인 묽은 수산화 나트륨 용액에 산성인 묽은 염산을 넣을수록 지시약의 색깔이 노란색에서 녹색, 보라색을 거쳐 붉은색으로 변합니다.

**12** 표백제로 욕실의 때를 닦아 없애는 것은 염기성 용액을 이용한 예입니다. 변기용 세제로 화장실 변기를 청소하는 것과 식초로 생선 비린내가 나는 도마를 닦는 것은 산성 용액을 이용한 예입니다.

**13** 레몬즙과 유리 세정제는 모두 색깔이 있지만 투명도가 다릅니다.

| 채점 기준 | |
| --- | --- |
| 상 | 눈으로 확인할 수 있는 레몬즙과 유리 세정제의 공통점과 차이점을 모두 옳게 설명한 경우 |
| 중 | 눈으로 확인할 수 있는 레몬즙과 유리 세정제의 공통점과 차이점 중 한 가지만 옳게 설명한 경우 |
| 하 | 눈으로 확인할 수 있는 레몬즙과 유리 세정제의 공통점과 차이점을 각각 색깔, 투명도라고만 쓴 경우 |

**14** 유리 세정제 같은 염기성 용액은 붉은색 리트머스 종이를 푸른색으로 변하게 하지만, 레몬즙 같은 산성 용액은 붉은색 리트머스 종이를 변하게 하지 않습니다.

| 채점 기준 | |
| --- | --- |
| 상 | 붉은색 리트머스 종이를 두 용액에 넣었을 때 일어나는 변화를 각각 옳게 설명한 경우 |
| 중 | 붉은색 리트머스 종이를 두 용액에 넣었을 때 일어나는 변화 중 한 가지만 옳게 설명한 경우 |

**15** 페놀프탈레인 용액 같은 지시약은 용액의 성질에 따라 다른 색깔을 나타내므로 여러 가지 용액을 효과적으로 분류하는 데 이용할 수 있습니다.

| 채점 기준 | |
| --- | --- |
| 상 | 지시약을 쓰고, 지시약은 용액의 성질에 따라 다른 색깔을 나타내므로 용액을 분류하는 데 이용할 수 있음을 설명한 경우 |
| 중 | 지시약을 쓰고, 색깔 변화 언급 없이 지시약은 용액의 성질에 따라 변화를 나타내므로 용액을 분류하는 데 이용할 수 있다고만 설명한 경우 |
| 하 | 지시약만 쓴 경우 |

**16** 달걀 껍데기를 넣었을 때 기포가 발생하고 바깥쪽 껍데기가 점차 사라지는 용액은 산성 용액입니다. 산성 용액은 붉은 양배추 지시약의 색깔을 붉은색 계열로 변하게 합니다.

| 채점 기준 | |
| --- | --- |
| 상 | 붉은 양배추 지시약의 색깔 변화를 옳게 쓰고 그 까닭을 용액에 넣었을 때 달걀 껍데기의 변화로 설명한 경우 |
| 중 | 붉은 양배추 지시약의 색깔 변화를 옳게 쓰고 용액이 산성 용액이라고만 설명한 경우 |
| 하 | 붉은 양배추 지시약의 색깔 변화만 옳게 쓴 경우 |

**17** 염기성 용액에서 붉은 양배추 지시약의 색깔은 노란색 또는 푸른색 계열이고 산성 용액에서 붉은 양배추 지시약의 색깔은 붉은색 계열입니다. 따라서 지시약의 색깔 변화를 통해 염기성 용액에 산성 용액을 넣을수록 염기성이 약해지다가 산성 용액으로 변함을 알 수 있습니다.

| 채점 기준 | |
|---|---|
| 상 | 묽은 수산화 나트륨 용액과 묽은 염산의 성질을 각각 언급하고 염기성 용액에 산성 용액을 넣을수록 염기성이 약해짐을 설명한 경우 |
| 중 | 묽은 수산화 나트륨 용액과 묽은 염산의 성질을 언급하지 않고, 염기성 용액에 산성 용액을 넣을수록 염기성이 약해짐만을 설명한 경우 |
| 하 | 묽은 수산화 나트륨 용액이 염기성 용액이고 묽은 염산이 산성 용액임만을 언급한 경우 |

**18** 우리 생활에서 염기성 용액인 하수구 세척액이나 표백제를 적절히 이용할 수 있습니다.

염기성 용액인 하수구 세척액으로 막힌 하수구를 뚫거나, 염기성인 표백제로 욕실의 때를 닦아요.

| 채점 기준 | |
|---|---|
| 상 | 우리 생활에서 염기성 용액을 이용한 예를 설명한 경우 |
| 중 | 우리 생활에서 이용하는 염기성 용액만을 제시한 경우 |

**수행 평가 2회**  141 쪽

**01** (1) ㉠ 페놀프탈레인 용액, ㉡ 붉은색 계열로 변함.
(2) **예시 답안** 붉은색 리트머스 종이의 색깔이 변하지 않았으므로 용액 (가)는 산성 용액이다. 따라서 용액 (가)에서 색깔이 변하지 않는 지시약은 페놀프탈레인 용액이고, 붉은 양배추 지시약의 색깔은 붉은색 계열로 변한다.
**02** (1) (나) (2) **예시 답안** 하수구 세척액으로 머리카락 등이 쌓여 막힌 하수구를 뚫는다.

**01** (1) 붉은색 리트머스 종이의 색깔 변화가 없으므로 용액 (가)는 산성 용액입니다. 산성 용액은 페놀프탈레인 용액의 색깔을 변하게 하지 않고 붉은 양배추 지시약의 색깔을 붉은색 계열로 변하게 합니다.

> **만점 꿀팁** 용액의 성질에 따른 지시약의 색깔 변화를 정확히 알아야 해요.

(2) 붉은색 리트머스 종이는 산성 용액에서 색깔 변화가 없습니다. 산성 용액은 페놀프탈레인 용액의 색깔을 변하게 하지 않고, 붉은 양배추 지시약의 색깔을 붉은색 계열로 변하게 합니다.

> **만점 꿀팁** 붉은색 리트머스 종이의 색깔 변화로부터 용액 (가)가 어떤 성질을 갖는 용액인지 알고, 다른 지시약의 색깔 변화는 어떻게 되는지 생각해요.

| 채점 기준 | |
|---|---|
| 상 | 붉은색 리트머스 종이의 색깔 변화를 통해 용액의 성질을 알고, 그에 따른 페놀프탈레인 용액과 붉은 양배추 지시약의 색깔 변화를 모두 옳게 설명한 경우 |
| 중 | 붉은색 리트머스 종이의 색깔 변화를 통해 용액의 성질을 알고 그에 따른 페놀프탈레인 용액과 붉은 양배추 지시약의 색깔 변화 중 한 가지만 옳게 설명한 경우 |
| 하 | 붉은색 리트머스 종이의 색깔 변화를 통해 용액의 성질만 옳게 설명한 경우 |

**02** (1) 머리카락 등이 쌓여 막힌 하수구는 하수구 세척액과 같은 염기성 용액을 이용하여 뚫을 수 있습니다. 식초는 산성 용액입니다.

> **만점 꿀팁** 우리 생활에서 산성 용액과 염기성 용액을 이용하는 예를 바르게 알아야 해요.

(2) 머리카락 등이 쌓여 막힌 하수구를 뚫을 때는 염기성 용액인 하수구 세척액을 이용합니다.

> **만점 꿀팁** 막힌 하수구를 뚫을 때 염기성 용액인 하수구 세척액을 이용한다는 사실을 설명해요.

| 채점 기준 | |
|---|---|
| 상 | 하수구 세척액을 이용하여 막힌 하수구를 뚫는 것을 옳게 설명한 경우 |
| 중 | 염기성 용액을 이용하여 막힌 하수구를 뚫는다고만 설명한 경우 |

FUN!
PUZZLE!
LEARN!

사자성어, 속담, 맞춤법(총3책)

# 초등 필수 어휘를 퍼즐 학습으로 재미있게 배우자!

● 하루에 4개씩 25일 완성으로 집중력 UP!

● 다양한 게임 퍼즐과 쓰기 퍼즐로 기억력 UP!

● 생활 속 상황과 예문으로 문해력의 바탕 어휘력 UP!

# www.mirae-n.com

학습하다가 이해되지 않는 부분이나 정오표 등의 궁금한 사항이 있나요?
**미래엔 홈페이지**에서 해결해 드립니다.

교재 내용 문의
나의 교재 문의 | 수학 과외쌤 | 자주하는 질문 | 기타 문의

교재 자료 및 정답
동영상 강의 | 쌍둥이 문제 | 정답과 해설 | 정오표

| 함께해요! | 궁금해요! |
|---|---|
| 바른 공부법 캠페인 | 교재 질문 & 학습 고민 타파 |

| 공부해요! | 참여해요! |
|---|---|
| 미래엔 에듀 초·중등 교재 | 선물이 마구 쏟아지는 이벤트 |

초등학교

| 학년 | 반 | 이름 |
|---|---|---|
| | | |

초등학교에서 탄탄하게 닦아 놓은
공부력이 중·고등 학습의 실력을 가릅니다.

# 하루한장 쏙셈

### 쏙셈 시작편
초등학교 입학 전 연산 시작하기
[2책] 수 세기, 셈하기

### 쏙셈
교과서에 따른 수·연산·도형·측정까지 계산력 향상하기
[12책] 1~6학년 학기별

### 쏙셈+플러스
문장제 문제부터 창의·사고력 문제까지 수학 역량 키우기
[12책] 1~6학년 학기별

### 쏙셈 분수·소수
3~6학년 분수·소수의 개념과 연산 원리를 집중 훈련하기
[분수 2책, 소수 2책] 3~6학년 학년군별

# 하루한장 한국사

### 큰별★쌤 최태성의 한국사
최태성 선생님의 재미있는 강의와 시각 자료로
역사의 흐름과 사건을 이해하기
[3책] 3~6학년 시대별

# 하루한장 한자

그림 연상 한자로 교과서 어휘를 익히고 급수 시험까지 대비하기
[4책] 1~2학년 학기별

# 하루한장 급수 한자

하루한장 한자 학습법으로 한자 급수 시험 완벽하게 대비하기
[3책] 8급, 7급, 6급

# 하루한장 ENGLISH BITE

### ENGLISH BITE 알파벳 쓰기
알파벳을 보고 듣고 따라쓰며 읽기·쓰기 한 번에 끝내기
[1책]

### ENGLISH BITE 파닉스
자음과 모음 결합 과정의 발음 규칙 학습으로
영어 단어 읽기 완성
[2책] 자음과 모음, 이중자음과 이중모음

### ENGLISH BITE 사이트 워드
192개 사이트 워드 학습으로 리딩 자신감 키우기
[2책] 단계별

### ENGLISH BITE 영문법
문법 개념 확인 영상과 함께 영문법 기초 실력 다지기
[Starter 2책 , Basic 2책] 3~6학년 단계별

### ENGLISH BITE 영단어
초등 영어 교육과정의 학년별 필수 영단어를
다양한 활동으로 익히기
[4책] 3~6학년 단계별

초등 교과서 발행사 미래엔의
교재로 초등 시기에 길러야 하는
공부력을 강화해 주세요.

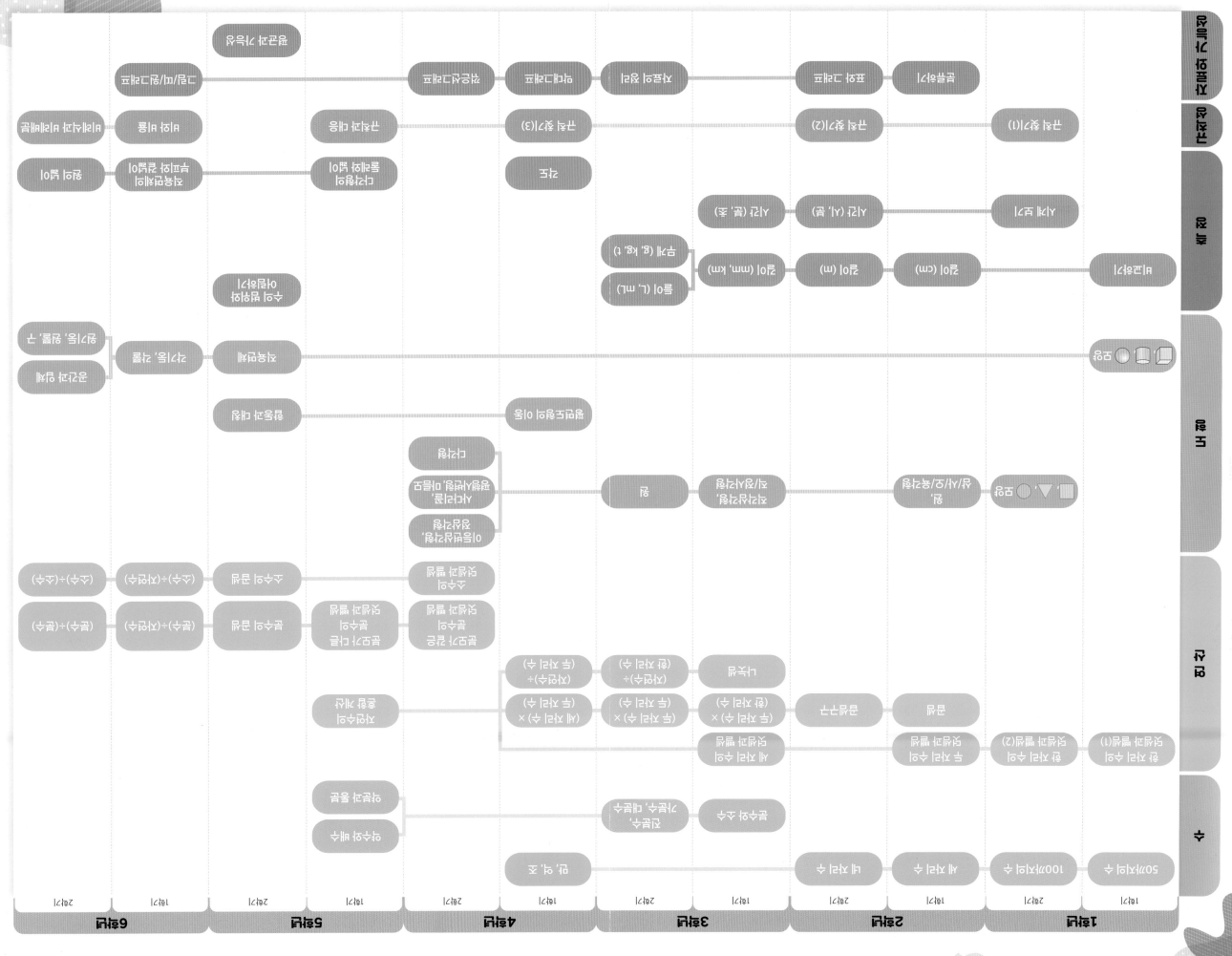

수학 상위권 진입을 위한 문장제 해결력 강화

# 문제 해결의 길잡이

원리

수학 2-1

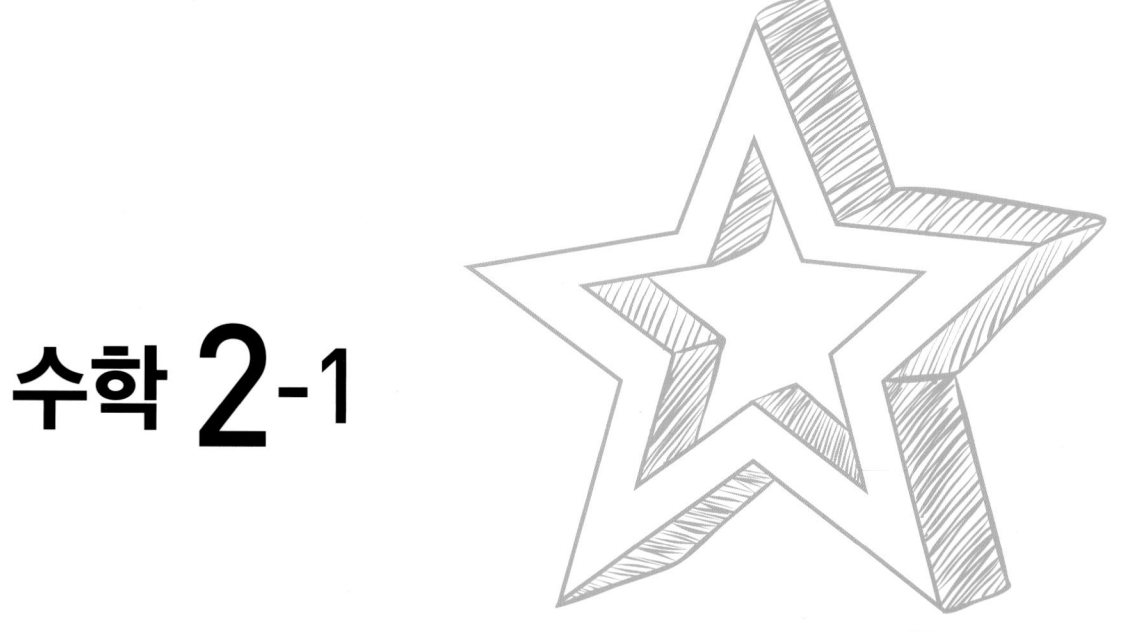

Mirae N 에듀

수학의 모든 문제는 8가지 해결 전략으로 통한다!

## 문제 해결의 길잡이 에서
## 집중 연습하는 8가지 해결 전략

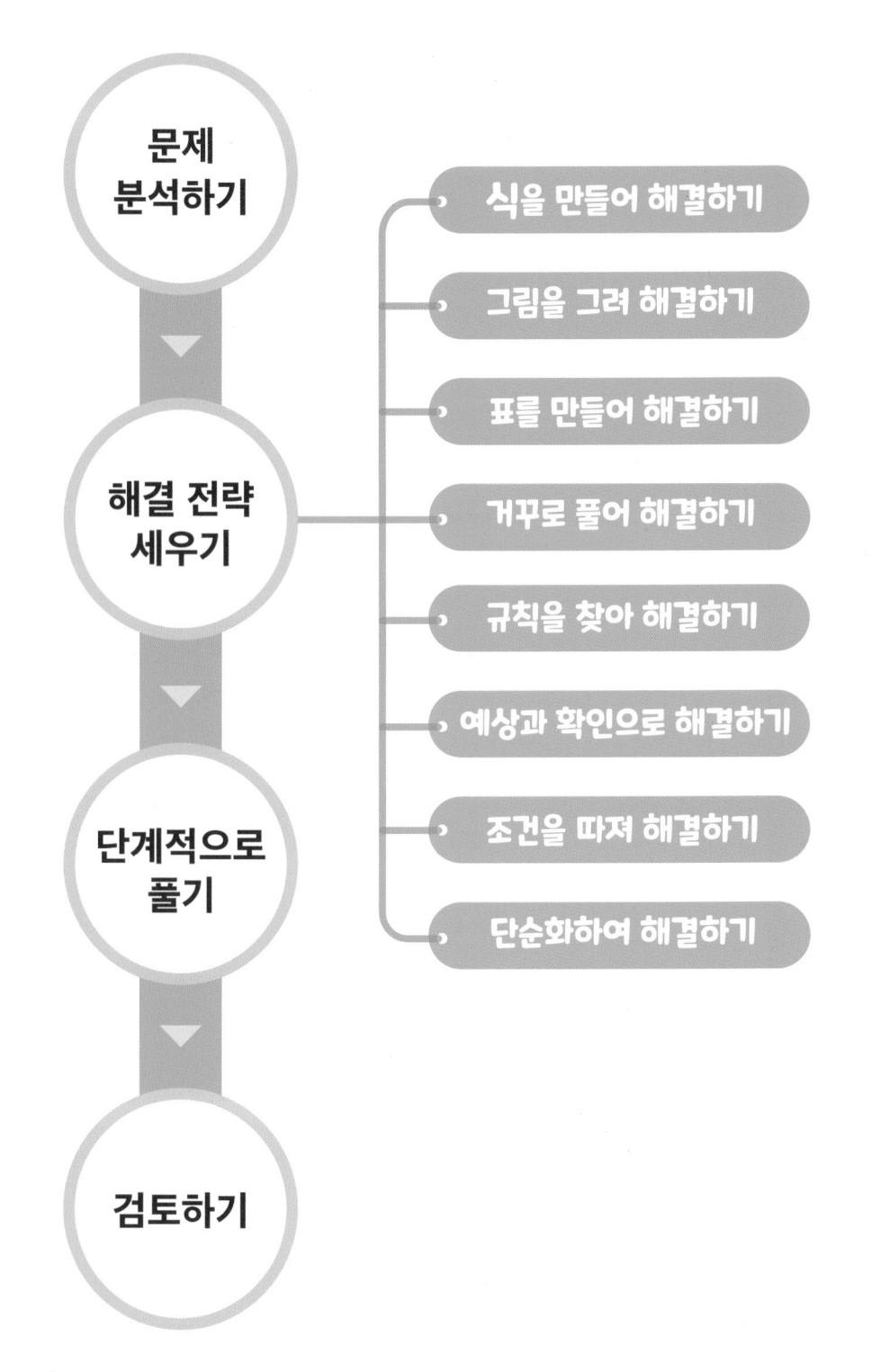

문제 분석하기

→

해결 전략 세우기

→

단계적으로 풀기

→

검토하기

- 식을 만들어 해결하기
- 그림을 그려 해결하기
- 표를 만들어 해결하기
- 거꾸로 풀어 해결하기
- 규칙을 찾아 해결하기
- 예상과 확인으로 해결하기
- 조건을 따져 해결하기
- 단순화하여 해결하기